“十二五”普通高等教育本科国家级规划教材

高等学校土木工程专业规划教材

Soil Mechanics Summary and Exercises

土力学复习与习题

钱建固　袁聚云　张陈蓉　编著

人民交通出版社股份有限公司

China Communications Press Co.,Ltd.

内 容 提 要

本书为“十二五”普通高等教育本科国家级规划教材，是为配合土力学课程学习需要而编写的。本书对土的物理性质及工程分类、黏性土的物理化学性质、土中水的运动规律、土中应力计算、土的压缩性与地基沉降计算、土的抗剪强度、土压力计算、土坡稳定分析和地基承载力等土力学知识点进行了系统的归纳和提炼，便于读者复习。为巩固和加深读者所学的知识要点，配备了大量的选择题、判断题以及计算题，同时对习题做了较详细的解答，供读者参考。

本书可作为高等学校土木工程专业、道路桥梁与渡河工程专业的土力学教学参考用书，也可作为硕士研究生入学考试的复习资料，还可供其他相关专业师生及技术人员参考。

图书在版编目(CIP)数据

土力学复习与习题/钱建固，袁聚云，张陈蓉编著.
—北京：人民交通出版社股份有限公司，2016.12
ISBN 978-7-114-13566-8

Ⅰ.①土… Ⅱ.①钱… ②袁… ③张… Ⅲ.①土力学
—高等学校—习题集 Ⅳ.①TU4-44

中国版本图书馆 CIP 数据核字(2017)第000791号

“十二五”普通高等教育本科国家级规划教材
高等学校土木工程专业规划教材

书　　名：土力学复习与习题
著 作 者：钱建固　袁聚云　张陈蓉
责任编辑：李　喆　李　晴
出版发行：人民交通出版社股份有限公司
地　　址：(100011)北京市朝阳区安定门外外馆斜街3号
网　　址：http://www.ccpress.com.cn
销售电话：(010)59757973
总 经 销：人民交通出版社股份有限公司发行部
经　　销：各地新华书店
印　　刷：北京印匠彩色印刷有限公司
开　　本：787×1092　1/16
印　　张：16.25
字　　数：402千
版　　次：2016年12月　第1版
印　　次：2021年12月　第4次印刷
书　　号：ISBN 978-7-114-13566-8
定　　价：35.00元

前　言

PREFACE

本书为“十二五”普通高等教育本科国家级规划教材，是为配合高等学校土木工程专业、道路桥梁与渡河工程专业的土力学学习需要而编写的。本书是在2010年袁聚云等编著的《土力学复习与习题》的基础上充分修订与扩编而成，在编写过程中，吸取了广大师生在土力学课程教学过程中提出的宝贵意见。

本书可配合人民交通出版社股份有限公司出版的《土质学与土力学》供教学使用，同时也可满足各类从事土木工程的技术人员掌握和运用土力学知识的需要。通过对土力学知识要点的复习以及大量习题的练习，读者能够对土力学及其相关知识有更全面的理解和掌握，并且提高其在设计和施工中运用土力学知识的能力。

本书分为三个部分。第一部分为复习要点，主要是对土力学及其相关知识进行归纳和提炼，包括土的物理性质及工程分类、黏性土的物理化学性质、土中水的运动规律、土中应力计算、土的压缩性与地基沉降计算、土的抗剪强度、土压力计算、土坡稳定分析和地基承载力，便于读者复习和提高；第二部分为针对第一部分的复习要点收集并编写的选择题、判断题以及计算题，以利于读者能举一反三，巩固和加深所学的土力学知识要点；第三部分对习题做了解答，供读者参考。

本书由钱建固、袁聚云和张陈蓉编写，书中大部分习题及解答是通过袁聚云教授和汤永净教授编著的《土力学复习与习题》内容修编而成，同时本书还精选了土木工程专业的《土力学》部分考试真题及解答。

本书是在胡中雄、袁聚云、汤永净等教授多年积累的教学资料基础上形成的，在此深表感谢。

限于编者水平，书中难免存在不当之处，恳请读者提出批评和建议。

编　者

2016 年 12 月于同济大学

目 录
CONTENTS

第一部分 复习要点

第二部分　习　题

第三部分　习题参考解答

PART 1 第一部分 复习要点

第一章

土的物理性质及工程分类

第一节　土的三相组成

土是由固体颗粒(固相)、水(液相)和气体(气相)三部分组成的,称为土的三相组成。随着三相物质的质量和体积的比例不同,土的性质也随之发生变化。

土的固相包括无机矿物颗粒和有机质,是构成土的骨架最基本的物质。

土的液相是指存在于土孔隙中的水。

土的气相是指充填在土孔隙中的气体。

第二节　土的颗粒特征

天然土是由大小不同的颗粒所组成的,土粒的大小通常以其平均直径表示,称为粒径,又称为粒度。

土的颗粒大小及其组成情况,通常用土中各个不同粒组的相对含量(各粒组干土质量的百分比)来表示,称为土的颗粒级配,它可用以描述土中不同粒径土粒的分布特征。

常用的土的颗粒级配的表示方法有表格法、累计曲线法和三角坐标法。

(1)表格法:是以列表形式直接表达各粒组的相对含量。表格法有两种表示方法,一种是以累计含量百分比表示的;另一种是以粒组表示的。

(2)累计曲线法:是一种图示的方法,通常用半对数纸绘制,横坐标(按对数比例尺)表示某一粒径,纵坐标表示小于某一粒径的土粒的百分含量。该法是表示颗粒级配最常用的方法。

在累计曲线上,可确定两个描述土的级配的指标:

不均匀系数
$$C_u = \frac{d_{60}}{d_{10}} \tag{1-1}$$

曲率系数
$$C_s = \frac{d_{30}^{\ 2}}{d_{60}d_{10}} \tag{1-2}$$

式中:d_{10}、d_{30}、d_{60}——分别相当于累计百分含量为10%、30%和60%的粒径,d_{10}称为有效粒径,d_{60}称为限制粒径。

不均匀系数C_u反映大小不同粒组的分布情况,曲率系数则是描述累计曲线整体形状的指标。

(3)三角坐标法:也是一种图示法,它是利用等边三角形内任意一点至三个边的垂直距离的总和恒等于三角形之高的原理,表示组成土的三个粒组的相对含量。

第三节　土的三相比例指标

土的三相物质在体积和质量上的比例关系称为三相比例指标。

三相比例指标反映了土的干燥与潮湿、疏松与紧密,是评价土的工程性质的最基本的物理性质指标,也是工程地质勘察报告中不可缺少的基本内容。

把在土体中实际上是处于分散状态的三相物质理想化地分别集中在一起,构成如图1-1所示的三相图。土样的体积V为土中空气的体积V_a、水的体积V_w和土粒的体积V_s之和;土样的质量m为土中空气的质量m_a、水的质量m_w和土粒的质量m_s之和;通常认为空气的质量可以忽略,则土样的质量就仅为水和土粒质量之和。

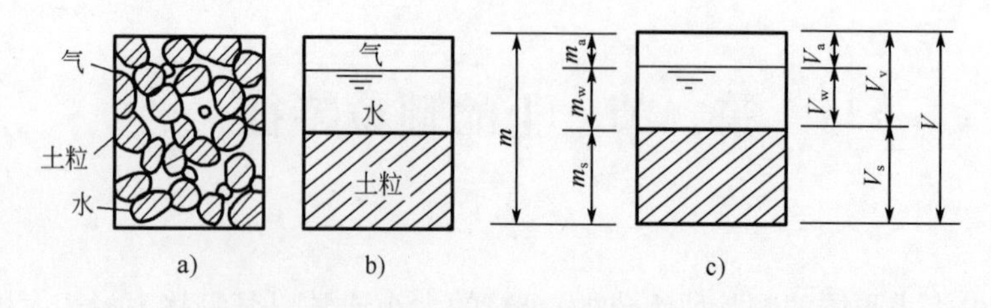

图1-1　土的三相图

a)实际土体;b)土的三相图;c)各相的质量与体积

土的三相比例指标可分为两类,一类是试验指标,另一类是换算指标。

一、试验指标

通过试验测定的指标称为试验指标,包括土的密度、土粒比重和含水率。

1. 土的密度 ρ

土的密度是指单位体积土的质量,单位为 g/cm^3,若土的体积为 V,质量为 m,则土的密度 ρ 可表示为:

$$\rho = \frac{m}{V} \tag{1-3}$$

由土的质量产生的单位体积的重力称为土的重力密度 γ,简称为重度,其单位为 kN/m^3,即:

$$\gamma = \rho g \tag{1-4}$$

对天然土求得的密度称为天然密度或湿密度,相应的重度称为天然重度或湿重度。

2. 土粒比重 G_s

土粒比重是指土粒质量 m_s 与同体积4℃时纯水的质量之比,可表示为:

$$G_s = \frac{m_s}{V_s \cdot \rho_{w1}} = \frac{\rho_s}{\rho_{w1}} \tag{1-5}$$

式中:ρ_{w1}——纯水在4℃时的密度($=1g/cm^3$);

ρ_s——土粒密度。

3. 土的含水率 w

土的含水率是指土中水的质量 m_w 与土粒质量 m_s 之比,可表示为:

$$w = \frac{m_w}{m_s} \times 100\% \tag{1-6}$$

二、换算指标

通过计算求得的指标称为换算指标,包括土的干密度、饱和密度、有效密度、孔隙比、孔隙率和饱和度。

1. 土的干密度 ρ_d、饱和密度 ρ_{sat} 和有效密度 ρ'

土的干密度是指土的颗粒质量 m_s 与土的总体积 V 之比,单位为 g/cm^3,可表示为:

$$\rho_d = \frac{m_s}{V} \tag{1-7}$$

土的饱和密度是指当土的孔隙中全部为水所充满时的密度,即全部充满孔隙的水的质量 m_w 与颗粒质量 m_s 之和与土的总体积 V 之比,单位为 g/cm^3,可表示为:

$$\rho_{sat} = \frac{m_s + V_v \rho_w}{V} \tag{1-8}$$

式中:V_v——土的孔隙体积;

ρ_w——水的密度($\approx 1g/cm^3$)。

单位土体积中土粒的质量扣除同体积水的质量后,即为单位土体积中土粒的有效质量,称为土的有效密度(又称浮密度),单位为 g/cm^3,可表示为:

$$\rho' = \frac{m_s - V_s\rho_w}{V} = \rho_{sat} - \rho_w \tag{1-9}$$

干密度、饱和密度和有效密度乘以重力加速度 g，则分别为干重度 γ_d、饱和重度 γ_{sat} 和有效重度 γ'，单位为 kN/m^3，由式(1-10) ~ 式(1-12)表示：

$$\gamma_d = \rho_d g \tag{1-10}$$

$$\gamma_{sat} = \rho_{sat} g \tag{1-11}$$

$$\gamma' = \rho' g \tag{1-12}$$

2. 土的孔隙比 e 和孔隙率 n

土的孔隙比是指土中孔隙的体积 V_v 与土粒体积 V_s 之比，以小数计，可表示为：

$$e = \frac{V_v}{V_s} \tag{1-13}$$

土的孔隙率是指土中孔隙的体积 V_v 与土的总体积 V 之比，以百分数计，可表示为：

$$n = \frac{V_v}{V} \times 100\% \tag{1-14}$$

3. 土的饱和度 S_r

土的饱和度是指土中孔隙中水的体积 V_w 与孔隙体积 V_v 之比，以百分数计，可表示为：

$$S_r = \frac{V_w}{V_v} \times 100\% \tag{1-15}$$

三、三相比例指标的互相换算

土的三相比例指标之间可以互相换算，根据土的密度(或重度)、土粒比重和土的含水率三个试验指标，可以用换算求得全部计算指标，也可以用某几个指标换算其他的指标，土的三相比例指标的换算关系见表 1-1。

土的三相比例指标换算关系　　表 1-1

换算指标	用试验指标计算的公式	用其他指标计算的公式
孔隙比 e	$e = \frac{G_s(1+w)\gamma_w}{\gamma} - 1$	$e = \frac{G_s\gamma_w}{\gamma_d} - 1$ $e = \frac{wG_s}{S_r}$
饱和重度 γ_{sat}	$\gamma_{sat} = \frac{\gamma(G_s - 1)}{G_s(1+w)} + \gamma_w$	$\gamma_{sat} = \frac{G_s + e}{1+e}\gamma_w$ $\gamma_{sat} = \gamma' + \gamma_w$
饱和度 S_r	$S_r = \frac{\gamma G_s w}{G_s(1+w)\gamma_w - \gamma}$	$S_r = \frac{wG_s}{e}$
干重度 γ_d	$\gamma_d = \frac{\gamma}{1+w}$	$\gamma_d = \frac{G_s}{1+e}\gamma_w$
孔隙率 n	$n = 1 - \frac{\gamma}{G_s(1+w)\gamma_w}$	$n = \frac{e}{1+e}$
有效重度 γ'	$\gamma' = \frac{\gamma(G_s - 1)}{G_s(1+w)}$	$\gamma' = \gamma_{sat} - \gamma_w$

第四节　黏性土的界限含水率

黏性土从一种状态变到另一种状态的分界含水率称为界限含水率,流动状态与可塑状态间的界限含水率称为液限 w_L;可塑状态与半固体状态间的界限含水率称为塑限 w_P;半固体状态与固体状态间的界限含水率称为缩限 w_S。

测定黏性土的塑限 w_P 的试验方法主要是滚搓法。测定黏性土的液限 w_L 的试验方法主要有圆锥仪法和碟式仪法,也可采用液塑限联合测定法测定土的液限和塑限。

黏性土可塑性的大小可用黏性土处在可塑状态的含水率变化范围来衡量,从液限到塑限含水率的变化范围越大,土的可塑性越好,这个范围称为塑性指数 I_P。

$$I_P = w_L - w_P \tag{1-16}$$

塑性指数习惯上用不带%的数值表示。

液性指数 I_L 是指黏性土的天然含水率和塑限的差值与塑性指数之比。液性指数可被用来表示黏性土所处的软硬状态,由式(1-17)定义:

$$I_L = \frac{w - w_P}{w_L - w_P} \tag{1-17}$$

液性指数越大,表示土越软。可塑状态的土的液性指数在 0 ~ 1,液性指数大于 1 的土处于流动状态,小于 0 的土则处于固体状态或半固体状态。

第五节　无黏性土的密实度

无黏性土一般是指碎石土和砂土,粉土属于砂土和黏性土的过渡类型,但是其物质组成、结构及物理力学性质主要接近砂土,特别是砂质粉土。

无黏性土的密实度是判定其工程性质的重要指标,它综合地反映了无黏性土颗粒的矿物组成、颗粒级配、颗粒形状和排列等对其工程性质的影响。

一、砂土相对密度

土的孔隙比一般可以用来描述土的密实程度,但砂土的密实程度并不单独取决于孔隙比,而在很大程度上还取决于土的颗粒级配情况。

当砂土处于最密实状态时,其孔隙比称为最小孔隙比 e_{min};而砂土处于最疏松状态时,其孔隙比则称为最大孔隙比 e_{max}。砂土的相对密度 D_r 可按式(1-18)计算:

$$D_r = \frac{e_{max} - e}{e_{max} - e_{min}} \tag{1-18}$$

当砂土的天然孔隙比接近于最小孔隙比时,相对密实度 D_r 接近于 1,表明砂土接近于最密实的状态;而当天然孔隙比接近于最大孔隙比时,则表明砂土处于最松散的状态,其相对密实度接近于 0。

根据砂土的相对密度,可将砂土划分为密实、中密和松散三种密实度。

二、无黏性土密实度分类

在工程实践中通常用标准贯入击数来划分砂土的密实度。

标准贯入试验是用规定的锤重(63.5kg)和落距(76cm),把标准贯入器(带有刃口的对开管,外径50mm,内径35mm)打入土中,记录贯入一定深度(30cm)所需的锤击数N值的原位测试方法。根据标准贯入锤击数,可将砂土划分为密实、中密、稍密和松散四种状态。

碎石土的密实度可根据圆锥动力触探锤击数分类;粉土的密实度可根据孔隙比分类。

第六节 土的工程分类

一、碎石土分类

碎石土是指粒径大于2mm的颗粒含量超过总质量50%的土,按颗粒级配和颗粒形状可进一步划分为漂石、块石、卵石、碎石、圆砾和角砾。

二、砂土分类

砂土是指粒径大于2mm的颗粒含量不超过总质量50%,且粒径大于0.075mm的颗粒含量超过总质量的50%的土。按颗粒级配,砂土可进一步划分为砾砂、粗砂、中砂、细砂和粉砂。

三、细粒土分类

粒径大于0.075mm的颗粒含量不超过总质量50%的土属于细粒土,按塑性指数,细粒土可划分为粉土和黏性土两大类,黏性土可再进一步划分为粉质黏土和黏土两个亚类。

粉土是介于砂土和黏性土之间的过渡性土类,它具有砂土和黏性土的某些特征,根据黏粒含量可以将粉土划分为砂质粉土和黏质粉土。

四、塑性图分类

塑性图以塑性指数为纵坐标,液限为横坐标,如图1-2所示。图中有两条经验界限,斜线称为A线,它的方程为$I_P=0.73(w_L-20)$,它的作用是区分有机土和无机土、黏土和粉土,A线上侧是无机黏土,下侧是无机粉土或有机土;竖线称为B线,其方程为$w_L=50\%$,其作用是区分高塑性土和低塑性土。

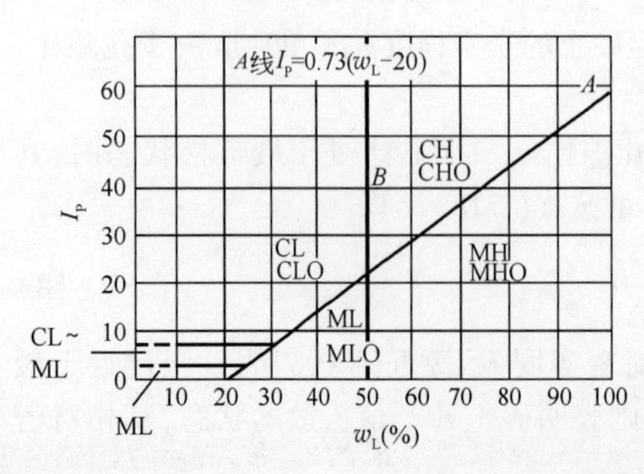

图1-2 塑性图

在A线以上的土分类为黏土,液限大于50%,称为高塑性黏土CH,液限小于50%,称为低塑性黏土CL。

在A线以下的土分类为粉土,液限大于50%,称为高塑性粉土MH,液限小于50%,称为低塑性粉土 ML。在低塑性区，如果土样处于 *A* 线以上，而塑性指数范围在 4 ~ 7，则土的分类应给以相应的搭界分类 CL ~ ML。

在应用塑性图分类时，应注意液限试验标准的不同，在欧美国家是采用碟式仪测定的，而我国则采用锥式仪沉入深度 17mm 的标准，因此用塑性图分类的结果也可能不同。

第二章 黏性土的物理化学性质

黏土矿物可以分为蒙脱石、伊利石和高岭石三种类型。这些黏土矿物具有独特的结晶结构特征,即组成矿物的原子和分子的排列以及原子与原子之间和分子与分子之间的联结力,这种联结力统称为键力。

黏性土的可塑性、压缩性、胀缩性、强度等工程性质主要受上述各种因素与颗粒周围介质之间的相互作用所制约,这也是黏性土物理化学特性的本质。

第一节　键力的基本概念

键力是指原子与原子之间或分子与分子之间的一种联结力。键力主要有化学键、分子键及氢键三种。

一、化学键

原子与原子之间的联结称为化学键,也称为主键或高能键。根据联结的形式又可分为离子键、共价键和金属键三种。

不同元素的原子通过化学反应构成一种新的物质分子,异性原子之间的联结力称为离子键;两个同性原子形成同一元素分子的联结力称为共价键;通过自由电子而将原子或离子联结成结晶格架的联结力称为金属键。离子键、共价键和金属键都属于主键,主键的影响范围最小,而其联结能则最大。

二、分子键

分子键又称范德华(Van der Waals)键或次键、低能键。分子键就是指分子与分子之间的联结力。分子键的能量大小与温度有关,当温度升高时,其能量就减小。

分子键力的影响范围比离子键力大得多,但其键能则比离子键能小得多。

三、氢键

氢键是介于主键与次键之间的一种键力。氢原子失去一个电子成为一个裸露的原子核,当它与其他带有负电荷的原子相互吸引时,即构成特殊的氢键。氢键的影响范围很小,其键能比离子键能大。

土粒本身的强度是由主键形成的,而土粒与土粒之间、土粒与水分子之间的吸引力则由次键及氢键形成,土粒之间的联结力远比土粒本身的强度小,因此,土体的强度主要取决于土粒之间的联结。

第二节　黏土矿物颗粒的结晶结构

黏土矿物的结晶结构主要由硅氧四面体和氢氧化铝八面体(也称三水铝石八面体)两个基本结构单元组成。四面体片与八面体片的不同组合堆叠,形成了不同类型的黏土矿物,土中常见的黏土矿物主要有高岭石、蒙脱石和伊利石三大类。

高岭石类黏土矿物中,结构单位层之间为氧与氢氧联结或氢氧与氢氧联结,单位层与单位层之间除范德华键外,还有氢键,因此提供了较强的联结力,所以高岭石的膨胀性和压缩性都较小。

蒙脱石类黏土矿物中,结构单位层间为氧与氧联结,其键力很弱,易为具有氢键的强极化水分子楔入而分开。因此,蒙脱石的晶格活动性极大,表现出来的工程特性即膨胀性及压缩性都比高岭石大得多。

伊利石矿物晶格结构虽与蒙脱石相似,但在单位层面之间嵌有带正电荷的钾离子,单位层之间的联结介于高岭石和蒙脱石之间,故表现出来的膨胀性和压缩性也介于高岭石和蒙脱石之间。

第三节　黏土颗粒的胶体化学性质

黏土颗粒粒径非常微小,小于0.005mm,在介质中具有明显的胶体化学特性,这起源于黏土颗粒表面带电性。

一、黏土颗粒表面带电的成因

黏土颗粒表面带电的成因,主要有以下几个方面:

(1)边缘破键造成电荷不平衡。

(2)同晶置换作用。

(3)水化解离作用。

(4)选择性吸附。

二、双电层的概念

根据水受颗粒表面静电引力作用的强弱,可以将土中水划分为三种类型:强结合水、弱结合水和自由水(图2-1)。

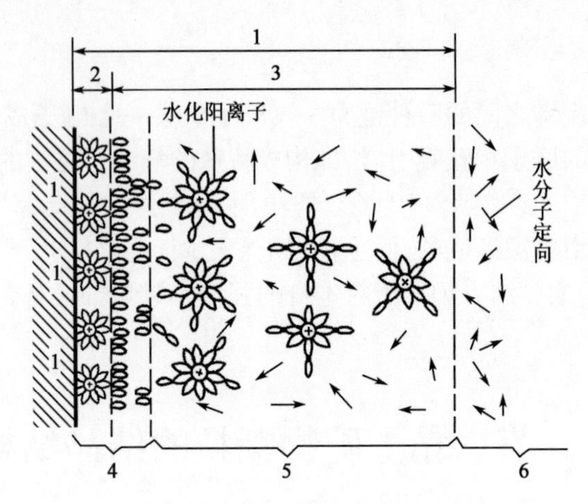

图2-1　结合水形成的一般图示

1-双电层;2-吸附层;3-扩散层;4-吸附结合水;5-渗透吸附水;6-自由水

1. 强结合水

强结合水是指紧靠土颗粒表面的水,受表面电荷静电引力最强。静电引力把极性水分子和水化阳离子牢固地吸附在颗粒表面上形成固定层。这部分水的特征是没有溶解能力,不能传递静水压力、不能自由移动,只有吸热变成蒸汽时才能移动。强结合水层称为吸附层或固定层。

2. 弱结合水

弱结合水就是紧靠强结合水外围的一层水膜。在这层水膜范围内,水分子和水化阳离子仍受到一定程度的静电引力,离颗粒表面距离越远,受静电引力越小。这部分的水仍然不能传递静水压力,但水膜较厚的弱结合水能向邻近较薄水膜处缓慢转移。

弱结合水层称为扩散层。固定层和扩散层与土粒表面负电荷一起构成所谓双电层。

扩散层水膜的厚度对黏性土的工程性质有直接的影响。水膜厚度大,土的可塑性高,颗粒之间的距离相对也大,因此土体的膨胀性和收缩性大,土的压缩性也大,而强度相对降低。

3. 自由水

自由水又称重力水,是指不受土粒表面电荷电场影响的水。它的性质和普通水一样,能传递静水压力,在水头差作用下流动,冰点为0℃,具有溶解能力。

第四节　黏性土工程性质的利用和改良

黏土矿物具有特殊的结晶构造和带电的特性,在工程实践中,可以利用其特性为工程服务;也可根据其特性,正确有效地选择处理的措施,达到改良和加固的目的。

一、电渗排水和电化学加固

在电场作用下,带有负电荷的黏土颗粒向阳极移动,这种电动现象称为电泳;而水分子及水化阳离子向阴极移动,这种电动现象称为电渗。可以采用电渗排水的方法降低地下水位,利用电渗电泳原理来改良软黏土的工程性质。

二、利用离子交换改良黏土的工程性质

当黏性土中的黏土颗粒主要由强亲水性的蒙脱石和伊利石所组成时,这类土具有吸水膨胀和失水收缩的特性,称为膨胀土。

相比较低价离子,高价离子使黏土颗粒周围的水膜变薄。因此,对于膨胀土,可利用高价阳离子置换低价离子的办法来改善土的工程性质。

除了黏土矿物的成分对工程性质有明显影响外,黏土颗粒的含量也有较大的影响。在工程实践中,提出了一个既能反映黏土矿物成分,又能反映黏土颗粒含量影响的综合指标 A_c,称为胶体活动性指数,其表达式为:

$$A_c = \frac{I_P}{p_{<0.002}} \tag{2-1}$$

式中:I_P——土的塑性指数;

$p_{<0.002}$——黏粒(<0.002mm)的百分含量。

工程中常按 A_c 值把黏性土分为非活动性黏性土($A_c<0.75$)、正常黏性土($0.75<A_c<1.25$)和活动性黏性土($A_c>1.25$)。A_c 越大,黏粒对土的可塑性影响越大。

三、黏性土的结构性

对于粗颗粒土,其表面电荷非常微弱,土粒间没有联结存在,如碎石土和砂土等,因此,在沉积过程中只表现为重力堆积,称为单粒结构。根据颗粒排列的程度,单粒结构可分为疏松的单粒结构和紧密的单粒结构(图 2-2)。

如果黏土颗粒相互大致平行堆积,这种沉积结构类型称为片堆结构;当黏土颗粒的边或角被吸附到带负电荷的面上来,形成边—面接触,这种结构形式称为絮凝结构;较多的黏性土介乎这两种极端结构之间,称为重塑结构,如图 2-3 所示。

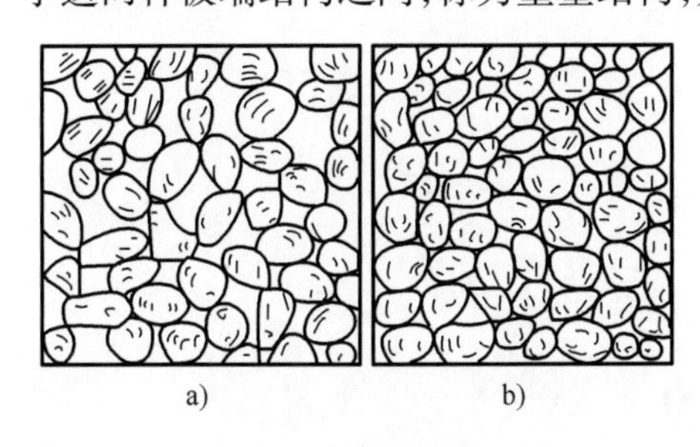

图 2-2　单粒结构

a)疏松的;b)紧密的

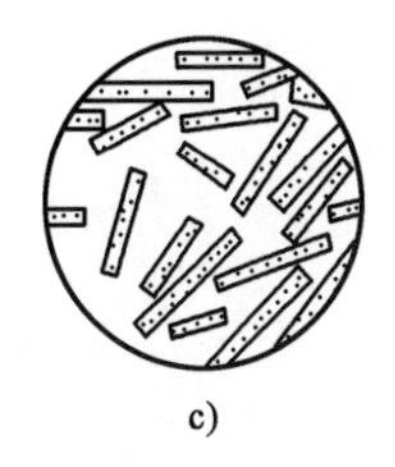

图 2-3　黏土结构

a)片堆结构;b)絮凝结构 c)重塑结构

把原状土结构的强度与结构破坏后的强度之比定义为灵敏度 S_t,参考灵敏度的大小可把黏

性土分成三类:一般黏性土($S_t = 1 \sim 2$)、灵敏性黏性土($S_t = 2 \sim 4$)和高灵敏性黏性土($S_t \geqslant 4$)。

四、触变性和触变泥浆

当悬浮液在静止状态时,悬液成为一种糊状、黏滞度较大的流体,可是一旦受到振动或扰动,悬液又恢复成为流动的液体,这种性质称为触变性。

触变泥浆即为黏土矿物与水制成的泥浆,该泥浆具有触变的特性。

第三章
土中水的运动规律

土中水的运动将对土的性质产生影响,在许多工程实践中碰到的问题,如流砂、冻胀、渗透固结、渗流时的边坡稳定等,都与土中水的运动有关。

第一节　土的毛细性

土的毛细性是指能够产生毛细现象的性质。

土的毛细现象是指土中的水在表面张力作用下,沿着细的孔隙向上及向其他方向移动的现象,这种细微孔隙中的水被称为毛细水。

一、土层中的毛细水带

土层中由于毛细现象所湿润的范围称为毛细水带。

二、毛细水上升高度及上升速度

毛细水上升最大高度的计算公式为:

$$h_{\max} = \frac{2\sigma}{r\gamma_{w}} = \frac{4\sigma}{d\gamma_{w}} \tag{3-1}$$

式中:σ——水的表面张力(kN/m);

r——毛细管的半径(m)；

d——毛细管的直径(m)，$d=2r$；

γ_w——水的重度(kN/m^3)。

三、毛细压力

两个土粒(假想是球体)的接触面间有一些毛细水，土粒表面的湿润作用使毛细水形成弯面，在水和空气的分界面上产生的表面张力沿着弯液面切线方向作用，它促使两个土粒互相靠拢，在土粒的接触面上就产生一个压力，称为毛细压力 P_k。由毛细压力所产生的土粒间的黏结力称为假黏聚力。

第二节　土的渗透性

在工程地质中，土能让水等流体通过的性质定义为土的渗透性。

在水头差作用下，土体中的自由水通过土体孔隙通道流动的特性，定义为土中水的渗流。

一、渗流模型

将真实渗流简化为一种假想的土体渗流，称之为渗流模型。为使渗透模型在渗透特性上与真实渗透相一致，渗透模型应满足以下要求：

(1)在同一过水断面，渗流模型的流量等于真实渗流的流量。

(2)在任一界面上，渗流模型的压力与真实渗流的压力相等。

(3)在相同体积内，渗流模型所受到的阻力与真实渗流所受到的阻力相等。

二、土的渗透定律

由于土的孔隙较小，在大多数情况下水在孔隙中的流速较小，可以认为是属于层流(即水流流线互相平行的流动)，那么土中的渗流规律可以认为是符合层流渗透定律，这个定律是法国学者达西(H. Darcy)根据砂土的试验结果而得到的，也称达西定律，它是指水在土中的渗透速度与水头梯度成正比，即：

$$v=kI \tag{3-2}$$

式中：v——渗透速度(m/s)；

I——水头梯度，即沿着水流方向单位长度上的水头差；

k——渗透系数(m/s)。

由于达西定律只适用于层流的情况，故一般只适用于中砂、细砂、粉砂等；对粗砂、砾石、卵石等粗颗粒土不适用；而黏土中的渗流规律不完全符合达西定律，需进行修正。

黏土中自由水的渗流受到结合水的黏滞作用会产生很大阻力，只有克服结合水的抗剪强度后才能开始渗流。克服此抗剪强度所需要的水头梯度，称为黏土的起始水头梯度 I_0。在黏土中，应按下述修正后的达西定律计算渗流速度：

$$v = k(I - I_0) \tag{3-3}$$

三、土的渗透系数

渗透系数 k 是综合反映土体渗透能力的一个指标，渗透系数可在实验室或现场试验测定。

1. 室内试验测定法

实验室测定渗透系数 k 值的方法称为室内渗透试验测定法。根据试验过程中土样的压力水头是否变化，可分为常水头渗透试验和变水头渗透试验。

（1）常水头渗透试验：在整个试验过程中，土样的压力水头始终维持不变。

试验开始时，水自上而下流经土样，待渗流稳定后，测得在时间 t 内流过土样（截面积为 F）的流量为 Q，同时读得 a、b 两点（距离 l）测压管的水头差为 ΔH。由此可求得土样的渗透系数 k 为：

$$k = \frac{Ql}{\Delta HFt} \tag{3-4}$$

（2）变水头渗透试验：在试验过程中，土样的压力水头不断减小。

土样的截面积为 F，高度为 l，储水管截面积为 a，若试验开始时，储水管水头为 h_1，经过时间 t 后降为 h_2，由此可求得土样的渗透系数 k 为：

$$k = \frac{al}{Ft}\ln\frac{h_1}{h_2} = \frac{2.3al}{Ft}\lg\frac{h_1}{h_2} \tag{3-5}$$

2. 现场抽水试验

渗透系数也可以在现场进行抽水试验测定，常用的有野外注水试验和野外抽水试验等，这类方法一般是在现场钻井孔或挖试坑，在往地基中注水或抽水时，量测地基中的水头高度和渗流量，再根据相应的理论公式求出渗透系数 k 值。

3. 成层土的渗透系数

若土层由两层组成，各层土的渗透系数为 k_1、k_2，厚度为 h_1、h_2，则土层水平向的平均渗透系数 k_h 为：

$$k_h = \frac{k_1h_1 + k_2h_2}{h_1 + h_2} = \frac{\sum k_ih_i}{\sum h_i} \tag{3-6}$$

土层竖向的平均渗透系数 k_v 为：

$$k_v = \frac{h_1 + h_2}{\frac{h_1}{k_1} + \frac{h_2}{k_2}} = \frac{\sum h_i}{\sum \frac{h_i}{k_i}} \tag{3-7}$$

四、影响土的渗透性的因素

影响土的渗透性的因素主要有以下几种：

（1）土的粒度成分及矿物成分。

（2）结合水膜的厚度。

（3）土的结构构造。

(4)水的黏滞度。

(5)土中气体。

目前,常以水温为20℃时的渗透系数 k_{20} 作为标准值,在其他温度测定的渗透系数 k_t 可按式(3-8)换算到水温为20℃时的渗透系数 k_{20}:

$$k_{20} = k_t \frac{\eta_t}{\eta_{20}} \tag{3-8}$$

式中:η_t、η_{20}——t℃及20℃时水的动力黏滞系数(kPa·s)。

第三节　动水力及渗流破坏

水在土中渗流时,受到土颗粒的阻力 T(kN/m³)的作用,这个力的作用方向是与水流方向相反的,通常将水流作用在单位体积土体中土颗粒上的力称为动水力 G_D(kN/m³),也称为渗流力。G_D 和 T 的大小相等,方向相反。

1. 动水力的计算公式

$$G_D = T = \gamma_w I \tag{3-9}$$

2. 流砂现象、管涌和临界水头梯度

若水的渗流方向自下而上,已知土的有效重度为 γ',当向上的动水力 G_D 与土的有效重度相等时,即:

$$G_D = \gamma_w I = \gamma' = \gamma_{sat} - \gamma_w \tag{3-10}$$

式中:γ_{sat}——土的饱和重度;

γ_w——水的重度。

这时土颗粒间的压力就等于零,土颗粒将处于悬浮状态而失去稳定,这种现象就称为流砂现象。这时的水头梯度称为临界水头梯度 I_{cr},可由式(3-11)得到:

$$I_{cr} = \frac{\gamma'}{\gamma_w} = \frac{\gamma_{sat}}{\gamma_w} - 1 \tag{3-11}$$

工程中将临界水头梯度 I_{cr} 除以安全系数 K 作为容许水头梯度[I],设计时渗流逸出处的水头梯度应满足如下要求:

$$I \leq [I] = \frac{I_{cr}}{K} \tag{3-12}$$

水在砂性土中渗流时,土中的一些细小颗粒在动水力的作用下,可能通过粗颗粒的孔隙被水流带走,这种现象称为管涌。

流砂现象发生在土体表面渗流逸出处,不发生于土体内部,而管涌现象可以发生在渗流逸出处,也可能发生于土体内部。

流砂现象主要发生在细砂、粉砂及粉土等土层中。对饱和的低塑性黏性土,当受到扰动时,也会发生流砂,而在粗颗粒以及黏土中则不易产生。

第四节　土在冻结过程中水分的迁移和积聚

一、冻土现象及其对工程的危害

在冰冻季节因大气负温影响，土中水分冻结成为冻土。冻土根据其冻融情况分为：季节性冻土、隔年冻土和多年冻土。季节性冻土是指冬季冻结夏季全部融化的冻土；冬季冻结，一两年不融化的土层称为隔年冻土；凡冻结状态持续三年或三年以上的土层称为多年冻土。

在冻土地区，随着土中水的冻结和融化，会发生一些独特的现象，称为冻土现象。

二、冻胀的机理与影响因素

1. 冻胀的原因

土发生冻胀的原因是冻结时土中的水向冻结区迁移和积聚。

2. 影响冻胀的因素

影响冻胀的因素有下列三方面：

(1)土的因素。冻胀现象通常发生在细粒土中，特别是在粉土、粉质黏土中，冻结时水分迁移积聚最为强烈，冻胀现象严重。

(2)水的因素。可以区分两种类型的冻胀：一种是冻结过程中有外来水源补给的，叫作开敞型冻胀；另一种是冻胀冻结过程中没有外来水分补给的，叫作封闭型冻胀。开敞型冻胀往往会产生强烈冻胀，而封闭型冻胀，一般冻胀量较小。

(3)温度的因素。当气温骤降且冷却强度很大时，形成的冻土一般无明显的冻胀。若气温缓慢下降、冷却强度小，但负温持续时间较长，则在土中形成冰夹层，出现明显的冻胀现象。

三、冻结深度

在一般设计中，均要求将基础底面置于当地冻结深度以下，以防止冻害的影响。

在工程实践中，把在地表平坦、裸露、城市之外的空旷场地中不少于10年实测最大冻深的平均值称为标准冻结深度 z_0。

第四章 土中应力计算

第一节　土中应力概念

土中应力是指土体在自身重力、构筑物荷载以及其他因素(如土中水渗流、地震等)作用下,土中所产生的应力。

土中应力包括自重应力与附加应力。由土体重力引起的应力称为自重应力;由建筑物等外荷载引起的土中应力增量称为附加应力。

第二节　土中自重应力计算

一、基本计算公式

若土体是均质的半无限体,重度为 γ,则地面以下 z 处的自重应力 σ_{cz} 为:

$$\sigma_{cz}=\gamma z \tag{4-1}$$

二、土体成层及有地下水时的计算公式

1. 土体成层时

设各土层厚度及重度分别为 h_i 和 $\gamma_i(i=1,2,\cdots,n)$，在第 n 层土的底面，自重应力计算公式为：

$$\sigma_{cz}=\gamma_1 h_1+\gamma_2 h_2+\cdots+\gamma_n h_n=\sum_{i=1}^{n}\gamma_i h_i \tag{4-2}$$

2. 土层中有地下水时

计算地下水位以下土的自重应力时，应根据土的性质确定是否需考虑水的浮力作用。通常认为砂性土是应该考虑浮力作用的；黏性土则视其物理状态而定，若水下的黏性土其液性指数 $I_L \geqslant 1$，则认为土体受到水的浮力作用，若 $I_L \leqslant 0$，则认为土体不受水的浮力作用，若 $0<I_L<1$，一般按土体受到水的浮力作用来考虑。

若地下水位以下的土受到水的浮力作用，则水下部分土的重度应按浮重度 γ' 计算；在地下水位以下，若埋藏有不透水层（例如岩层或只含结合水的坚硬黏土层），层面及层面以下的自重应力应按上覆土层的水土总重计算。

第三节　基础底面的压力分布与计算

基础底面的压力分布涉及基础与地基土两种不同物体间的接触压力，其影响因素很多，如基础的刚度、形状、尺寸、埋置深度以及土的性质荷载大小等。

一、基础底面压力分布的概念

假设基础是由许多小块组成，各小块之间光滑而无摩擦力，则这种基础相当于绝对柔性基础（即基础的抗弯刚度 $EI\to 0$），绝对柔性基础底面的压力分布与基础上作用的荷载分布相同，而基础底面的沉降则各处不同，中央大而边缘小。

对于大块混凝土实体结构，材料的抗压强度要远大于其抗拉和抗剪强度，理论上认为其抗弯刚度很大，可以认为是绝对刚性基础（即 $EI\to\infty$）。刚性基础不会发生挠曲变形，在中心荷载作用下，基底各点的沉降是相同的，基底压力分布为马鞍形，中央小而边缘大；当作用的荷载较大时，基底压力呈抛物线形分布，若作用荷载继续增大，则基底压力会继续发展而呈钟形分布。

二、基底压力的简化计算方法

(1) 中心荷载作用时，基底压力 p 按中心受压公式计算：

$$p=\frac{N}{F} \tag{4-3}$$

式中：N——作用在基础底面中心的竖直荷载；

F——基础底面积。

(2) 偏心荷载作用时，基底压力按偏心受压公式计算：

$$p_{\substack{max\\min}} = \frac{N}{F} \pm \frac{M}{W} = \frac{N}{F}\left(1 \pm \frac{6e}{b}\right) \tag{4-4}$$

式中：N、M——作用在基础底面中心的竖直荷载及弯矩，$M = Ne$；

e——荷载偏心距；

W——基础底面的抵抗矩，对矩形基础 $W = lb^2/6$；

b、l——基础底面的宽度与长度。

按荷载偏心距 e 的大小，基底压力的分布可能出现以下三种情况：

①当 $e < b/6$ 时，$p_{min} > 0$，基底压力呈梯形分布。

②当 $e = b/6$ 时，$p_{min} = 0$，基底压力呈三角形分布。

③当 $e > b/6$ 时，$p_{min} < 0$，部分基底将与土脱开。

第四节　竖向集中力作用下土中应力计算

在均匀各向同性的半无限弹性体表面，作用一竖向集中力 Q，则半无限体内任一点 M 的应力分量和位移分量，可由布西奈斯克（Boussinesq）解计算：

竖向应力
$$\sigma_z = \frac{3Qz^3}{2\pi R^5} \tag{4-5}$$

竖向位移
$$w = \frac{Q(1+\mu)}{2\pi E}\left[\frac{z^2}{R^3} + 2(1-\mu)\frac{1}{R}\right] \tag{4-6}$$

式中：$R = \sqrt{x^2+y^2+z^2}$，x、y、z 为 M 点的坐标；

E、μ—— 弹性模量及泊松比。

第五节　竖向分布荷载作用下土中应力计算

一、空间问题

若作用的荷载是分布在有限面积范围内，土中应力与计算点的空间坐标（x，y，z）有关，这类解属于空间问题。

1. 矩形面积均布荷载作用时，中点 O 下土中竖向应力 σ_z 的计算

在图 4-1 所示均布荷载 p 作用下，矩形面积中点 O 下某深度处 M 点的竖向应力 σ_z 值可由式（4-5）在矩形面积范围内积分求得：

$$\sigma_z = \frac{2p}{\pi}\left[\frac{2mn(1+n^2+8m^2)}{\sqrt{1+n^2+4m^2}\,(1+4m^2)(n^2+4m^2)} + \arctan\frac{n}{2m\sqrt{1+n^2+4m^2}}\right] \tag{4-7}$$
$$= \alpha_0 p$$

式中：α_0——$n = l/b$ 和 $m = z/b$ 的函数。

2. 矩形面积均布荷载作用时，角点 c 下土中竖向应力 σ_z 的计算

在图 4-1 所示均布荷载 p 作用下，矩形面积角点 c 下某深度处 N 点的竖向应力 σ_z 值同样

可由式(4-5)在矩形面积范围内积分求得：

$$\sigma_z = \frac{p}{2\pi}\left[\frac{mn(1+n^2+2m^2)}{\sqrt{1+m^2+n^2}(m^2+n^2)(1+m^2)} + \arctan\frac{n}{m\sqrt{1+n^2+m^2}}\right] = \alpha_a p \tag{4-8}$$

式中：α_a——$n=l/b$ 和 $m=z/b$ 的函数。

3. 矩形面积均布荷载作用时，土中任意点的竖向应力 σ_z 的计算——角点法

如图 4-2 所示，在矩形面积 $abcd$ 上作用均布荷载 p，要求计算任意点 M 的竖向应力 σ_z，M 点既不在矩形面积中点的下面，也不在角点的下面，而是任意点。这时可以用式(4-8)按以下叠加方法进行计算，这种计算方法一般称为角点法。

(1)A 点在矩形面积范围之内[图 4-2a)]时 σ_z 的计算如下：

计算时可以通过 A 点将受荷面积 $abcd$ 划分为 4 个小矩形面积 $aeAh$、$ebfA$、$hAgd$ 及 $Afcg$，A 点分别在 4 个小矩形面积的角点，利用式(4-8)分别计算 4 个小矩形面积均布荷载在角点 A 下引起的竖向应力 σ_{zi}，再叠加起来即得：

$$\sigma_z = \sum\sigma_{zi} = \sigma_{z(aeAh)} + \sigma_{z(ebfA)} + \sigma_{z(hAgd)} + \sigma_{z(Afcg)} \tag{4-9}$$

(2)A 点在矩形面积范围之外[图 4-2b)]时 σ_z的计算如下：

计算时可按图 4-2b)划分的方法，分别计算矩形面积 $aeAh$、$beAg$、$dfAh$ 及 $cfAg$ 在角点 A 下引起的竖向应力 σ_{zi}，然后按下述叠加方法计算：

$$\sigma_z = \sigma_{z(aeAh)} - \sigma_{z(beAg)} - \sigma_{z(dfAh)} + \sigma_{z(cfAg)} \tag{4-10}$$

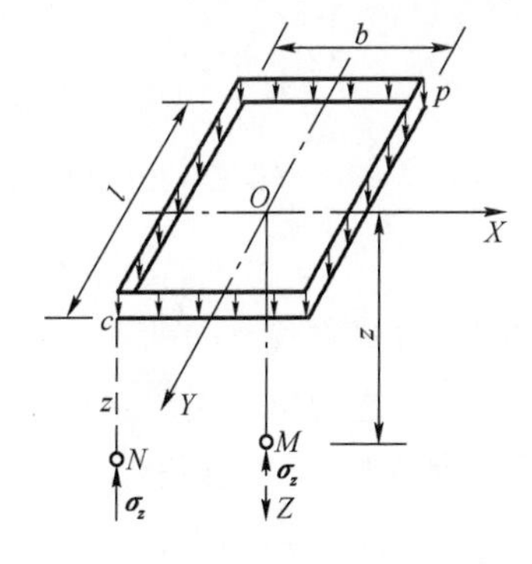

图 4-1 矩形面积均布荷载作用下中点及角点竖向应力 σ_z 的计算

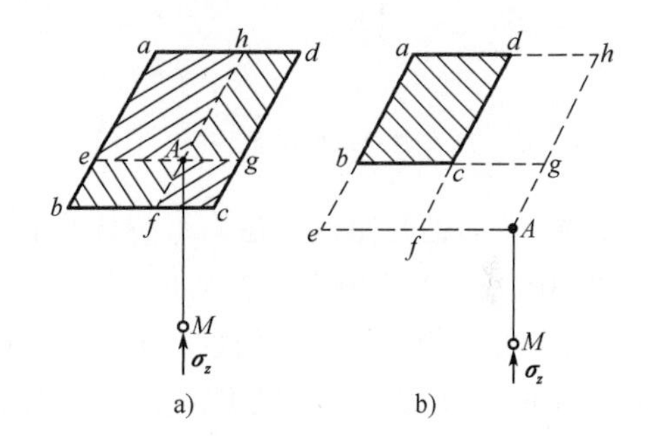

图 4-2 角点法计算图示

二、平面问题

一般常把路堤、堤坝以及长宽比 $l/b \geqslant 10$ 的条形基础等，均视作平面应变问题计算。

1. 均布线性荷载作用下土中应力计算

在地基土表面作用无限分布的均布线性荷载 p，如图 4-3 所示，土中任一点 M 的竖向应力 σ_z 可以用布西奈斯克解公式积分求得：

$$\sigma_z = \frac{2z^3 p}{\pi(x^2+z^2)^2} \tag{4-11}$$

若用极坐标表示(图 4-3)，则土中任一点 M 的竖向应力为：

$$\sigma_z = \frac{2p}{\pi R_0}\cos^3\beta \tag{4-12}$$

2.均布条形荷载作用下土中应力计算

(1)计算土中任一点的竖向应力

在土体表面作用均布条形荷载 p,其分布宽度为 b,如图 4-4 所示,土中任一点 $M(x,z)$ 的竖向应力 σ_z,可以用式(4-11)在荷载分布宽度 b 范围内积分求得:

$$\begin{aligned}\sigma_z &= \frac{p}{\pi}\left[\arctan\frac{1-2n'}{2m} + \arctan\frac{1+2n'}{2m} - \frac{4m(4n'^2-4m^2-1)}{(4n'^2+4m^2-1)^2+16m^2}\right] \\ &= \alpha_u p\end{aligned} \tag{4-13}$$

式中:α_u——应力系数,为 $n'=x/b$ 及 $m=z/b$ 的函数。

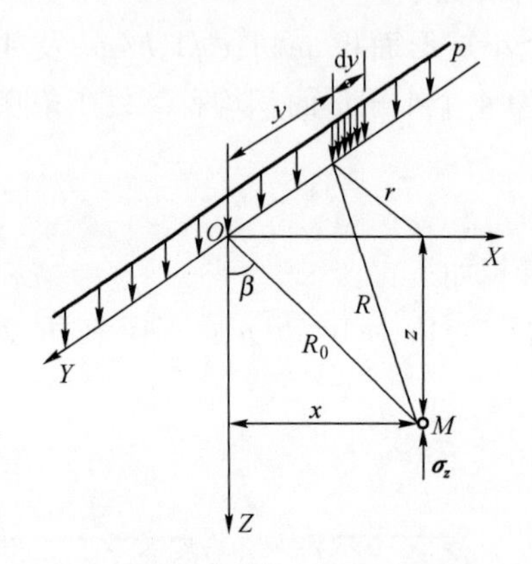

图 4-3 均布线性荷载作用下土中应力计算

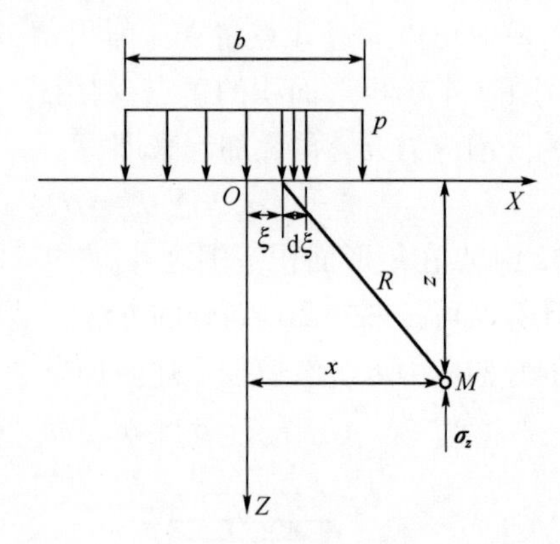

图 4-4 均布条形荷载作用下土中应力计算

注意:坐标轴的原点是在均布荷载的中点处。

采用图 4-5 中的极坐标表示时,从 M 点到荷载边缘的连线与竖直线之间的夹角分别为 β_1 和 β_2,其正负号规定是,从竖直线 MN 到连线逆时针转时为正,反之为负。在图 4-5 中的 β_1 和 β_2 均为正值。在荷载分布宽度范围内积分,即可求得 M 点的竖向应力表达式:

$$\sigma_z = \frac{p}{\pi}\left[\beta_1 + \frac{1}{2}\sin 2\beta_1 - \beta_2 - \frac{1}{2}\sin 2\beta_2\right] \tag{4-14}$$

(2)计算土中任一点的主应力

如图 4-6 所示,在土体表面作用均布条形荷载 p,土中任一点 M 的最大、最小主应力 σ_1 和 σ_3 表达式及其作用方向为:

$$\left.\begin{matrix}\sigma_1\\ \sigma_3\end{matrix}\right\} = \frac{p}{\pi}(2\alpha \pm \sin 2\alpha) \tag{4-15}$$

$$\theta = \frac{1}{2}(\beta_1 + \beta_2) \tag{4-16}$$

式中:2α——从 M 点到荷载宽度边缘连线的夹角(一般也称视角),从图 4-6 可得:

$$2\alpha = \beta_1 - \beta_2 \tag{4-17}$$

θ——最大主应力的作用方向与竖直线间的夹角。

最大主应力 σ_1 的作用方向正好在视角 2α 的等分线上。

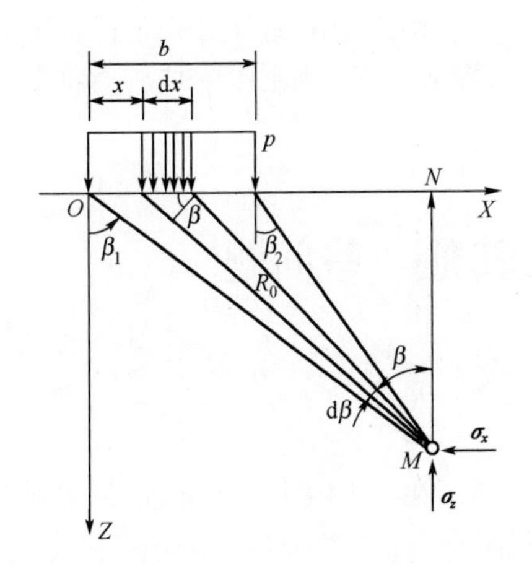

图 4-5 均布条形荷载作用下土中应力计算(极坐标表示)

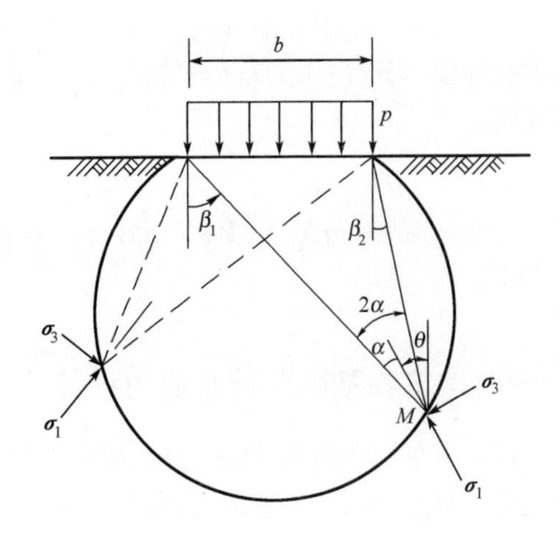

图 4-6 均布条形荷载作用下土中主应力计算

3. 三角形分布条形荷载下土中应力计算

荷载为零的角点下深度 z 处 M 点(图 4-7)的竖向应力为:

$$\sigma_z = \frac{mn}{2\pi}\left[\frac{1}{\sqrt{n^2+m^2}} - \frac{m^2}{(1+m^2)\sqrt{1+m^2+n^2}}\right]p = \alpha_t p \tag{4-18}$$

式中:应力系数 $\alpha_t = \frac{mn}{2\pi}\left[\frac{1}{\sqrt{n^2+m^2}} - \frac{m^2}{(1+m^2)\sqrt{1+m^2+n^2}}\right]$,是 $m=\frac{z}{b}$、$n=\frac{l}{b}$ 的函数。

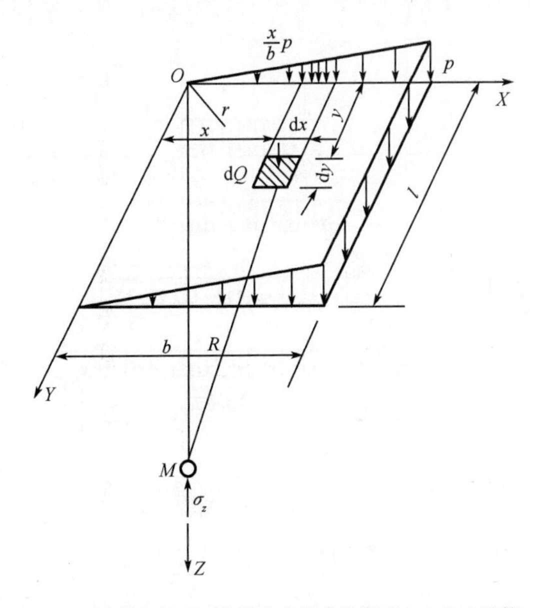

图 4-7 矩形面积上三角形分布荷载作用下土中应力计算

三、非均质和各向异性土体中附加应力问题

实际工程中,地基往往是由软硬不一的多种土层所组成,土的强度和变形性质无论在竖直方向还是在水平方向的差异均较大。

当上层土的压缩模量 E_1 比下层土 E_2 低时，即 $E_1 < E_2$，则土中附加应力分布将发生应力集中的现象；当上层土的压缩模量 E_1 比下层土 E_2 高时，即 $E_1 > E_2$，则土中附加应力将发生扩散现象。

第六节　应力计算中的其他一些问题

一、建筑物基础下地基应力计算

在采用布西奈斯克课题计算土中应力时，假定荷载作用在半无限土体表面，但是实际上建筑物基础均有一定的埋置深度 D，因此，需采用基底附加压力 p_0 计算基础下的地基附加应力。地基附加压力 p_0 可按下式计算：

$$p_0 = p - \gamma D \tag{4-19}$$

式中：p——基底总压力；

γ——基底以上土的加权平均重度；

D——基础埋置深度。

二、应力扩散角概念

表面荷载通过土体向深部扩散，在距地表越深的平面上，应力分布范围越大。假定随着深度 z 的增加，荷载 p_0 在按规律 $z\tan\theta$ 扩大的面积上均匀分布，则 θ 就称为应力扩散角(图 4-8)。

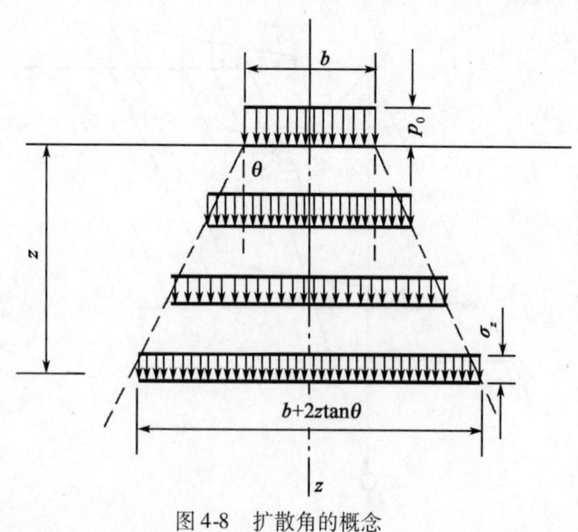

图 4-8　扩散角的概念

对于条形基础，附加竖向应力按下式计算：

$$\sigma_z = \frac{b}{b + 2z\tan\theta} p_0 \tag{4-20}$$

对于矩形基础，附加竖向应力按下式计算：

$$\sigma_z = \frac{bl}{(b + 2z\tan\theta)(l + 2z\tan\theta)} p_0 \tag{4-21}$$

式中：z——基础中心轴线上应力计算点的深度；

θ——应力扩散角；

p_0——基底附加压力；

b、l——基础的宽度和长度。

第七节　饱和土有效应力原理

在土中某点截取一水平截面，其面积为 F，截面上作用应力 σ，它是由上面的土体的重力、静水压力及外荷载 p 所产生的应力组成，称为总应力。这一应力一部分是由土颗粒间的接触面承担，称为有效应力；另一部分是由土体孔隙内的水及气体承担，称为孔隙压力。

土的有效应力，通常用 σ' 表示，孔隙水压力用 u 表示。于是饱和土的总应力可写成：

$$\sigma = \sigma' + u \tag{4-22}$$

这个关系式称为饱和土有效应力公式。

土中任意点的孔隙水压力 u 对各个方向作用是相等的，土颗粒间的有效应力作用则会引起土颗粒的位移，同时有效应力的大小也影响土的抗剪强度。

对于饱和土，土中任意点的孔隙压力 u 对各个方向作用是相等的，因此它只能使土颗粒产生压缩（由于土颗粒本身的压缩量是很微小的，在土力学中均不考虑），而不能使土颗粒产生位移。土颗粒间的有效应力作用，则会引起土颗粒的位移，使孔隙体积改变，土体发生压缩变形，同时有效应力的大小也影响土的抗剪强度。

饱和土有效应力原理包含两个基本要点：

（1）土的有效应力 σ' 等于总应力 σ 减去孔隙水压力 u。

（2）土的有效应力控制了土的变形及强度性能。

一般认为有效应力原理能正确地用于饱和土，对非饱和土则尚存在一些问题。

第五章 土的压缩性与地基沉降计算

第一节　土的压缩性概念

土在外力作用下体积缩小的特性称为土的压缩性。

土的压缩性主要有两个特点：

(1)土的压缩主要是由于孔隙体积减小而引起的,对于饱和土,土中水在外力作用下会沿着土中孔隙排出,从而引起土的体积减小而发生压缩。

(2)由于孔隙水排出而引起的压缩对于饱和黏性土来说是需要时间的,土的压缩随时间增长的过程称为土的固结。

在建筑物荷载作用下,地基土主要由于压缩而引起的竖直方向的位移称为沉降。地基土沉降包含两方面的内容:一是绝对沉降量的大小,亦即最终沉降;二是沉降与时间的关系。

第二节　土的压缩性试验及指标

一、室内压缩试验及压缩模量

室内压缩试验(亦称固结试验)是研究土的压缩性最基本的方法。

试验是在完全侧限条件下进行的。试验时用环刀切取土样，每一级荷载要求恒压24h或当在1h内的压缩量不超过0.01mm时，认为变形已经稳定，并测定稳定时的总压缩量ΔH，根据ΔH-p关系，可以得到土样相应的孔隙比与加荷等级之间的e-p关系。

设土样的初始高度为H_0，在荷载p作用下土样稳定后的总压缩量为ΔH，则相应孔隙比e的计算公式为：

$$e = e_0 - \frac{\Delta H}{H_0}(1 + e_0) \tag{5-1}$$

式中：$e_0 = \frac{G_s(1 + w_0)\rho_w}{\rho_0} - 1$，其中$G_s$、$w_0$、$\rho_0$分别为土粒比重、土样的初始含水率及初始密度，可根据室内试验测定。

1. e-p曲线及有关指标

(1)压缩系数a

如图5-1a)所示的e-p曲线，设压力由p_1增至p_2，相应的孔隙比由e_1减小到e_2，土的压缩性可用这一段压力范围的割线M_1M_2的斜率来表示，即：

$$a = \tan\alpha = \frac{\Delta e}{\Delta p} = \frac{e_1 - e_2}{p_2 - p_1} \tag{5-2}$$

式中：a——压缩系数(MPa^{-1})，压缩系数越大，土的压缩性越高。

为了便于比较，一般采用压力间隔$p_1 = 100\mathrm{kPa}$至$p_2 = 200\mathrm{kPa}$时对应的压缩系数a_{1-2}来评价土的压缩性：当$a_{1-2} < 0.1\mathrm{MPa}^{-1}$时，属低压缩性土；当$0.1 \leqslant a_{1-2} < 0.5\mathrm{MPa}^{-1}$时，属中压缩性土；当$a_{1-2} \geqslant 0.5\mathrm{MPa}^{-1}$时，属高压缩性土。

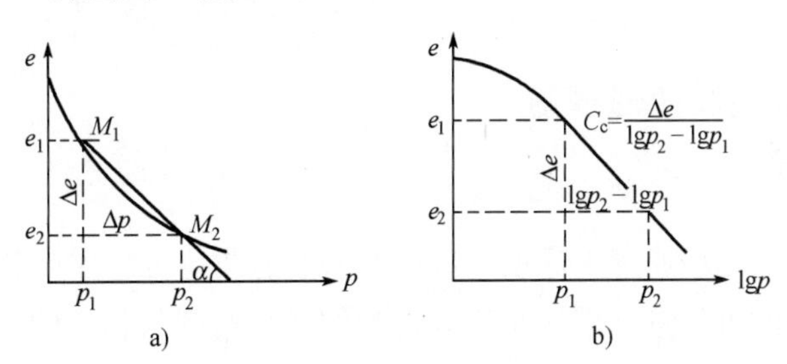

图5-1 由压缩曲线确定压缩指标

a)由e-p曲线确定压缩系数a；b)由e-lg$p$曲线确定压缩指数C_c

(2)压缩模量E_s

根据e-p曲线，可以得到另一个重要的压缩指标——压缩模量，用E_s来表示。其定义为土在完全侧限的条件下竖向应力增量Δp与相应的应变增量$\Delta\varepsilon$的比值，可由式(5-3)计算：

$$E_s = \frac{\Delta p}{\frac{\Delta H}{H_1}} = \frac{\Delta p}{\frac{\Delta e}{1 + e_1}} = \frac{1 + e_1}{a} \tag{5-3}$$

式中：E_s——压缩模量(MPa)；

其余符号意义同前。

2. e-lg$p$曲线及有关指标

图5-1b)所示为采用半对数直角坐标绘制的e-lg$p$曲线，在压力较大部分，e-lg$p$关系接近

直线，这是这种表示方法区别于 e-p 曲线的独特的优点。

(1)压缩指数、回弹指数

将图 5-1b)中 e-lg$p$ 曲线直线段的斜率用 C_c 来表示，称为压缩指数，可由式(5-4)计算：

$$C_c = \frac{e_1 - e_2}{\lg p_2 - \lg p_1} = \frac{e_1 - e_2}{\lg \frac{p_2}{p_1}} \tag{5-4}$$

压缩指数 C_c 与压缩系数 a 不同，a 值随压力变化而变化，而 C_c 值在压力较大时为常数，不随压力变化而变化。C_c 值越大，土的压缩性越高。

卸载段和再压缩段的平均斜率称为回弹指数或再压缩指数 C_e，$C_e \ll C_c$。

(2)前期固结压力

土层历史上所曾经承受过的最大的固结压力，也就是土体在固结过程中所受的最大有效应力，称为前期固结压力(亦称先期固结压力)，用 p_c 来表示，目前最为常用的是根据室内压缩试验作出 e-lg$p$ 曲线，采用经验作图法确定 p_c。

通过测定的前期固结压力 p_c 和土层自重应力 p_0(即自重作用下固结稳定的有效竖向应力)状态的比较，将天然土层划分为正常固结土、超固结土和欠固结土三类固结状态，并用超固结比 $OCR = p_c/p_0$ 去判别：

①如果土层的自重应力 p_0 等于前期固结压力 p_c，则 $OCR = 1$，这种土称为正常固结土。

②如果土层的自重应力 p_0 小于前期固结压力 p_c，则 $OCR > 1$，这种土称为超固结土。

③如果土层的前期固结压力 p_c 小于土层的自重应力 p_0，则 $OCR < 1$，这种土称为欠固结土。

二、现场载荷试验及变形模量

1. 载荷试验

现场载荷试验是在现场通过千斤顶逐级对地基上的载荷板施加荷载，观测记录沉降随时间的发展以及稳定时的沉降量 s，然后将试验得到的各级荷载与相应的稳定沉降量绘制成 p-s 曲线。

2. 变形模量

变形模量是指土在侧向自由膨胀条件下正应力与相应的正应变的比值，是根据现场载荷试验得到的，由式(5-5)可求得地基的变形模量：

$$E_0 = \omega \frac{pb(1-\mu^2)}{s} \tag{5-5}$$

式中：E_0——土的变形模量(kPa)；

p——直线段的荷载强度(kPa)；

s——相应于 p 的载荷板下沉量(cm)；

b——载荷板的宽度或直径(cm)；

μ——土的泊松比，砂土可取 0.2 ~ 0.25，黏性土可取 0.25 ~ 0.45；

ω——沉降影响系数，对刚性载荷板取 $\omega_r = 0.88$(方板)或 $\omega_r = 0.79$(圆板)。

三、弹性模量及试验测定

弹性模量是指正应力 σ 与弹性(即可恢复)正应变 ε_d 的比值,通常用 E 来表示。弹性模量的测定,一般采用三轴仪进行三轴卸荷再加荷试验,在试验时,加荷和卸荷若干个循环,最后趋近于一稳定的再加荷模量 E_r 就是弹性模量 E。

第三节　地基沉降实用计算方法

一、弹性理论法计算沉降

1. 基本假设

(1)地基是均质的、各向同性的、线弹性的半无限体。

(2)基础整个底面和地基一直保持接触。

2. 计算公式

对于均布荷载 p 下的基础沉降可由式(5-6)计算:

$$s=\frac{1-\mu^2}{E}\omega b p_0 \tag{5-6}$$

式中:p_0——基底附加压力;

b——矩形基础宽度或圆形基础直径;

ω——沉降影响系数;

E——弹性模量或变形模量;

μ——泊松比。

二、分层总和法计算最终沉降

1. 基本假设

(1)一般取基底中心点下地基附加应力来计算各分层土的竖向压缩量,认为基础的平均沉降量 s 为各分层土竖向压缩量 s_i 之和,即:

$$s=\sum_{i=1}^{n}\Delta s_i \tag{5-7}$$

式中:n——沉降计算深度范围内的分层数。

(2)计算 Δs_i 时,假设地基土只在竖向发生压缩变形,没有侧向变形,故可利用室内压缩试验成果进行计算。

2. 计算步骤(图 5-2)

(1)地基土分层。成层土的层面及地下水面是当然的分层界面,此外,分层厚度一般不宜大于 $0.4b$(b 为基底宽度)。

(2)计算各分层界面处土自重应力。土自重应力应从天然地面起算,地下水位以下一般应取有效重度。

(3)计算各分层界面处基底中心下竖向附加应力。

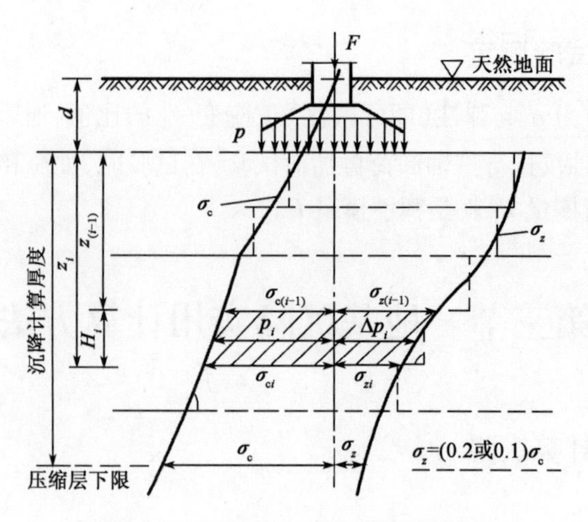

图5-2　分层总和法计算地基最终沉降量

(4)确定地基沉降计算深度或压缩层厚度。一般取地基附加应力等于自重应力的20%($\sigma_z=0.2\sigma_c$)深度处作为沉降计算深度的限值;若在该深度以下为高压缩性土,则应取地基附加应力等于自重应力的10%($\sigma_z=0.1\sigma_c$)深度处作为沉降计算深度的限值。

(5)计算各分层土的压缩量Δs_i。

$$\begin{aligned}\Delta s_i &= \varepsilon_i H_i = \frac{\Delta e_i}{1+e_{1i}}H_i = \frac{e_{1i}-e_{2i}}{1+e_{1i}}H_i \\ &= \frac{a_i(p_{2i}-p_{1i})}{1+e_{1i}}H_i \\ &= \frac{\Delta p_i}{E_{si}}H_i\end{aligned} \tag{5-8}$$

式中:ε_i——第i分层土的平均压缩应变;

H_i——第i分层土的厚度;

e_{1i}——对应于第i分层土上下层面自重应力值的平均值$p_{1i}=\dfrac{\sigma_{c(i-1)}+\sigma_{ci}}{2}$,从土的压缩曲线上得到的孔隙比;

e_{2i}——对应于第i分层土自重应力平均值p_{1i}与上下层面附加应力值的平均值$\Delta p_i=\dfrac{\sigma_{z(i-1)}+\sigma_{zi}}{2}$之和$p_{2i}=p_{1i}+\Delta p_i$,从土的压缩曲线上得到的孔隙比;

a_i——第i分层对应于$p_{1i}\sim p_{2i}$段的压缩系数;

E_{si}——第i分层对应于$p_{1i}\sim p_{2i}$段的压缩模量。

(6)按式(5-7)计算基础的总沉降量。

三、规范法(应力面积)计算最终沉降

1.计算公式

(1)基本公式

如图5-3所示,若基底以下$z_{i-1}\sim z_i$深度范围第i土层的压缩模量为E_{si},则在基础附加压

力作用下基础平均沉降量可表示为：

$$s' = \sum_{i=1}^{n} \Delta s_i' = \sum_{i=1}^{n} \frac{p_0}{E_{si}}(z_i \overline{\alpha}_i - z_{i-1}\overline{\alpha}_{i-1}) \tag{5-9}$$

式中：　n——沉降计算深度范围划分的土层数；

p_0——基底附加压力；

$\overline{\alpha}_i$、$\overline{\alpha}_{i-1}$——平均竖向附加应力系数；

$\overline{\alpha}_i p_0$、$\overline{\alpha}_{i-1} p_0$——分别将基底中心以下地基中 z_i、z_{i-1} 深度范围附加应力，按等面积化为相同深度范围内矩形分布时分布应力的大小。

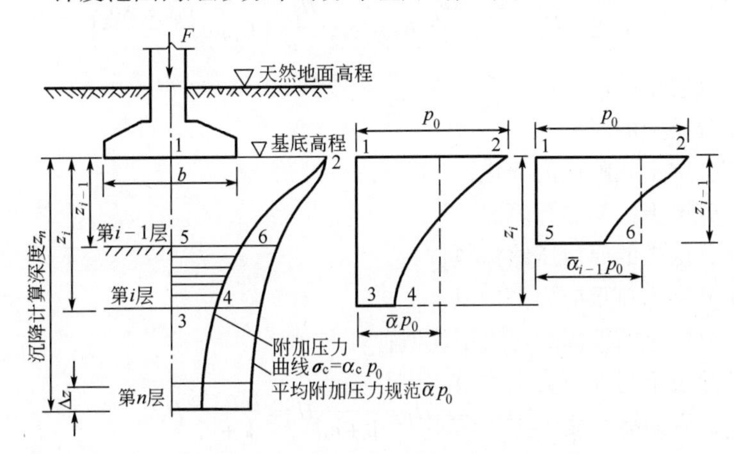

图 5-3　应力面积法计算地基最终沉降

(2)沉降计算深度 z_n 的确定

地基沉降计算深度 z_n 应符合下列要求：

$$\Delta s_n' \leqslant 0.025 \sum_{i=1}^{n} \Delta s_i' \tag{5-10}$$

式中：$\Delta s_n'$——自试算深度往上 Δz 厚度范围的压缩量(包括考虑相邻荷载的影响)。

当无相邻荷载影响，基础宽度在 1～30m 范围时，地基沉降计算深度也可按下列简化公式计算：

$$z_n = b(2.5 - 0.4\ln b) \tag{5-11}$$

式中：b——基础宽度。

在计算深度范围内存在基岩时，z_n 取至基岩表面。

(3)沉降计算经验系数 ψ_s

计算得到的沉降 s' 尚应乘以一个沉降计算经验系数 ψ_s，以提高计算准确度。ψ_s 定义为根据地基沉降观测资料推算的最终沉降量 s_∞ 与计算得到的地基沉降 s' 之比。

地基最终沉降计算公式可统一表示为：

$$s_\infty = \psi_s s' = \psi_s \sum_{i=1}^{n} \frac{p_0}{E_{si}}(z_i \overline{\alpha}_i - z_{i-1}\overline{\alpha}_{i-1}) \tag{5-12}$$

2. 应力面积法与分层总和法的比较

同分层总和法相比，应力面积法主要有以下三个特点：

(1)应力面积法采用应力面积的概念，可以划分较少的层数，一般可以按地基土的天然层面划分，使得计算工作得以简化。

（2）地基沉降计算深度 z_n 的确定方法较分层总和法更为合理。

（3）提出了沉降计算经验系数 ψ_s，使应力面积法更接近于实际。

四、用原位压缩曲线计算最终沉降

1. 正常固结土层的沉降计算

正常固结土层压缩量 s_c 的计算公式如下：

$$s_c = \sum_{i=1}^{n} \varepsilon_i H_i = \sum_{i=1}^{n} \frac{\Delta e_i}{1+e_{0i}} H_i = \sum_{i=1}^{n} \frac{H_i}{1+e_{0i}} \left(C_{cfi} \lg \frac{p_{0i}+\Delta p_i}{p_{ci}} \right) \tag{5-13}$$

式中：ε_i——第 i 分层土的压缩应变；

H_i——第 i 分层土的厚度；

Δe_i——第 i 分层土孔隙比的变化；

e_{0i}——第 i 分层土的初始孔隙比；

C_{cfi}——第 i 分层土的原位压缩指数；

p_{0i}——第 i 分层土自重应力平均值；

p_{ci}——第 i 分层土前期固结压力平均值；

Δp_i——第 i 分层土附加应力平均值。

2. 欠固结土层的沉降计算

欠固结土的沉降不仅仅包括地基受附加应力所引起的沉降，而且还包括地基土在自重作用下尚未固结的那部分沉降，计算公式为：

$$s_c = \sum_{i=1}^{n} \frac{H_i}{1+e_{0i}} \left(C_{cfi} \lg \frac{p_{0i}+\Delta p_i}{p_{ci}} \right) \tag{5-14}$$

式中：Δp_i——各分层土平均附加应力。

3. 超固结土层的沉降计算

超固结土层沉降 s_c 的计算分下列两种情况：

（1）当 $p_{0i}+\Delta p_i \geqslant p_{ci}$ 时

$$\begin{aligned} s_{cn} &= \sum_{i=1}^{n} \frac{\Delta e_i}{1+e_{0i}} H_i = \sum_{i=1}^{n} \frac{\Delta e_i' + \Delta e_i''}{1+e_{0i}} H_i \\ &= \sum_{i=1}^{n} \frac{H_i}{1+e_{0i}} \left(C_{ei} \lg \frac{p_{ci}}{p_{0i}} + C_{cfi} \lg \frac{p_{0i}+\Delta p_i}{p_{ci}} \right) \end{aligned} \tag{5-15}$$

式中：n——土层中 $p_{0i}+\Delta p_i \geqslant p_{ci}$ 的土层数；

Δe_i——第 i 分层总孔隙比的变化；

$\Delta e_i'$——第 i 分层由现有土平均自重应力 p_{0i} 增至该分层前期固结压力 p_{ci} 的孔隙比变化，$\Delta e_i' = C_{ei} \lg \dfrac{p_{ci}}{p_{0i}}$；

$\Delta e_i''$——第 i 分层由前期固结压力 p_{ci} 增至 $p_{0i}+\Delta p_i$ 的孔隙比变化，$\Delta e_i'' = C_{cfi} \lg \dfrac{p_{0i}+\Delta p_i}{p_{ci}}$；

C_{ei}——第 i 分层土的压缩指数。

(2)当 $p_{0i}+\Delta p_i<p_{ci}$时

$$s_{cn}=\sum_{i=1}^{n}\frac{\Delta e_i}{1+e_{0i}}H_i=\sum_{i=1}^{n}\frac{H_i}{1+e_{0i}}\left(C_{ei}\lg\frac{p_{0i}+\Delta p_i}{p_{0i}}\right) \tag{5-16}$$

式中:n——土层中 $p_{0i}+\Delta p_i<p_{ci}$的分层数。

第四节　饱和黏性土地基沉降与时间的关系

碎石土和砂土的压缩性很小,而渗透性大,因此受力后固结稳定所需的时间很短,可以认为在外荷载施加完毕时,其固结变形基本就已经完成;对于黏性土及粉土,完全固结所需的时间就比较长,因此,实践中一般只考虑黏性土和粉土的变形与时间的关系。

一、饱和土的渗流固结

当饱和黏性土地基表面瞬时大面积均匀堆载 p 后,将在地基中各点产生竖向附加应力 $\sigma_z=p$。加载后的一瞬间,作用于饱和土中各点的附加应力 σ_z 开始完全由土中水来承担,土骨架不承担附加应力,即超静孔隙水压力 u 为 p,土骨架承担的有效应力 σ'为零。随后土孔隙中一些自由水被挤出,土体积减小,土骨架就被压缩,附加应力逐渐转嫁给土骨架,土骨架承担的有效应力 σ'增加,相应的超静孔隙水压力 u 逐渐减少,直至最后全部附加应力 σ 由土骨架承担,即 $\sigma'=p$,超静孔隙水压力 u 消散为零。

二、太沙基一维渗流固结理论

1. 基本假设

土是均质的、完全饱和的;土粒和水是不可压缩的;土层的压缩和土中水的渗流只沿竖向发生,是一维的;土中水的渗流服从达西定律,且渗透系数 k 保持不变;孔隙比的变化与有效应力的变化成正比,且压缩系数 a 保持不变;外荷载是一次瞬时施加的。

2. 固结微分方程的建立

在如图 5-4 所示的厚度为 H 的饱和土层上施加无限宽广的均布荷载 p,土中附加应力沿深度均匀分布(即面积 $abce$),土层上面为排水边界,有关条件符合基本假定,对于土层顶面以下 z 深度的微元体 $\mathrm{d}x\mathrm{d}y\mathrm{d}z$ 在 $\mathrm{d}t$ 时间内的变化,可建立起太沙基一维固结微分方程为:

$$\frac{\partial u}{\partial t}=c_{\mathrm{v}}\frac{\partial^2 u}{\partial^2 z} \tag{5-17}$$

式中:c_{v}——土的竖向固结系数;

$$c_{\mathrm{v}}=\frac{k(1+e_1)}{a\gamma_{\mathrm{w}}}=\frac{kE_{\mathrm{s}}}{\gamma_{\mathrm{w}}} \tag{5-18}$$

e_1——渗流固结前初始孔隙比;

k——渗透系数;

a——压缩系数;

E_{s}——压缩模量。

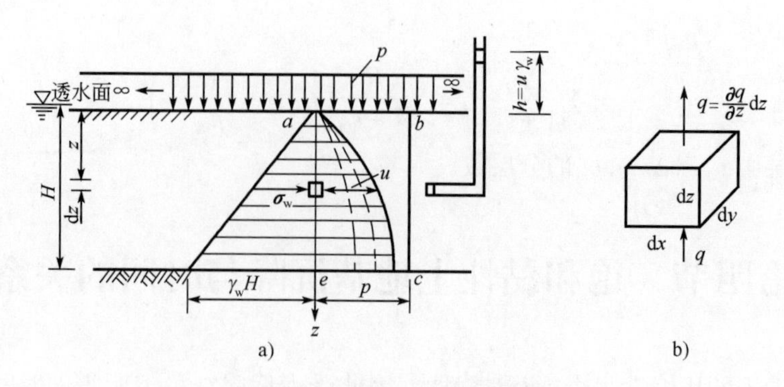

图 5-4　饱和黏性土的一维渗流固结

a）一维渗流固结土层；b）微元体

3. 固结微分方程的求解

（1）土层单面排水。起始超孔隙水压力沿深度为线性分布，如图 5-5 所示。定义 $\alpha = p_1/p_2$，由土层单面排水的初始条件及边界条件，并采用分离变量法可求得式(5-17)的特解为：

$$u(z,t)=\frac{4p_2}{\pi^2}\sum_{m=1}^{\infty}\frac{1}{m^2}\left[m\pi\alpha+2(-1)^{\frac{m-1}{2}}(1-\alpha)\right]e^{-\frac{m^2\pi^2}{4}T_v}\cdot\sin\frac{m\pi z}{2H} \tag{5-19}$$

在实用中常取第一项，即取 $m=1$ 得：

$$u(z,t)=\frac{4p_2}{\pi^2}\left[\alpha(\pi-2)+2\right]e^{-\frac{\pi^2}{4}T_v}\cdot\sin\frac{\pi z}{2H} \tag{5-20}$$

式中：m——奇正整数（$m=1,3,5,\cdots$）；

e——自然对数底，$e=2.718\ 2$；

H——孔隙水的最大渗径，在单面排水条件下为土层厚度；

T_v——时间因数，$T_v=\frac{c_v t}{H^2}$。

（2）土层双面排水。起始超孔隙水压力沿深度为线性分布，如图 5-6 所示。

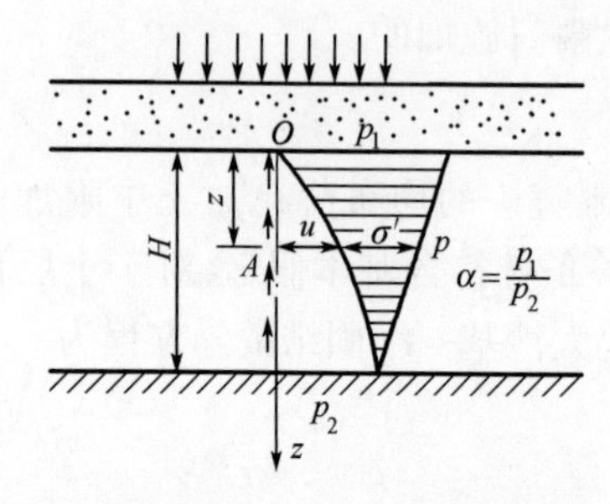

图 5-5　单面排水条件下超孔隙水压力的消散

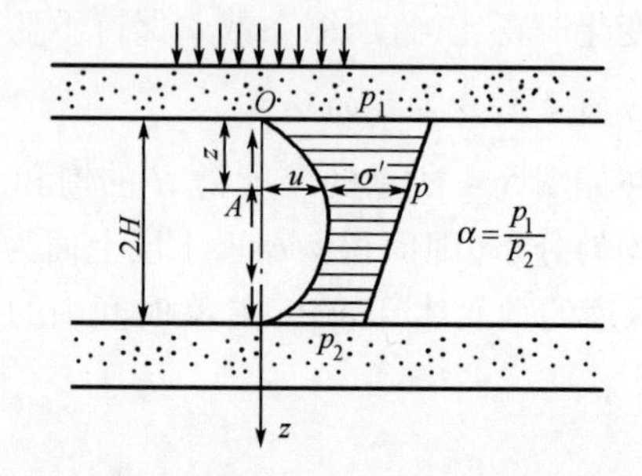

图 5-6　双面排水条件下超孔隙水压力的消散

定义 $\alpha=p_1/p_2$，令土层厚度为 $2H$，由土层双面排水的初始条件及边界条件，并采用分离变量法求得式(5-17)的特解为：

$$u(z,t)=\frac{p_2}{\pi}\sum_{m=1}^{\infty}\frac{2}{m}\left[1-(-1)^m\alpha\right]e^{-\frac{m^2\pi^2}{4}T_v}\cdot\sin\frac{m\pi(2H-z)}{2H} \tag{5-21}$$

在实用中常取第一项，即取 $m=1$ 得：

$$u(z,t)=\frac{2p_2}{\pi}(1+\alpha)e^{-\frac{\pi^2}{4}T_v}\cdot\sin\frac{\pi(2H-z)}{2H}\tag{5-22}$$

4. 固结度

(1)基本概念

①某点的固结度。如图 5-5 及图 5-6 所示，深度 z 处的 A 点在 t 时刻竖向有效应力 σ_t' 与起始超孔隙水压力 p 的比值，称为 A 点 t 时刻的固结度。

②土层的平均固结度。t 时刻土层各点土骨架承担的有效应力图面积与起始超孔隙水压力(或附加应力)图面积之比，称为 t 时刻土层的平均固结度，用 U_t 表示，即：

$$U_t=\frac{\text{有效应力图面积}}{\text{起始超孔隙水压力图面积}}=1-\frac{t\text{时刻超孔隙水压力图面积}}{\text{起始超孔隙水压力图面积}}\tag{5-23}$$

根据有效应力原理，土的变形只取决于有效应力，因此，对于一维竖向渗流固结，土层的平均固结度又可定义为：

$$U_t=\frac{S_{ct}}{S_c}\tag{5-24}$$

式中：S_{ct}——地基某时刻 t 的固结沉降；

S_c——地基最终的固结沉降。

(2)起始超孔隙水压力沿深度线性分布情况下的固结度计算

①单面排水情况下。土层任一时刻 t 的固结度 U_t 可按下式来计算：

$$U_t=1-\frac{\frac{\pi}{2}\alpha-\alpha+1}{1+\alpha}\cdot\frac{32}{\pi^3}\cdot e^{-\frac{\pi^2}{4}T_v}\tag{5-25}$$

不同 $\alpha=p_1/p_2$ 值时的固结度也可按下式来计算：

$$U_\alpha=\frac{2\alpha U_0+(1-\alpha)U_1}{1+\alpha}\tag{5-26}$$

式中：

$$U_0=1-\frac{8}{\pi^2}\cdot e^{-\frac{\pi^2}{4}T_v}\tag{5-27}$$

$$U_1=1-\frac{32}{\pi^3}\cdot e^{-\frac{\pi^2}{4}T_v}\tag{5-28}$$

②双面排水情况下。土层任一时刻 t 的固结度 U_t 可按下式来计算：

$$U_t=1-\frac{8}{\pi^2}\cdot e^{-\frac{\pi^2}{4}T_v}\tag{5-29}$$

式中，固结度 U_t 与 α 值无关，且形式上与土层单面排水时的 U_0 相同，$T_v=c_vt/H^2$ 中的 H 为固结土层厚度的一半，而单面排水时，式(5-27)中 $T_v=c_vt/H^2$ 的 H 为固结土层厚度。

图 5-7a)为起始超孔隙水压力沿深度为线性分布的几种情况，图 5-7b)为 5 种实际情况下的起始超孔隙水压力分布图。

情况 1：薄压缩层地基或大面积均布荷载。

情况 2：土层在自重应力作用下的固结。

情况 3：基础底面积较小，传至压缩层底面的附加应力接近零。

情况 4：在自重应力作用下尚未固结的土层上作用有基础传来的荷载。

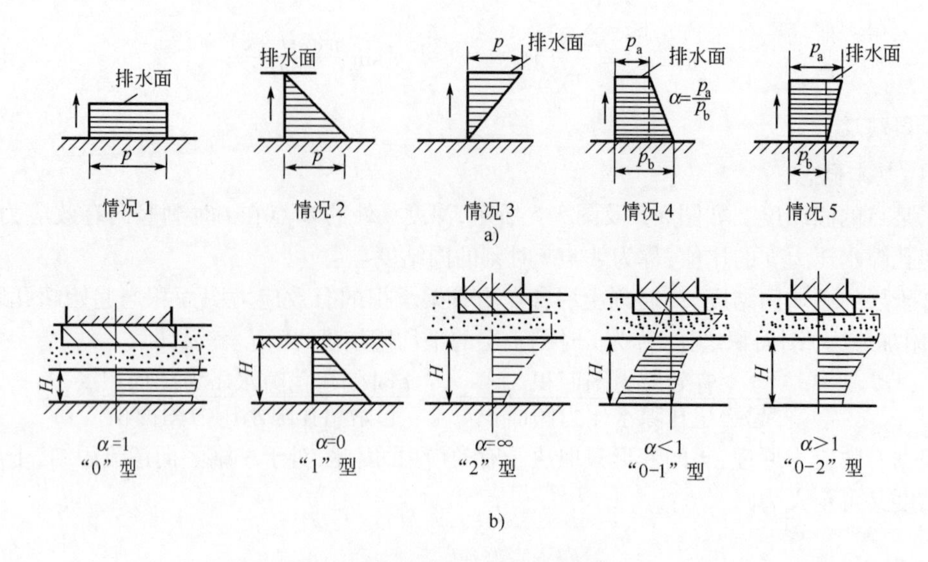

图 5-7　起始超孔隙水压力的几种情况

a)简化得到的线性分布;b)实际的分布

情况 5:基础底面积较小,传至压缩层底面的附加应力不接近零。

三、利用沉降观测资料推算后期沉降与时间关系

1. 对数曲线法

对数曲线法的推算公式为:

$$\frac{s_t}{s_\infty}=1-A\mathrm{e}^{-Bt} \tag{5-30}$$

式中:s_∞——最终固结沉降量;

A、B——待定值,由沉降—时间实测关系曲线确定。

2. 双曲线法

双曲线法的推算公式为:

$$\frac{s_t}{s_\infty}=\frac{t}{\alpha+t} \tag{5-31}$$

式中:s_∞——最终固结沉降量;

α——待定值,由沉降—时间实测关系曲线确定。

四、饱和黏性土地基沉降的三个阶段

饱和黏性土地基最终的沉降量由三个部分组成,即:

$$s=s_\mathrm{d}+s_\mathrm{c}+s_\mathrm{s} \tag{5-32}$$

式中:s_d——瞬时沉降(初始沉降、不排水沉降);

s_c——固结沉降(主固结沉降);

s_s——次固结沉降(次压缩沉降、徐变沉降)。

1. 瞬时沉降

瞬时沉降是在施加荷载后瞬时发生的,在很短的时间内,孔隙中的水来不及排出,沉降是

在没有体积变形的条件下产生的,是形状变形。可用弹性理论公式来计算:

$$s_{\mathrm{d}}=\frac{p_0 b(1-\mu^2)}{E}\omega \tag{5-33}$$

式中:E、μ——弹性模量及泊松比,由于这一变形阶段体积变形为零,可取$\mu=0.5$;

其余符号意义同前。

2. 固结沉降

固结沉降是在荷载作用下,孔隙水被逐渐挤出,孔隙体积逐渐减小,从而土体压密产生体积变形而引起的沉降,是黏性土地基沉降最主要的组成部分。固结沉降可采用分层总和法计算。

3. 次固结沉降

次固结沉降是指超静孔隙水压力消散为零,在有效应力基本上不变的情况下,随时间继续发生的沉降量,是土骨架徐变的结果。如图5-8所示,地基次固结沉降的计算公式为:

$$s_{\mathrm{s}}=\sum_{i=1}^{n}\frac{H_i}{1+e_{0i}}C_{\alpha}\lg\frac{t}{t_1} \tag{5-34}$$

式中:C_{α}——半对数坐标系下直线的斜率,称为次固结系数;

t_1——相当于主固结达到100%的时间,根据次固结与主固结曲线切线交点求得;

t——需要计算次固结的时间。

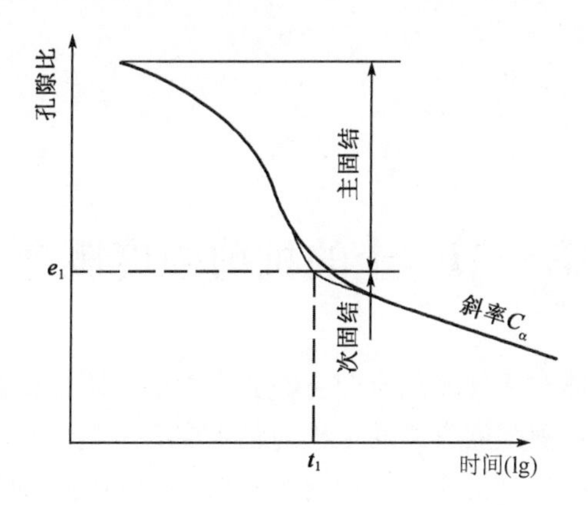

图5-8 孔隙比与时间半对数的关系曲线

第六章 土的抗剪强度

第一节　土的抗剪强度概念

土的抗剪强度是指土体对于外荷载所产生的剪应力的极限抵抗能力。

在工程实践中与土的抗剪强度有关的工程问题主要有三类:第一,是土作为材料构成的土工构筑物的稳定性问题;第二,是土作为工程构筑物的环境的问题,即土压力问题;第三,是土作为建筑物地基的承载力问题。

第二节　土的抗剪强度理论与强度指标

一、抗剪强度的库仑定律

土体发生剪切破坏时,将沿着其内部某一曲面(滑动面)产生相对滑动,而该滑动面上的剪应力就等于土的抗剪强度。库仑(Coulomb)将土的抗剪强度表达为滑动面上法向应力的函数,即:

$$\tau_f = c + \sigma\tan\varphi \tag{6-1}$$

式中：τ_f——土的抗剪强度(kPa)；

σ——剪切滑动面上的法向应力(kPa)；

c——土的黏聚力(kPa)；

φ——土的内摩擦角(°)。

式(6-1)称为库仑定律，其中 c、φ 称为土的抗剪强度指标。

二、土的强度理论——极限平衡理论

由库仑公式表示莫尔包线的土体强度理论称为莫尔—库仑强度理论。

1. 土体中任一点的应力状态

设某一土体单元上作用着的大、小主应力分别为 σ_1 和 σ_3，则在土体内与大主应力 σ_1 作用平面成任意角 α 的平面 a-a 上的正应力 σ 和剪应力 τ，可用 τ-σ 坐标系中直径为($\sigma_1-\sigma_3$)的莫尔应力圆上的一点(逆时针旋转 2α)的坐标大小来表示，如图 6-1 所示，即：

$$\sigma=\frac{1}{2}(\sigma_1+\sigma_3)+\frac{1}{2}(\sigma_1-\sigma_3)\cos2\alpha \tag{6-2}$$

$$\tau=\frac{1}{2}(\sigma_1-\sigma_3)\sin2\alpha \tag{6-3}$$

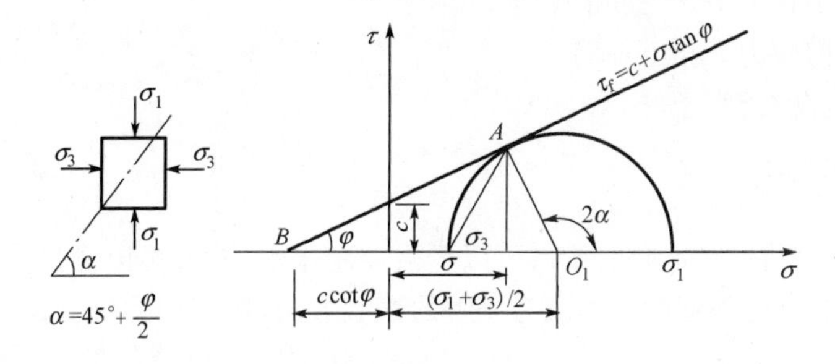

图 6-1 土体中一点达到极限平衡状态时的莫尔应力圆

2. 土的极限平衡条件

根据莫尔极限应力圆与抗剪强度包线之间的几何关系(图 6-1)，可建立土的极限平衡条件为：

$$\sigma_1=\sigma_3\tan^2\left(45°+\frac{\varphi}{2}\right)+2c\cdot\tan\left(45°+\frac{\varphi}{2}\right) \tag{6-4}$$

$$\sigma_3=\sigma_1\tan^2\left(45°-\frac{\varphi}{2}\right)-2c\cdot\tan\left(45°-\frac{\varphi}{2}\right) \tag{6-5}$$

破裂面与大主应力作用面的夹角为：

$$\alpha=45°+\frac{\varphi}{2} \tag{6-6}$$

第三节 土的抗剪强度指标试验方法及其应用

测定土的抗剪强度指标的试验方法，包括室内试验和原位测试。室内试验常用的有直接剪切试验、三轴压缩试验和无侧限抗压强度试验等；原位测试有十字板剪切试验等。

一、直接剪切试验

直接剪切试验是室内土的抗剪强度最简单的测定方法，简称直剪试验。根据土体在受力后的排水固结状况，可分为快剪、固结快剪和慢剪三种直剪试验方法。

1. 快剪

对试样施加竖向压力后，立即快速施加水平剪应力使试样剪切破坏，近似模拟了“不排水剪切”过程，得到的抗剪强度指标用 c_q、φ_q 表示。

2. 固结快剪

对试样施加竖向压力后，让试样充分排水，待固结稳定后，再快速施加水平剪应力使试样剪切破坏，近似模拟了“固结不排水剪切”过程，得到的抗剪强度指标用 c_{cq}、φ_{cq}表示。

3. 慢剪

对试样施加竖向压力后，让试样充分排水，待固结稳定后，以缓慢的速率施加水平剪应力直至试样剪切破坏，模拟了“固结排水剪切”过程，得到的抗剪强度指标用 c_s、φ_s 表示。

直剪试验具有设备简单，土样制备及试验操作方便等优点，但也存在不少缺点，主要是：

(1)剪切面限定在上下盒之间的平面。

(2)剪切面上剪应力分布不均匀。

(3)不能严格控制排水条件。

二、三轴压缩试验

三轴压缩试验，也称三轴剪切试验，可以严格控制排水条件，可以测量土体内的孔隙水压力，是室内测定土的抗剪强度的一种较为完善的试验方法，所使用的仪器是三轴压缩仪(也称三轴剪切仪)。

1. 三轴试验方法

根据土样固结时的排水条件和剪切时的排水条件，三轴试验可分为不固结不排水剪(UU)试验、固结不排水剪(CU)试验、固结排水剪(CD)试验。

(1)不固结不排水剪(UU)试验

试样在施加周围压力和随后施加偏应力直至剪坏的整个试验过程中都不允许排水，得到的抗剪强度指标用 c_u、φ_u 表示。

(2)固结不排水剪(CU)试验

在施加周围压力 σ_3 时，将排水阀门打开，允许试样充分排水，待固结稳定后关闭排水阀门，然后再施加轴向压力，使试样在不排水的条件下剪切破坏，得到的抗剪强度指标用 c_{cu}、φ_{cu} 表示。

(3)固结排水剪(CD)试验

在施加周围压力和随后施加偏应力直至剪坏的整个试验过程中都将排水阀门打开，并给予充分的时间让试样中的孔隙水压力能够完全消散，得到的抗剪强度指标用 c_d、φ_d 表示。

2. 三轴试验结果的整理与表达

土的抗剪强度的试验成果一般有两种表示方法。一种是用总应力 σ 表示，称为总应力法，其表达式为：

$$\tau_f = c + \sigma\tan\varphi \tag{6-7}$$

式中：c、φ——以总应力法表示的黏聚力和内摩擦角，统称为总应力抗剪强度指标。

另一种是用有效应力 σ' 表示，称为有效应力法，其表达式为：

$$\tau_f = c' + \sigma'\tan\varphi' \tag{6-8}$$

或

$$\tau_f = c' + (\sigma - u)\tan\varphi' \tag{6-9}$$

式中：c'、φ'——以有效应力法表示的黏聚力和内摩擦角，统称为有效应力抗剪强度指标。

三、无侧限抗压强度试验

无侧限抗压强度是指试样在无侧向压力条件下，抵抗轴向压力的极限强度。无侧限抗压强度试验实际上是三轴压缩试验的一种特殊情况，即周围压力 $\sigma_3 = 0$ 的三轴试验，所以又称单轴试验。试样破坏时的轴向压力以 q_u 表示，称为无侧限抗压强度。

对于饱和黏性土的不排水抗剪强度，可利用无侧限抗压强度 q_u 来得到，即：

$$\tau_f = c_u = \frac{q_u}{2} \tag{6-10}$$

式中：τ_f——土的不排水抗剪强度（kPa）；

c_u——土的不排水黏聚力（kPa）；

q_u——无侧限抗压强度（kPa）。

利用无侧限抗压强度试验可以测定饱和黏性土的灵敏度 S_t。土的灵敏度是以原状土的强度与同一土经重塑后（完全扰动但含水率不变）的强度之比来表示的，即：

$$S_t = \frac{q_u}{q_0} \tag{6-11}$$

式中：q_u——原状土的无侧限抗压强度（kPa）；

q_0——重塑土的无侧限抗压强度（kPa）。

四、十字板剪切试验

十字板剪切试验是一种土的抗剪强度的原位测试方法，这种试验方法适合于在现场测定饱和黏性土的原位不排水抗剪强度，特别适用于均匀饱和软黏土。所测得的抗剪强度值，相当于试验深度处的天然土层在原位压力下固结的不排水抗剪强度。

设土体剪切破坏时所施加的扭矩为 M，则它应该与剪切破坏圆柱面（包括侧面和上下面）上土的抗剪强度所产生的抵抗力矩相等，假定土体为各向同性体，即 $\tau_v = \tau_H$，并记作 τ_+，则十字板测定的土的抗剪强度可写成：

$$\tau_+ = \frac{2M}{\pi D^2\left(H + \frac{D}{3}\right)} \tag{6-12}$$

式中：τ_+——十字板测定的土的抗剪强度（kPa）；

M——剪切破坏时的扭矩（kN·m）；

H——十字板的高度（m）；

D——十字板的直径（m）。

五、孔隙压力系数 *A* 和 *B*

土中的孔隙压力不仅是由于法向应力所产生，而且剪力的作用也会产生新的孔隙压力增量，可表示为：

$$u = B[\sigma_3 + A(\sigma_1 - \sigma_3)] \tag{6-13}$$

式中：A、B——不同应力条件下的孔隙压力系数。

在常规的三轴压缩试验中，先加周围压力 $\Delta\sigma_3$，然后再加偏应力$(\Delta\sigma_1 - \Delta\sigma_3)$，使土样受剪直至破坏。根据对土样施加 $\Delta\sigma_3$ 和$(\Delta\sigma_1 - \Delta\sigma_3)$的过程中先后量测到的孔隙压力 Δu_1 和 Δu_2，有：

$$B = \frac{\Delta u_1}{\Delta\sigma_3} \tag{6-14}$$

式中：Δu_1——等向应力 $\Delta\sigma_3$ 作用下的孔隙压力。

孔隙压力系数 B 是在各向等应力条件下求出的孔隙应力系数。对于完全饱和土，$B=1$，对于干土，$B=0$，非完全饱和土 B 为 0～1 的值。

$$BA = \frac{\Delta u_2}{\Delta\sigma_1 - \Delta\sigma_3} \tag{6-15}$$

对于饱和土，$B=1$，则得：

$$A = \frac{\Delta u_2}{\Delta\sigma_1 - \Delta\sigma_3} \tag{6-16}$$

式中：A——在偏应力条件下所得到的孔隙压力系数；

Δu_2——偏应力作用下的孔隙压力。

UU 试验时，Δu_2 中包含了 Δu_1 的累积；而在 CU 试验时，Δu_2 中则应不包含 Δu_1 的累积。

六、应力路径的概念

应力路径是指在外力作用下土中某一点的应力变化过程在应力坐标图中的轨迹，它是描述土体在外力作用下应力变化情况或过程的一种方法。对于同一种土，当采用不同的试验手段和不同的加荷方法使之剪破时，其应力变化过程是不相同的，这种不同的应力变化过程对土的力学性质（包括强度）将产生影响。

应力路径通常用 p-q 直角坐标系统表示，其中 $p=(\sigma_1+\sigma_3)/2$，$q=(\sigma_1-\sigma_3)/2$，这是表示大小主应力和之半与大小主应力差之半的变化关系的应力路径。由于土中应力可用总应力和有效应力表示，因此应力路径也可分为总应力路径（Total Stress Pass，简称 TSP）和有效应力路径（Effective Stress Pass，简称 ESP）。

七、试验方法与指标的选用

土的抗剪强度及其指标的确定将因试验时的排水条件以及所采用的分析方法（总应力法或有效应力法）的不同而不同。在选用不同试验方法及相应的强度指标时，宜注意到以下几点：

（1）采用的强度指标应与所采用的分析方法相吻合。

（2）试验中的排水条件控制应与实际工程情况相符合。

(3)工程情况不一定都是很明确的,在具体使用中常结合工程经验予以调整和判断。

(4)直剪试验不能控制排水条件,必须注意直剪试验的适用性。

第四节　软土在荷载作用下的强度增长规律

一、土的天然强度

土的天然强度是指土的结构、含水率及土中应力历史等都保持天然原始状态时土体所具有的强度。

二、软土在荷载作用下的强度增长规律

饱和软黏土地基在外荷载作用下,随着孔隙水压力的消散以及土层的固结,土的抗剪强度也将会随之而增长。

对于正常固结土,若总应力增量为$\Delta\sigma_1$,某一时刻达到的固结度为U,则$\Delta\sigma_1$产生的强度增量为:

$$\Delta\tau_{\mathrm{f}} = \Delta\sigma_1 U \cdot \frac{\sin\varphi'\cos\varphi'}{1+\sin\varphi'} \tag{6-17}$$

式中:φ'——有效内摩擦角。

对于荷载面积相对于土层厚度比较大的预压工程的正常固结饱和黏性土,由于土层固结而增长的强度可按下式计算:

$$\Delta\tau_{\mathrm{f}} = \Delta\sigma_1'\tan\varphi_{\mathrm{cu}} = \Delta\sigma_1 U\tan\varphi_{\mathrm{cu}} \tag{6-18}$$

式中:φ_{cu}——固结不排水剪强度指标。

第五节　关于土的抗剪强度影响因素的讨论

土的抗剪强度受到多种因素的影响,归纳起来,主要是土的性质和应力状态两个方面,具体为:

(1)土的矿物成分、颗粒形状和级配的影响。

(2)土的含水率的影响。

(3)土的密度的影响。

(4)黏性土触变性的影响。

(5)土的应力历史的影响。

第七章
土压力计算

第一节　土压力概念

土压力的大小及其分布规律同挡土结构物的侧向位移的方向、大小、土的性质、挡土结构物的刚度及高度等因素有关，根据挡土结构物侧向位移方向和大小可分为三种类型的土压力：

1. 静止土压力

若刚性的挡土墙保持原来位置静止不动，则作用在墙上的土压力称为静止土压力。

2. 主动土压力

若挡土墙在墙后填土压力作用下，背离着填土方向移动，这时作用在墙上的土压力逐渐减小，当墙后土体达到极限平衡，这时土压力减至最小值，称为主动土压力。

3. 被动土压力

若挡土墙在外力作用下，向填土方向移动，这时作用在墙上的土压力逐渐增大，一直到土体达到极限平衡，这时土压力增至最大值，称为被动土压力。

第二节　静止土压力计算

土体表面下任意深度 z 处的静止土压力强度 p_0，可按半无限体在无侧向位移条件下侧向应力的计算公式计算，即：

$$p_0 = K_0 \gamma z \tag{7-1}$$

式中：γ——土的重度（kN/m^3）；

K_0——静止土压力系数；

$$OCR = 1, K_0 = 1 - \sin\varphi'$$

$$OCR > 1, K_0 = \sqrt{OCR}(1 - \sin\varphi')$$

φ'——土的有效内摩擦角；

OCR——土的超固结比。

静止土压力强度 p_0 沿深度呈直线分布，如图 7-1 所示，则作用在每延米挡土墙的静止土压力合力 E_0 为：

$$E_0 = \frac{1}{2} K_0 \gamma H^2 \tag{7-2}$$

式中：H——挡土墙高度。

对于成层土和有超载情况，静止土压力强度 p_0 可按下式计算：

$$p_0 = K_0 (\sum \gamma_i h_i + q) \tag{7-3}$$

式中：γ_i——计算点以上第 i 层土的重度；

h_i——计算点以上第 i 层土的厚度；

q——填土面上的均布荷载。

对于墙后填土有地下水的情况，地下水位以下对于透水性的土应采用有效重度 γ' 计算，同时考虑作用于挡土墙上的静水压力［图 7-1b)］。

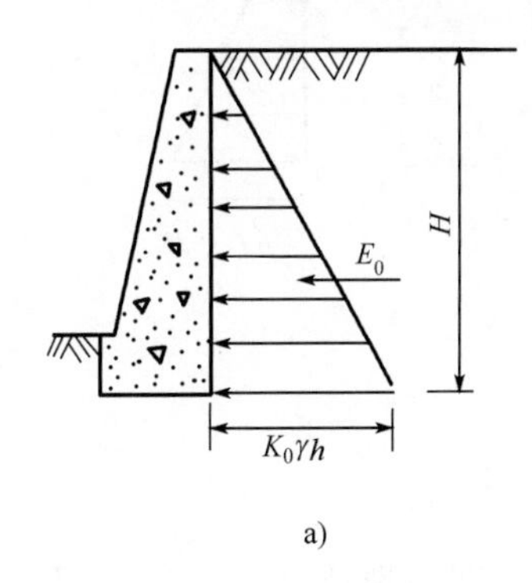

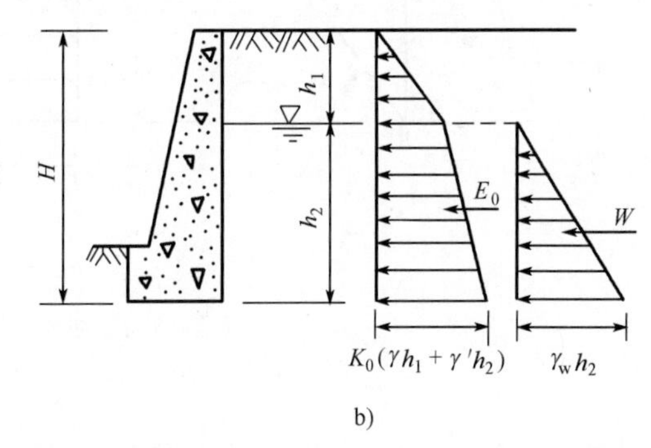

图 7-1 静止土压力的分布

a) 均匀土时；b) 有地下水时

第三节 朗金土压力理论

一、基本原理

朗金土压力理论假定挡土墙墙背直立、光滑，其后填土表面水平且无限延伸，认为作用于挡土墙墙背上的土压力，符合半无限土体中与墙背方向、长度相对应的切面上达到极限平衡状态时的应力情况，这样就可以应用土体处于极限平衡状态时的最大和最小主应力的关系式，来计算作用于墙背上的主动土压力和被动土压力。

二、朗金主动土压力计算

如图7-2所示挡土墙，已知墙背直立、光滑，填土面水平。若墙背在填土压力作用下背离填土向外移动，这时墙后土体到达极限平衡状态，作用在挡土墙背上的土压力即为朗金主动土压力。在墙后土体表面下深度 z 处，朗金主动土压力强度计算公式为：

$$p_a = \gamma z \tan^2\left(45° - \frac{\varphi}{2}\right) - 2c\tan\left(45° - \frac{\varphi}{2}\right) = \gamma z K_a - 2c\sqrt{K_a} \tag{7-4}$$

式中：γ——土的重度；

c、φ——土的黏聚力及内摩擦角；

z——计算点深度；

K_a——主动土压力系数，$K_a = \tan^2\left(45° - \frac{\varphi}{2}\right)$。

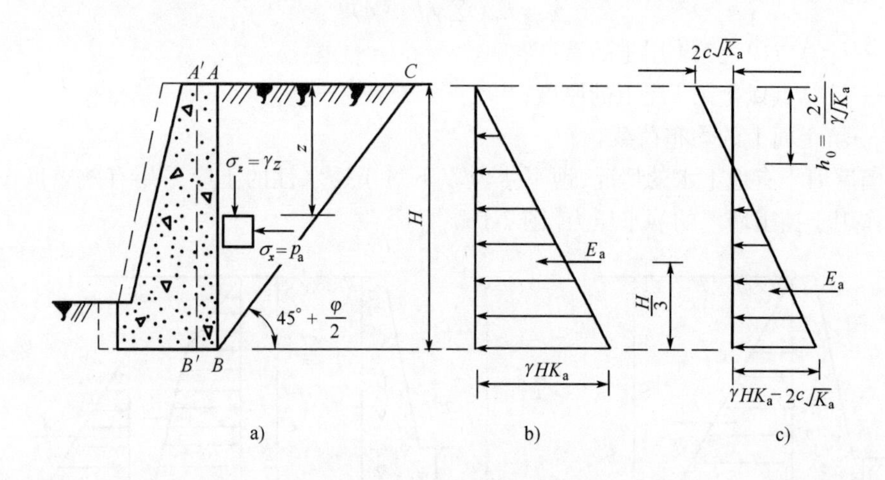

图7-2　朗金主动土压力计算

a）挡土墙向外移动；b）无黏性土；c）黏性土

对于黏性土，当 $z=0$ 时，由式(7-4)可知 $p_a = -2c\sqrt{K_a}$，即出现拉力区。令式(7-4)中的 $p_a=0$，可解得拉力区的高度为：

$$h_0 = \frac{2c}{\gamma\sqrt{K_a}} \tag{7-5}$$

式中：h_0——临界直立高度。

在计算墙背上的主动土压力合力时，将不考虑拉力区的作用，即：

$$E_a = \frac{1}{2}(H - h_0)(\gamma H K_a - 2c\sqrt{K_a}) \tag{7-6}$$

E_a 作用于距挡土墙底面 $(H - h_0)/3$ 处。

对于无黏性土，将黏聚力 $c=0$ 代入式(7-4)～式(7-6)中，即可得到相应的计算公式。

三、朗金被动土压力计算

如图 7-3 所示挡土墙，已知墙背竖直、光滑，填土面水平。若挡土墙在外力作用下推向填土，当墙后土体达到极限平衡状态时，即朗金被动状态，在墙后土体表面下深度 z 处，朗金被动土压力强度计算公式为：

$$p_{\mathrm{p}} = \gamma z \tan^2\left(45° + \frac{\varphi}{2}\right) + 2c\tan\left(45° + \frac{\varphi}{2}\right) = \gamma z K_{\mathrm{p}} + 2c\sqrt{K_{\mathrm{p}}} \tag{7-7}$$

式中：K_{p}——被动土压力系数，$K_{\mathrm{p}} = \tan^2\left(45° + \frac{\varphi}{2}\right)$。

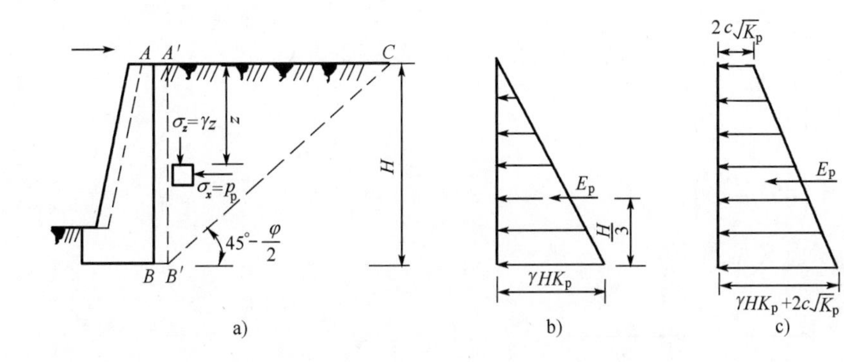

图 7-3　朗金被动土压力计算

a) 挡土墙向填土移动；b) 无黏性土；c) 黏性土

被动土压力 p_{p} 沿深度 z 呈直线分布，如图 7-3b)、c) 所示，作用在墙背上单位长墙的被动土压力 E_{p}，可由 p_{p} 的分布图形面积求得。

对于无黏性土，将黏聚力 $c=0$ 代入式(7-7)中，即可得到相应的计算公式。

四、几种特殊情况下的朗金土压力计算

1. 填土表面有均布荷载时的朗金土压力计算

当挡土墙后填土表面有连续均布荷载 q 作用时，如图 7-4 所示，主动土压力强度计算公式为：

$$p_{\mathrm{a}} = (\gamma z + q)K_{\mathrm{a}} - 2c\sqrt{K_{\mathrm{a}}} \tag{7-8}$$

若填土面上为局部荷载时，如图 7-5 所示，则计算时，从荷载的两点 O 及 O' 点作两条辅助线 $\overline{OC}$ 和 $\overline{O'D}$，它们都与水平面成 $\left(45° + \frac{\varphi}{2}\right)$ 角，认为 C 点以上和 D 点以下的土压力不受地面荷载的影响，C、D 之间的土压力按均布荷载计算，AB 墙面上的土压力如图 7-5 中阴影部分。

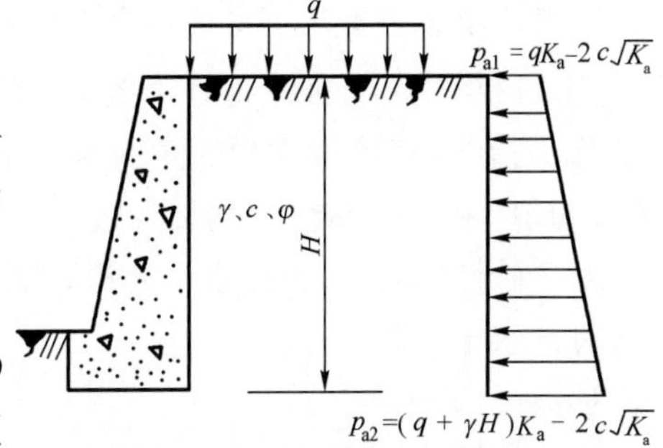

图 7-4　填土上有超载时主动土压力的计算

2. 成层填土中的朗金土压力计算

图 7-6 所示挡土墙后填土为成层土，应注意在土层分界面上，由于两层土的抗剪强度指标

不同,其传递由于自重引起的土压力作用不同,使土压力的分布有突变(图7-6)。其计算方法如下:

a 点:

$$p_{a1} = -2c_1\sqrt{K_{a1}}$$

b 点上(在第一层土中):

$$p_{a2上} = \gamma_1 h_1 K_{a1} - 2c_1\sqrt{K_{a1}}$$

b 点下(在第二层土中):

$$p_{a2下} = \gamma_1 h_1 K_{a2} - 2c_2\sqrt{K_{a2}}$$

c 点:

$$p_{a3} = (\gamma_1 h_1 + \gamma_2 h_2)K_{a2} - 2c_2\sqrt{K_{a2}}$$

式中:$K_{a1} = \tan^2\left(45° - \dfrac{\varphi_1}{2}\right)$;

$K_{a2} = \tan^2\left(45° - \dfrac{\varphi_2}{2}\right)$;

其余符号意义见图7-6。

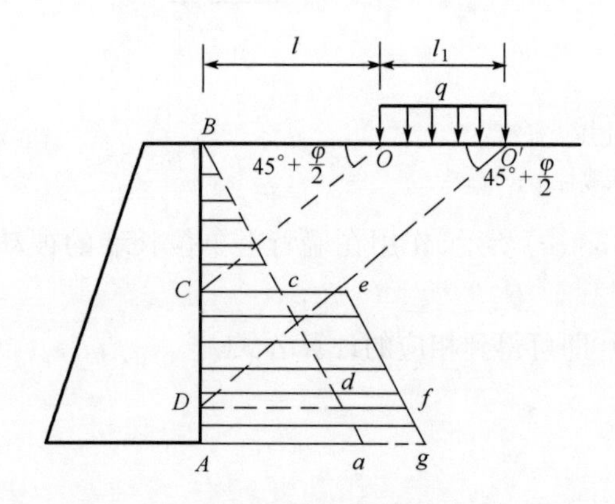

图7-5　局部荷载作用下主动土压力的计算

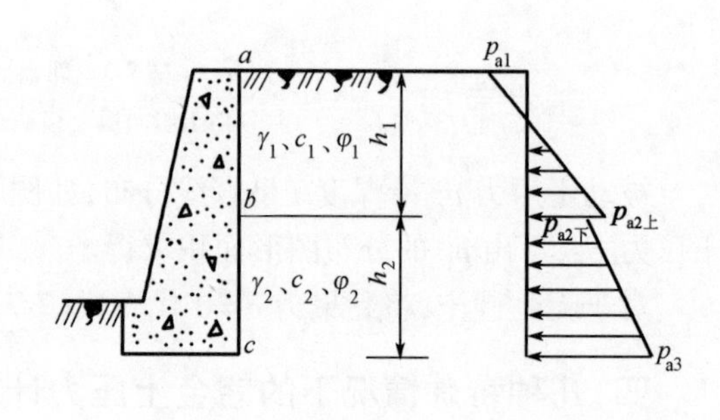

图7-6　成层土的主动土压力计算

3. 墙后填土中有地下水的朗金土压力计算

当墙后填土部分或全部处于地下水位以下时,这时作用在墙体的除了土压力外,还有水压力的作用,在计算墙体受到的总的侧向压力时,对地下水位以下部分的水、土压力,一般采用“水土分算”和“水土合算”两种方法。

对于砂性和粉土,可按水土分算原则进行;对于黏性土,可根据现场情况和工程经验,按水土分算或水土合算进行。

(1)水土分算法

水土分算法采用有效重度 γ' 计算土压力,按静压力计算水压力,然后两者叠加为总的侧压力。

$$p_a = \gamma' H K'_a - 2c'\sqrt{K'_a} + \gamma_w h_w \tag{7-9}$$

式中:γ'——土的有效重度;

K_a'——按有效应力强度指标计算的主动土压力系数，$K_a' = \tan^2\left(45° - \frac{\varphi'}{2}\right)$；

c'——有效黏聚力(kPa)；

φ'——有效内摩擦角(°)；

γ_w——水的重度(kN/m^3)；

h_w——以墙底起算的地下水位高度(m)。

在实际使用时，上述公式中的有效强度指标 c'、φ'常用总应力强度指标 c_{cu}、φ_{cu}代替。

(2)水土合算法

对地下水位下的黏性土，也可用土的饱和重度 γ_{sat} 计算总的水土压力，即：

$$p_a = \gamma_{sat} H K_a - 2c\sqrt{K_a} \tag{7-10}$$

式中：γ_{sat}——土的饱和重度，地下水位下可近似采用天然重度(kN/m^3)；

K_a——按总应力强度指标计算的主动土压力系数，$K_a = \tan^2\left(45° - \frac{\varphi}{2}\right)$；

其余符号意义同前。

第四节 库仑土压力理论

一、基本原理

库仑土压力理论假定挡土墙墙后的填土是均匀的砂性土，当墙背离土体移动或推向土体时，墙后土体达到极限平衡状态，其滑动面是通过墙脚 B 的平面 BC(图 7-7)，假定滑动土楔 ABC 是刚体，根据土楔 ABC 的静力平衡条件，按平面问题解得作用在挡土墙上的土压力。

二、主动土压力计算

如图 7-8 所示挡土墙，已知墙背 AB 倾斜，与竖直线的夹角为 ε；填土表面 AC 是一平面，与水平面的夹角为 β。若挡土墙在填土压力作用下离开填土向外移动，当墙后土体达到极限平衡状态时(主动状态)，土体中产生两个通过墙脚 B 的滑动面 AB 及 BC。若滑动面 BC 与水平面间夹角为 α，取单位长度挡土墙，把滑动土楔 ABC 作为脱离体，考虑其静力平衡条件，由正弦定律，并求极值，可得库仑主动土压力 E_a 为：

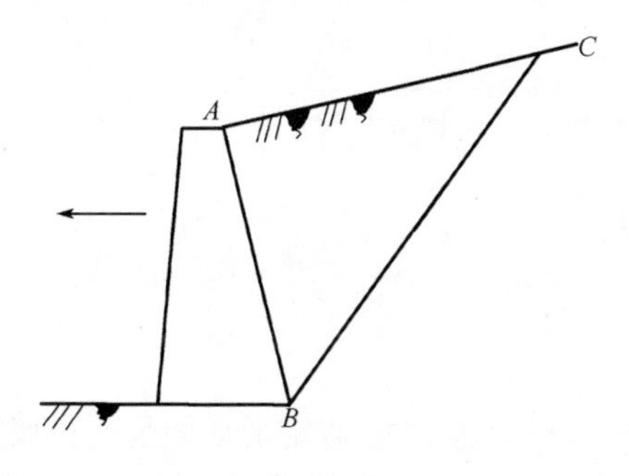

图 7-7 库仑土压力理论

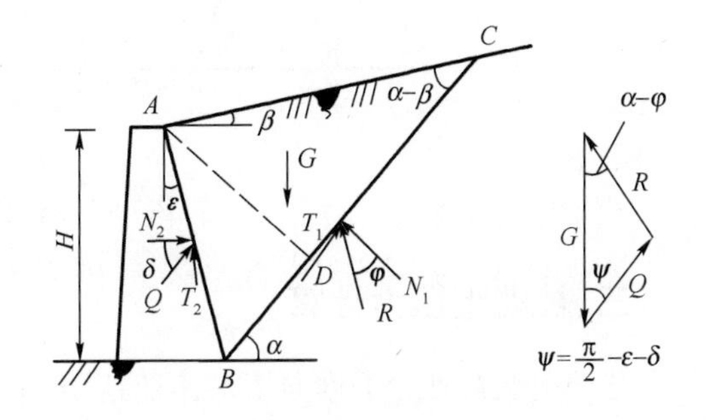

图 7-8 库仑主动土压力计算

$$E_a = \frac{1}{2}\gamma H^2 K_a \tag{7-11}$$

$$K_a = \frac{\cos^2(\varphi - \varepsilon)}{\cos^2\varepsilon\cos(\delta + \varepsilon)\left[1 + \sqrt{\frac{\sin(\delta + \varphi)\sin(\varphi - \beta)}{\cos(\delta + \varepsilon)\cos(\varepsilon - \beta)}}\right]^2} \tag{7-12}$$

式中：γ、φ——墙后填土的重度及内摩擦角；

H——挡土墙的高度；

ε——墙背与竖直线间的夹角；

δ——墙背与填土间的摩擦角；

β——填土面与水平面间的倾角；

K_a——主动土压力系数，它是 φ、δ、ε、β 的函数。

若填土面水平，墙背竖直以及墙背光滑时，也即 $\beta = 0$、$\varepsilon = 0$ 及 $\delta = 0$ 时，库仑主动土压力系数公式与朗金主动土压力系数公式相同。

如图 7-9 所示，合力 E_a 的作用方向与墙背法线成 δ 角，与水平面成 θ 角，其作用点在墙高的 1/3 处。

作用在墙背上的主动土压力 E_a 可以分解为水平分力 E_{ax} 和竖向分力 E_{ay}：

$$E_{ax} = E_a\cos\theta = \frac{1}{2}\gamma H^2 K_a\cos\theta \tag{7-13}$$

$$E_{ay} = E_a\sin\theta = \frac{1}{2}\gamma H^2 K_a\sin\theta \tag{7-14}$$

式中：θ——E_a 与水平面的夹角，$\theta = \delta + \varepsilon$。

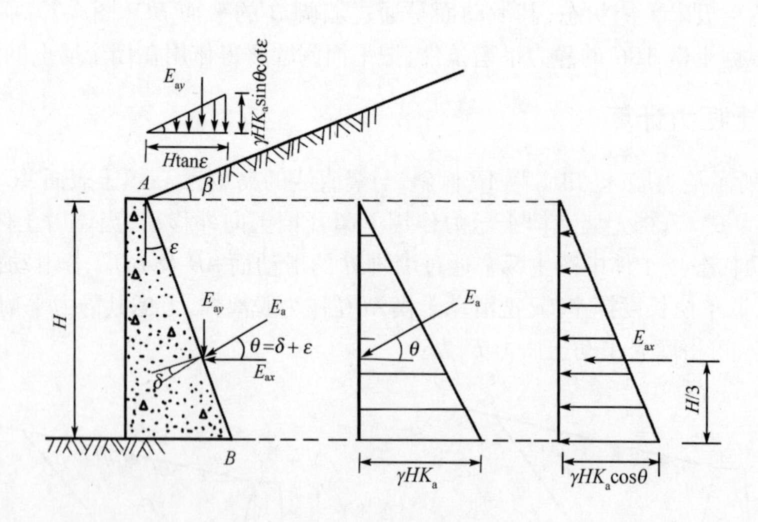

图 7-9　库仑主动土压力分布图

三、被动土压力计算

若挡土墙在外力下推向填土，当墙后土体达到极限平衡状态时，假定滑动面是通过墙脚的两个平面 AB 和 BC，如图 7-10 所示。由于滑动土体 ABC 向上挤出隆起，故在滑动面 AB 和 BC

上的摩阻力 T_2 及 T_1 的方向与主动土压力相反,是向下的。这样得到的滑动土体 ABC 的静力平衡三角形如图 7-10 所示,由正弦定律,并求极值,可得库仑被动土压力 E_p 的计算公式为:

$$E_p = \frac{1}{2}\gamma H^2 K_p \tag{7-15}$$

$$K_p = \frac{\cos^2(\varphi + \varepsilon)}{\cos^2\varepsilon\cos(\varepsilon - \delta)\left[1 - \sqrt{\dfrac{\sin(\varphi + \delta)\sin(\varphi + \beta)}{\cos(\varepsilon - \delta)\cos(\varepsilon - \beta)}}\right]^2} \tag{7-16}$$

式中:K_p——被动土压力系数;

其余符号意义均同前(图 7-10)。

E_p 的作用方向与墙背法线成 δ 角,被动土压力强度 p_p 沿墙高呈直线规律分布。

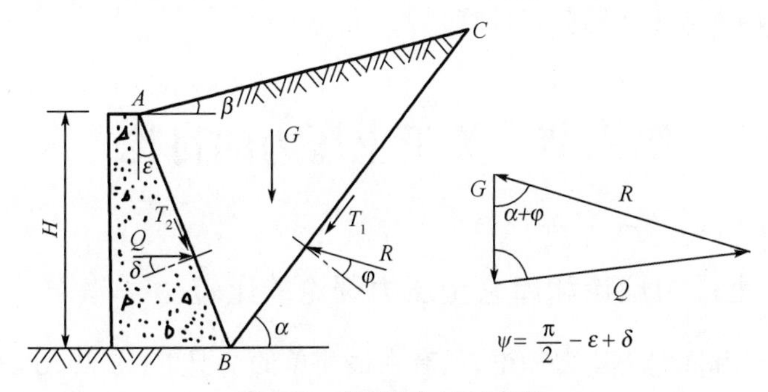

图 7-10 库仑被动土压力计算

第五节 几种特殊情况下的库仑土压力计算

一、地面荷载作用下的库仑土压力

土体表面若有满布的均布荷载 q,可将均布荷载换算为土体的当量厚度 $h_0 = \dfrac{q}{\gamma}$(γ 为土体重度),然后再用无荷载作用时的情况求出土压力强度和土压力合力。

二、成层土体中的库仑主动土压力

当墙后土体成层分布且具有不同的物理力学性质时,常用近似方法计算土压力。假设各层土的分层面与土体表面平行,自上而下按层计算土压力,求下层土的土压力时可将上面各层土的重量当作均布荷载对待。

三、黏性土中的库仑土压力

黏性土中的库仑土压力可用等代摩擦角法计算,就是将黏性土的黏聚力折算成内摩擦角,经折算后的内摩擦角称为等效内摩擦角或等值内摩擦角,用 φ_D 表示,目前工程中采用下面两种方法来计算 φ_D。

(1)根据抗剪强度相等的原理,等效内摩擦角 φ_D 可从土的抗剪强度曲线上,通过作用在基坑底面高程上的土中垂直应力 σ_t 求出。

$$\varphi_D = \arctan\left(\tan\varphi + \frac{c}{\sigma_t}\right) \tag{7-17}$$

(2)根据土压力相等的概念来计算等效内摩擦角 φ_D 值。

$$\varphi_D = 2\left\{45^\circ - \arctan\left[\tan\left(45^\circ - \frac{\varphi}{2}\right) - \frac{2c}{\gamma H}\right]\right\} \tag{7-18}$$

四、车辆荷载作用下的土压力计算

在桥台或挡土墙设计时,应考虑车辆荷载引起的土压力。其计算原理是按照库仑土压力理论,把填土破坏棱体(即滑动土楔)范围内的车辆荷载,用一个均布荷载(或换算成等代均布土层)来代替,然后用库仑土压力公式计算。

第六节　关于土压力的讨论

一、关于朗金土压力理论和库仑土压力理论的比较

朗金土压力理论和库仑土压力理论,只有在最简单的情况下($\varepsilon = 0, \beta = 0, \delta = 0$),计算的结果才相同,否则便得出不同的结果。

朗金土压力理论公式简单,对于黏性土和无黏性土都可以用该公式直接计算,但其必须假设墙背直立、光滑、墙后填土水平,且由于该理论忽略了墙背与填土之间摩擦的影响,因此计算的主动土压力偏大,而计算的被动土压力偏小。

库仑土压力理论考虑了墙背与土之间的摩擦力,并可用于墙背倾斜、填土面倾斜的情况,但由于该理论假设填土是无黏性土,因此不能用库仑理论的原公式直接计算黏性土的土压力。库仑理论假设墙后填土破坏时,破裂面是一平面,而实际上却是一曲面。通常情况下,在计算主动土压力时,计算结果误差为2%~10%,但在计算被动土压力时,计算结果往往偏大,有时可达2~3倍,甚至更大。

二、关于挡土结构物位移与土压力的关系

挡土结构物的位移与土压力大小及分布有密切关系。对于一般挡土结构,产生主动土压力所需的墙体位移比较容易出现,而产生被动土压力所需位移数量较大,往往为设计所不允许,因此,在选择计算方法前,必须考虑变形方面的要求。

三、地下水渗流对土压力的影响

基坑施工时,围护墙内降水形成墙内外水头差,地下水会从坑外流向坑内,水土分算时,对于地下水位以下作用在支护结构上的不平衡水压力,若地下水有渗流,可按三角形分布考虑;若无渗流,可按梯形分布考虑。

第八章

土坡稳定分析

第一节　土坡稳定概念

当土坡内某一滑动面上作用的滑动力达到土的抗剪强度时，土坡即发生滑动破坏。

土坡滑动失稳的原因有两种：

(1)外界力的作用破坏了土体内原来的应力平衡状态。

(2)土的抗剪强度由于受到外界各种因素的影响而降低，促使土坡失稳破坏。

土坡的稳定安全度用稳定安全系数 K 表示，它是指土的抗剪强度与土坡中可能滑动面上产生的剪应力间的比值，即 $K=\frac{\tau_f}{\tau}$。

第二节　无黏性土的土坡稳定分析

在分析由砂、卵石、砾石等组成的无黏性土的土坡稳定时，一般均假定滑动面是平面。

如图 8-1 所示的均质无黏性土简单土坡，已知土坡高度为 H，坡角为 β，土的重度为 γ，土的抗剪强度 $\tau_f=\sigma\tan\varphi$。若假定滑动面是通过坡脚 A 的平面 AC，AC 的倾角为 α，则可计

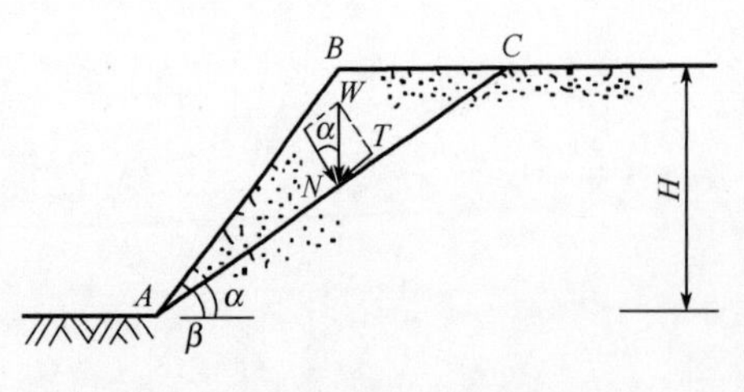

图 8-1　无黏性土的土坡稳定计算

算滑动土体 ABC 沿 AC 面上滑动的稳定安全系数 K 值为：

$$K = \frac{\tan\varphi}{\tan\beta} \tag{8-1}$$

从式(8-1)可见，当 $\alpha = \beta$ 时，滑动稳定安全系数最小，也即土坡面上的一层土是最容易滑动的，一般要求为 $K > 1.25 \sim 1.30$。

第三节　黏性土的土坡稳定分析

均质黏性土的土坡失稳破坏时，其滑动面常常是曲面，通常可近似地假定为圆弧滑动面。圆弧滑动面的形式一般有以下三种：

(1)圆弧滑动面通过坡脚 B 点[图 8-2a)]，称为坡脚圆。

(2)圆弧滑动面通过坡面上 E 点[图 8-2b)]，称为坡面圆。

(3)圆弧滑动面通过坡脚以外的 A 点[图 8-2c)]，称为中点圆。

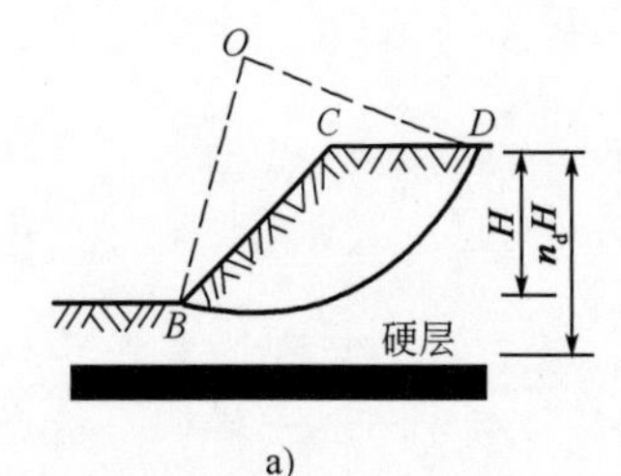

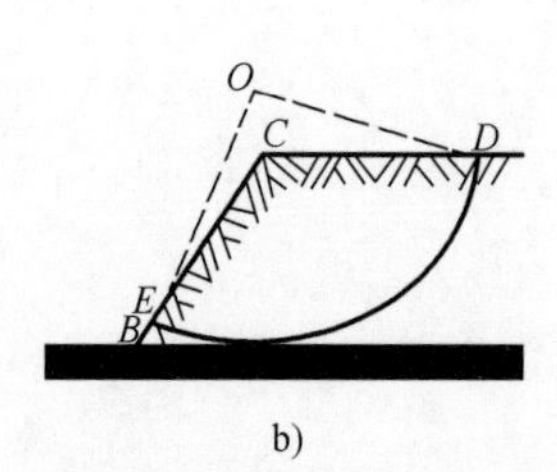

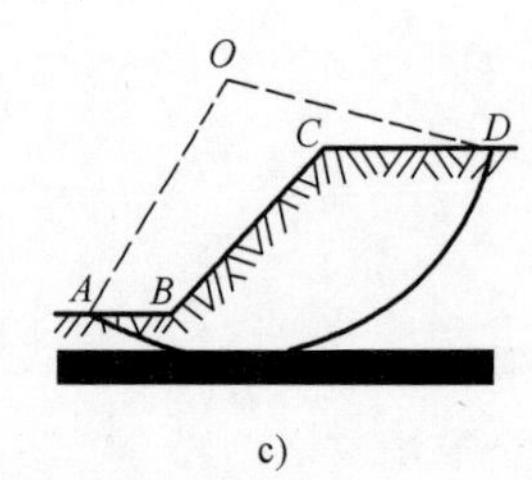

图 8-2　均质黏性土土坡的三种圆弧滑动面

a)坡脚圆；b)坡面圆；c)中点圆

土坡稳定分析时采用的圆弧滑动面分析方法可以分为两种：

(1)土坡圆弧滑动按整体稳定分析法，主要适用于均质简单土坡，即土坡上、下两个土面是水平的，坡面 BC 是一平面，如图 8-3 所示。

(2)用条分法分析土坡稳定，条分法对非均质土坡、土坡外形复杂、土坡部分在水下时均适用。

一、土坡圆弧滑动面的整体稳定分析

1. 基本概念

土坡稳定分析采用圆弧滑动面的方法习惯上也称为瑞典圆弧滑动法。

对于图 8-3 所示均质简单土坡，若可能的圆弧滑动面为 AD，其圆心为 O，半径为 R，土坡滑动的稳定安全系数 K 可以用稳定力矩 M_r 与滑动力矩 M_s 的比值表示，即：

$$K = \frac{M_r}{M_s} = \frac{\tau_f \widehat{L} R}{Wa} \tag{8-2}$$

式中：W——滑动体 $ABCDA$ 的重力(kN)；

a——W 对 O 点的力臂(m)；

τ_f——土的抗剪强度(kPa)，按库仑定律 $\tau_f=\sigma\tan\varphi+c$ 计算；

$\widehat{L}$——滑动圆弧 AD 的长度(m)；

R——滑动圆弧面的半径(m)。

由于土的抗剪强度沿滑动面 AD 上的分布是不均匀的，因此直接按式(8-2)计算土坡的稳定安全系数有一定的误差。

2. 摩擦圆法

如图 8-4 所示，滑动面 AD 上的抵抗力包括土的摩阻力及黏聚力两部分，它们的合力分别为 F 及 C。假定滑动面上的摩阻力首先得到发挥，然后才由土的黏聚力补充。

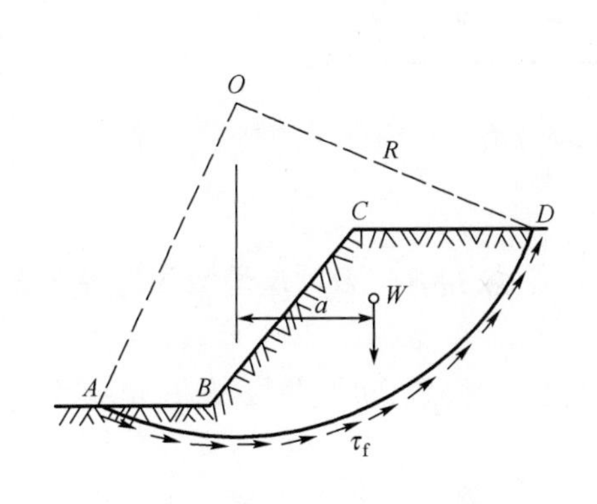

图 8-3 土坡的整体稳定分析

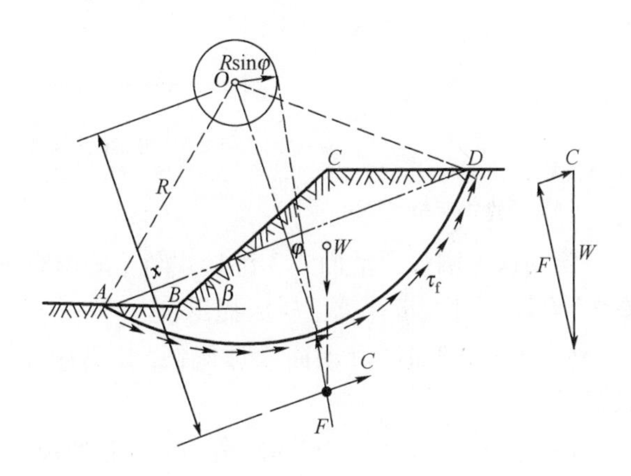

图 8-4 摩擦圆法

根据滑动土体 $ABCDA$ 上的 3 个作用力 W(重力)、F(滑动面 AD 上的法向力及摩擦力的合力)、C(黏聚力的合力)的静力平衡条件，可以从图 8-4 的力三角形中求得黏聚力合力 C，然后可进一步求得维持土体平衡时滑动面上所需要发挥的黏聚力 c_1 值，这时土体的稳定安全系数 K 为：

$$K=\frac{c}{c_1} \tag{8-3}$$

式中：c——土的实际黏聚力。

上述计算中，滑动面 AD 是任意假定的，因此，需要试算许多个可能的滑动面，相应于最小稳定安全系数 K_{min} 的滑动面才是最危险的滑动面。

3. 费伦纽斯确定最危险滑动面圆心的方法

(1)土的内摩擦角 $\varphi=0°$ 时。费伦纽斯提出当土的内摩擦角 $\varphi=0°$ 时，土坡的最危险圆弧滑动面通过坡脚，其圆心为 D 点，如图 8-5 所示。

(2)土的内摩擦角 $\varphi>0°$ 时。费伦纽斯提出这时最危险滑动面也通过坡脚，其圆心在 ED 的延长线上，E 点的位置距坡脚 B 点的水平距离为 $4.5H$，如图 8-5 所示。

实际上土坡的最危险滑动面圆心位置有时并不一定在 ED 的延长线上，而可能在其左右附近,因此,还需在 ED 延长线的垂线方向做进一步试算,相应于最小安全系数的滑动面即为最危险滑动面。

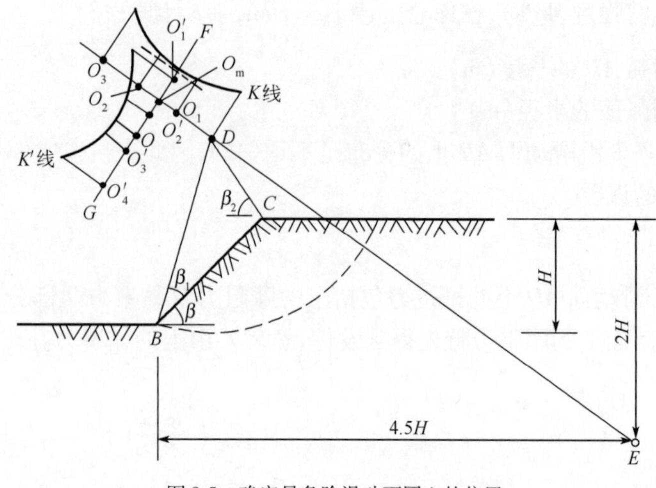

图 8-5　确定最危险滑动面圆心的位置

4. 泰勒的分析方法

泰勒认为圆弧滑动面的 3 种形式与土的内摩擦角 φ 值、坡角 β 以及硬层埋藏深度等因素有关,泰勒经过大量计算分析后提出:

(1)当 $\varphi>3°$时,滑动面为坡脚圆,其最危险滑动面圆心位置,可根据 φ 及 β 角值作图求得。

(2)当 $\varphi=0°$,且 $\beta>53°$时,滑动面也是坡脚圆,其最危险滑动面圆心位置,同样可根据 φ 及 β 角值作图求得。

(3)当 $\varphi=0°$,且 $\beta<53°$时,滑动面可能是中点圆,也有可能是坡脚圆或坡面圆,它取决于硬层的埋藏深度。

泰勒分析简单土坡的稳定性时,假定滑动面上土的摩阻力首先得到充分发挥,然后才由土的黏聚力补充。因此,将求得的满足土坡稳定时滑动面上所需要的黏聚力 c_1,与土的实际黏聚力 c 进行比较,即可求得土坡的稳定安全系数。

二、费伦纽斯条分法

1. 基本原理

如图 8-6 所示土坡,取单位长度土坡按平面问题计算。设可能滑动面是一圆弧 AD,圆心为 O,半径为 R。将滑动土体 $ABCDA$ 分成许多竖向土条,土条的宽度一般可取 $b=0.1R$,任一土条 i 上的作用力包括(图 8-6):

土条的重力 W_i,其大小、作用点位置及方向均为已知;滑动面 ef 上的法向力 N_i 及切向反力 T_i,假定 N_i、T_i 作用在滑动面 ef 的中点,它们的大小均未知;土条两侧的法向力 E_i、E_{i+1} 及竖向剪切力 X_i、X_{i+1}。费伦纽斯条分法假设 E_i 和 X_i 的合力等于 E_{i+1} 和 X_{i+1} 的合力,同时它们的作用线也重合,因此土条两侧的作用力相互抵消,这时土条 i 仅有作用力 W_i、N_i 及 T_i。

整个土坡相应于滑动面 AD 的稳定系数为:

$$K=\frac{M_{\mathrm{r}}}{M_{\mathrm{s}}}=\frac{R\sum_{i=1}^{n}(W_i\cos\alpha_i\tan\varphi_i+c_il_i)}{R\sum_{i=1}^{n}W_i\sin\alpha_i} \tag{8-4}$$

对于均质土坡,$c_i=c$,$\varphi_i=\varphi$,则得:

$$K=\frac{M_{\mathrm{r}}}{M_{\mathrm{s}}}=\frac{\tan\varphi\sum_{i=1}^{n}W_i\cos\alpha_i+c\widehat{L}}{\sum_{i=1}^{n}W_i\sin\alpha_i} \tag{8-5}$$

式中:$\widehat{L}$——滑动面 AD 的弧长;

n——土条分条数。

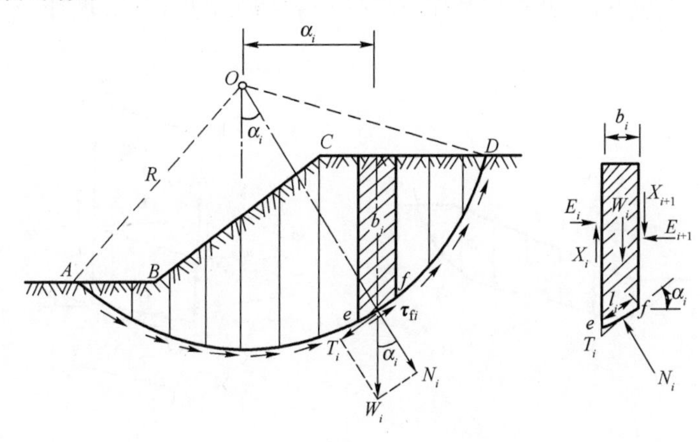

图 8-6　用条分法计算土坡稳定

2. 最危险滑动面圆心位置的确定

上面是对于某一个假定滑动面求得的稳定安全系数,因此需要试算许多个可能的滑动面,相应于最小安全系数的滑动面即为最危险滑动面。

三、毕肖普条分法

如图 8-6 所示土坡,土条 i 上的作用力有 5 个未知,毕肖普在求解时补充了两个假设条件:①忽略土条间的竖向剪切力 X_i 及 X_{i+1} 作用;②对滑动面上的切向力 T_i 的大小做了规定。可得土坡的稳定安全系数 K 为:

$$K=\frac{\sum_{i=1}^{n}\dfrac{[W_i+(X_{i+1}-X_i)]\tan\varphi_i+c_il_i\cos\alpha_i}{\cos\alpha_i+\dfrac{1}{K}\tan\varphi_i\sin\alpha_i}}{\sum_{i=1}^{n}W_i\sin\alpha_i} \tag{8-6}$$

毕肖普假定土条间竖向剪切力均略去不计,即 $X_{i+1}-X_i=0$,则式(8-6)可简化为:

$$K=\frac{\sum_{i=1}^{n}\dfrac{1}{m_{\alpha i}}(W_i\tan\varphi_i+c_il_i\cos\alpha_i)}{\sum_{i=1}^{n}W_i\sin\alpha_i} \tag{8-7}$$

其中

$$m_{\alpha i}=\cos\alpha_i+\frac{1}{K}\tan\varphi_i\sin\alpha_i \tag{8-8}$$

式(8-7)就是简化毕肖普法计算土坡稳定安全系数的公式。由于式中 $m_{\alpha i}$ 也包含 K 值,因此式(8-7)须用迭代法求解,最危险滑动面的圆心位置仍可按前述经验方法确定。

四、杨布非圆弧普遍条分法

费伦纽斯条分法和毕肖普条分法不适用于非圆弧滑动面的土坡稳定分析。

如图 8-7a)所示土坡,已知其滑动面为 $ABCD$,将滑动土体分成许多竖向土条,其中任一土条 i 上的作用力如图 8-7b)所示。杨布在求解时给出两个假定条件:①认为滑动面上的切向力 T_i 等于滑动面上土所发挥的抗剪强度 τ_{fi},即 $T_i=\tau_{fi}l_i=\frac{1}{K}(N_i\tan\varphi_i+c_il_i)$;②假定给出土条两侧法向力 E 的作用点位置,通常假定其作用点在土条底面以上 1/3 高度处。

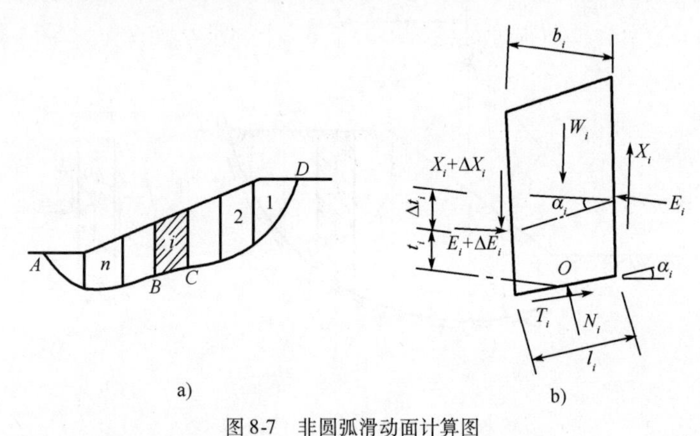

图 8-7　非圆弧滑动面计算图

1. 求土稳定安全系数的表达式

根据图 8-7b)所示土条 i 在竖直向及水平向的静力平衡条件,求得土条的水平法向力增量 ΔE_i 的表达式,然后根据 $\sum\Delta E_i=0$ 的条件可导得稳定安全系数 K 的表达式,求解安全系数 K 时需用迭代法计算。

$$K=\frac{\sum A_i}{\sum B_i} \tag{8-9}$$

式中:

$$A_i=[(W_i+\Delta X_i)\tan\varphi_i+c_ib_i]\frac{1}{m_{\alpha i}\cos\alpha_i} \tag{8-10}$$

$$B_i=(W_i+\Delta X_i)\tan\alpha_i \tag{8-11}$$

2. 求 ΔX_i 值

$$X_i=\Delta E_i\frac{t_i}{b_i}-E_i\tan\alpha_i \tag{8-12}$$

式中:α_i——E_i 与 $E_i+\Delta E_i$ 作用点连线(亦称压力线)的倾角。

E_i 值是土条 i 一侧各土条的 ΔE_i 之和,即 $E_i=E_1+\sum\limits_{i=1}^{i-1}\Delta E_i$,其中 E_1 是第一个土条边界上的水平法向力。

$$\Delta X_i=X_{i+1}-X_i \tag{8-13}$$

若已知 ΔE_i 及 E_i 值,可按式(8-12)及式(8-13)求得 ΔX_i。

第四节　土坡稳定分析的几个问题

一、土的抗剪强度指标及安全系数的选用

在实践中应该结合土坡的实际加载情况、填土性质和排水条件等，选用合适的抗剪强度指标。验算土坡施工结束时的稳定情况，宜采用快剪或三轴不排水剪试验指标，用总应力法分析；验算土坡长期稳定性时，应采用排水剪试验或固结不排水剪试验强度指标，用有效应力法分析。

安全系数是与选用的抗剪强度指标有关的，同一个边坡稳定分析采用不同试验方法得到的强度指标，会得到不同的安全系数。

二、坡顶开裂时的土坡稳定分析

如图 8-8 所示，地表水渗入裂缝后，将产生静水压力 P_w。坡顶裂缝的开展深度 h_0 可近似地按挡土墙后为黏性土填土时，在墙顶产生的拉力区高度公式计算，即：

$$h_0 = \frac{2c}{\gamma\sqrt{K_a}}$$

裂缝内因积水产生的静水压力 $P_w = \frac{1}{2}\gamma_w h_0^2$，它对最危险滑动面的圆心 O 的力臂为 z。在分析土坡稳定时，应考虑 P_w 引起的滑动力矩，同时土坡滑动面的弧长也将由 BD 减短为 BF。

三、有水渗流时的土坡稳定分析

图 8-9 所示土坡，由于水位骤降，路堤内水向外渗流。已知浸润线（渗流水位线）为 efg，滑动土体在浸润线以下部分 $fgBf$ 的面积为 A，作用在这一部分土体上的动水力合力为 D。用条分法分析土体稳定时，土条 i 的重力 W_i 计算，在浸润线以下部分应考虑水的浮力作用，采用浮重度。

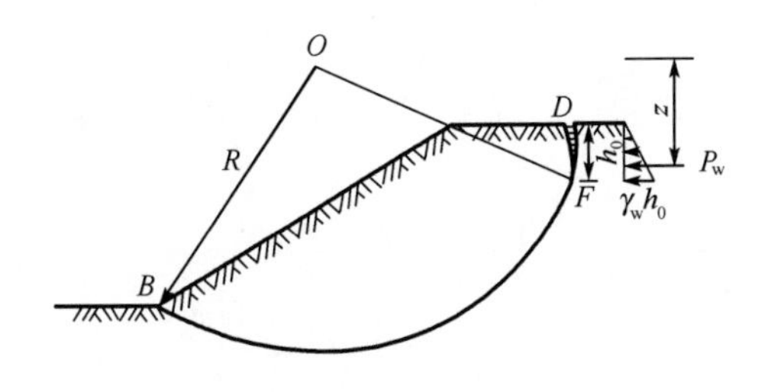

图 8-8　坡顶开裂时稳定计算

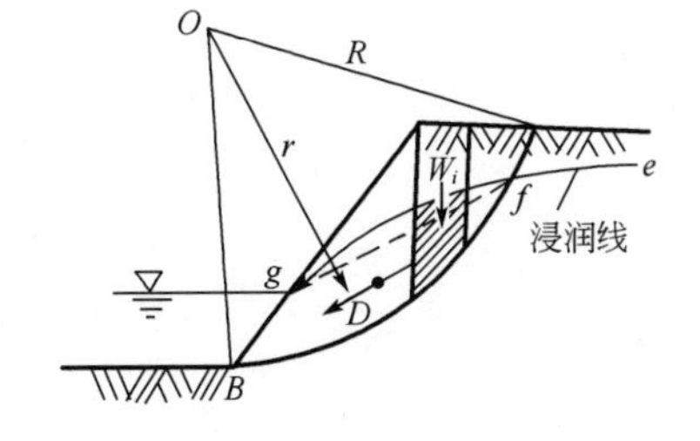

图 8-9　水渗流时的土坡稳定计算

动水力合力为 $D = G_D A = \gamma_w IA$，其中 G_D 为动水力，I 为在面积 $fgBf$ 范围内的水头梯度平均值。动水力合力 D 的作用点在面积 $fgBf$ 的形心，其作用方向假定与 fg 平行，D 对滑动面圆心 O 的力臂为 r。

这样考虑动水力后，用条分法分析土坡稳定安全系数的计算式可以写为：

$$K=\frac{M_{\mathrm{r}}}{M_{\mathrm{s}}}=\frac{R\left(\tan\varphi\sum_{i=1}^{n}W_i\cos\alpha_i+c\sum_{i=1}^{n}l_i\right)}{R\sum_{i=1}^{n}W_i\sin\alpha_i+rD} \tag{8-14}$$

四、按有效应力法分析土坡稳定

土坡稳定分析采用有效应力方法计算,应该考虑孔隙水压力的影响,其稳定安全系数计算公式,可将总应力方法公式修正后得到。

五、挖方、填方边坡的特点

在饱和黏性土地基上修筑路堤或堆载形成的边坡,当填土结束时,边坡的稳定性应采用总应力法和不排水强度来分析,而长期稳定性则应用有效应力和有效参数来分析。边坡的安全系数在施工刚结束时最小,并随着时间的增长而增大。

黏性土中挖方形成的边坡,竣工时的稳定性和长期稳定性应分别采用卸载条件的不排水和排水抗剪强度来表示。与填方边坡不同,挖方边坡的最不利条件是其长期稳定性。

第九章

地基承载力

第一节 地基承载力概念

地基承载力是指地基土单位面积上所能承受荷载的能力。通常把地基不至失稳时,地基土单位面积上所能承受的最大荷载称为地基极限承载力 p_u,地基容许承载力是指考虑一定安全储备后的地基承载力。根据地基承载力进行基础设计时,应考虑不同建筑物对地基变形的控制要求,进行地基变形验算。

一、地基破坏的性状

地基破坏形式主要有整体剪切破坏、局部剪切破坏和刺入剪切破坏。

整体剪切破坏的特征是,当荷载达到最大值后,土中形成连续滑动面,并延伸到地面,土从基础两侧挤出并隆起,基础沉降急剧增加,整个地基失稳破坏,如图9-1a)所示。

局部剪切破坏的特征是,随着荷载的增加,基础下的塑性区仅仅发展到地基某一范围内,土中滑动面并不延伸到地面,如图9-1b)所示,基础两侧地面微微隆起,没有出现明显的裂缝。

刺入剪切破坏的特征是,随着荷载的增加,基础下土层发生压缩变形,基础随之下沉,当荷载继续增加,基础周围附近土体发生竖向剪切破坏,使基础刺入土中,基础两边的土体没有移动,如图9-1c)所示。

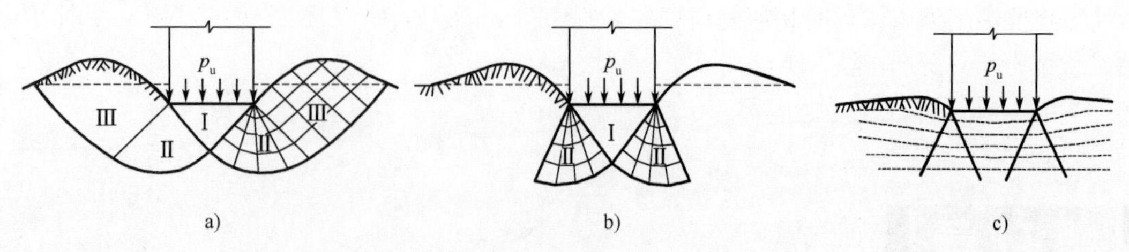

图9-1　地基破坏形式

a)整体剪切破坏;b)局部剪切破坏;c)刺入剪切破坏

地基破坏的过程经历三个阶段,见图9-2。

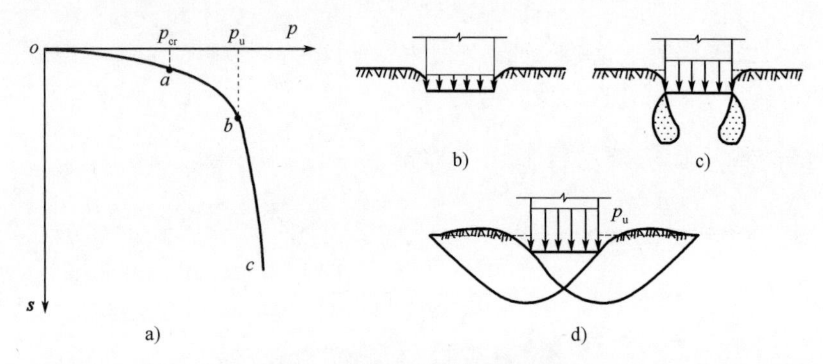

图9-2　地基破坏过程的三个阶段

a)p-s曲线;b)压密阶段;c)剪切阶段;d)破坏阶段

1. 压密阶段(或称直线变形阶段)

相当于p-s曲线上的oa段。在这一阶段,p-s曲线接近于直线,相应于a点的荷载称为临塑荷载p_{cr}。

2. 剪切阶段

相当于p-s曲线上的ab段。在这一阶段,p-s曲线已不再保持线性关系,相应于b点的荷载称为极限荷载p_u。

3. 破坏阶段

相当于p-s曲线上的bc段。在这一阶段,p-s曲线陡直下降,地基土失稳而破坏。

二、确定地基承载力的方法

确定地基容许承载力的方法,一般有以下三种:

(1)根据载荷试验的p-s曲线来确定地基承载力。

(2)根据设计规范确定地基承载力。

(3)根据地基承载力理论公式确定地基承载力。

第二节　临塑荷载和临界荷载的确定

地基变形的剪切阶段也是土中塑性区范围随着作用荷载的增加而不断发展的阶段,土中塑性区将要出现但未出现时相应的荷载称为临塑荷载;而土中塑性区开展到不同深度时相应的荷载称为临界荷载。

一、塑性区边界方程

若条形基础的埋置深度为 d,假定土的自重应力在各向相等,即假设土的侧压力系数 $K_0=1$,则土的重力产生的压应力在各个方向均为 $\gamma_0 d+\gamma z$,其中 γ_0 为基底以上土的加权平均重度,γ 为基底以下土的重度。若基底下深度 z 处 M 点位于塑性区的边界上,由极限平衡条件状态,可得土中塑性区边界线的表达式为:

$$z=\frac{p-\gamma d}{\gamma\pi}\left(\frac{\sin 2\alpha}{\sin\varphi}-2\alpha\right)-\frac{c\cot\varphi}{\gamma}-\frac{\gamma_0}{\gamma}d \tag{9-1}$$

把一系列由 2α 对应的 z 值处位置点连起来,就可得到条形均布荷载 p 作用下土中塑性区的边界线,也即绘得土中塑性区的发展范围。

二、临塑荷载及临界荷载计算

地基中塑性区开展最大深度 z_{max} 时的条形基底均布荷载 p 的表达式为:

$$p=\frac{\pi}{\cot\varphi+\varphi-\frac{\pi}{2}}\gamma z_{max}+\frac{\cot\varphi+\varphi+\frac{\pi}{2}}{\cot\varphi+\varphi-\frac{\pi}{2}}\gamma_0 d+\frac{\pi\cot\varphi}{\cot\varphi+\varphi-\frac{\pi}{2}}c \tag{9-2}$$

令 $z_{max}=0$,代入式(9-2),此时的基底压力即为临塑荷载 p_{cr}。

若地基中允许塑性区的最大开展深度 $z_{max}=b/4$(b 为基础宽度),则可得到相应的临界荷载 $p_{1/4}$ 的计算公式。

第三节 极限承载力计算

地基极限承载力可以用半理论半经验公式计算,这些公式都是在刚塑体极限平衡理论基础上解得的。

一、普朗特尔地基极限承载力公式

1. 普朗特尔基本解

普朗特尔(Prandtl)根据极限平衡理论,推导出当不考虑土的重力($\gamma=0$),且假定基底面光滑无摩擦力时,置于地基表面的条形基础的极限荷载公式如下:

$$p_u=c\left[e^{\pi\tan\varphi}\tan^2\left(\frac{\pi}{4}+\frac{\varphi}{2}\right)-1\right]\cot\varphi=cN_c \tag{9-3}$$

式中:承载力系数 $N_c=\left[e^{\pi\tan\varphi}\tan^2\left(\frac{\pi}{4}+\frac{\varphi}{2}\right)-1\right]\cot\varphi$。

2. 雷斯诺对普朗特尔公式的补充

普朗特尔公式是假定基础设置于地基的表面,但一般基础均有一定的埋置深度,忽略基础底面以上土的抗剪强度,而将这部分土作为分布在基础两侧的均布荷载 $q=\gamma_0 d$,见图 9-3。雷斯诺(Reissner)在普朗特尔公式假定的基础上,导得了由超载 q 产生的极限荷载公式:

$$p_u = q e^{\pi\tan\varphi}\tan^2\left(\frac{\pi}{4}+\frac{\varphi}{2}\right) = qN_q \tag{9-4}$$

式中:承载力系数 $N_q = e^{\pi\tan\varphi}\tan^2\left(\frac{\pi}{4}+\frac{\varphi}{2}\right)$。

将式(9-3)及式(9-4)合并,可得到当不考虑土重力时,埋置深度为 d 的条形基础的普朗特尔—雷斯诺极限荷载公式:

$$p_u = qN_q + cN_c \tag{9-5}$$

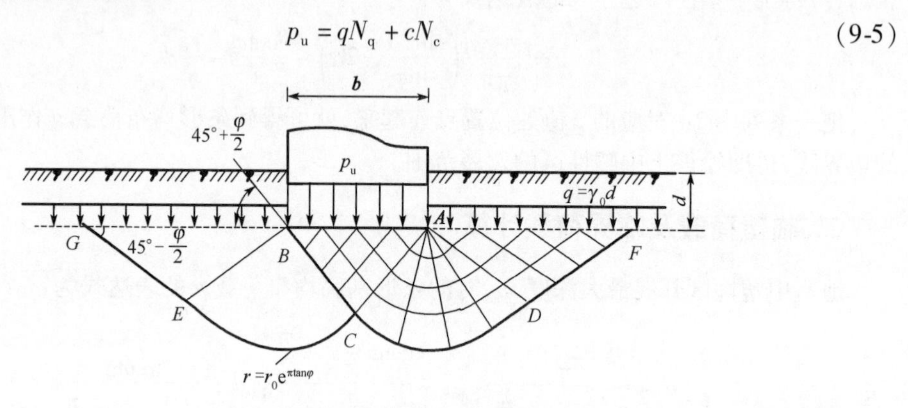

图 9-3 基础有埋置深度时的雷斯诺解

3. 泰勒(Taylor)对普朗特尔公式的补充

普朗特尔—雷斯诺公式假定土的重度 $\gamma=0$,泰勒提出了考虑滑动土体重力时的普朗特尔极限荷载计算公式:

$$\begin{aligned} p_u &= qN_q + cN_c + \gamma\frac{b}{2}\tan\left(\frac{\pi}{4}+\frac{\varphi}{2}\right)\left[e^{\pi\tan\varphi}\tan^2\left(\frac{\pi}{4}+\frac{\varphi}{2}\right)-1\right] \\ &= \frac{1}{2}\gamma bN_\gamma + qN_q + cN_c \end{aligned} \tag{9-6}$$

式中:承载力系数 $N_r = \tan\left(\frac{\pi}{4}+\frac{\varphi}{2}\right)\left[e^{\pi\tan\varphi}\tan^2\left(\frac{\pi}{4}+\frac{\varphi}{2}\right)-1\right] = (N_q-1)\tan\left(\frac{\pi}{4}+\frac{\varphi}{2}\right)$。

二、斯肯普顿地基极限承载力公式

斯肯普顿(Skempton)得出饱和软黏土地基在条形荷载作用下的极限承载力公式,它是普朗特尔—雷斯诺极限荷载公式在 $\varphi=0$ 时的特例。

$$p_u = (\pi+2)c + q = 5.14c + q = 5.14c + \gamma_0 d \tag{9-7}$$

对于矩形基础,斯肯普顿给出的地基极限承载力公式为:

$$p_u = 5c\left(1+\frac{b}{5l}\right)\left(1+\frac{d}{5b}\right) + \gamma_0 d \tag{9-8}$$

式中:c——地基土黏聚力,取基底以下 $0.707b$ 深度范围内的平均值;考虑饱和黏性土和粉土在不排水条件的短期承载力时,黏聚力应采用土的不排水抗剪强度 c_u;

b、l——基础的宽度和长度;

γ_0——基础埋置深度 d 范围内的土的重度。

三、太沙基地基极限承载力公式

太沙基(Terzaghi)提出了确定条形浅基础的极限荷载公式。太沙基认为从实用考虑,当基础的长宽比 $l/b \geq 5$ 及基础的埋置深度 $d \leq b$ 时,就可视为条形浅基础。基底以上的土体看作是作用在基础两侧的均布荷载 $q = \gamma_0 d$。

太沙基假定基础底面是粗糙的,地基滑动面的形状如图 9-4 所示,其极限承载力公式为:

$$p_u = \frac{1}{2}\gamma b N_\gamma + qN_q + cN_c \tag{9-9}$$

式中:N_γ、N_q、N_c——承载力系数,仅与土的内摩擦角 φ 有关。

对于圆形或方形基础,太沙基提出了半经验的极限荷载公式:

圆形基础 $$p_u = 0.6\gamma R N_\gamma + qN_q + 1.2cN_c \tag{9-10}$$

式中:R——圆形基础的半径;

其余符号意义同前。

方形基础 $$p_u = 0.4\gamma b N_\gamma + qN_q + 1.2cN_c \tag{9-11}$$

式(9-7)~式(9-9)只适用于地基土是整体剪切破坏的情况,对于松软土质,地基破坏是局部剪切破坏,沉降较大,其极限荷载较小,太沙基建议在这种情况下采用较小的 φ'、c' 值代入上列各式计算极限荷载。即令:

$$\tan\varphi' = \frac{2}{3}\tan\varphi \qquad c' = \frac{2}{3}c \tag{9-12}$$

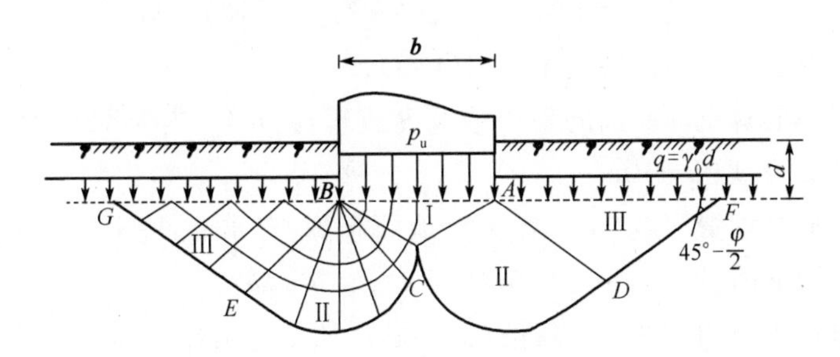

图 9-4 太沙基公式滑动面形状

四、考虑其他因素影响时的地基极限荷载计算公式

普朗特尔、雷斯诺及太沙基等的极限荷载公式,都只适用于中心竖向荷载作用时的条形基础,同时不考虑基底以上土的抗剪强度的作用。汉森(Hanson)提出了在中心倾斜荷载作用下,不同基础形状及不同埋置深度时的极限荷载计算公式:

$$p_u = \frac{1}{2}\gamma b N_\gamma i_\gamma s_\gamma d_\gamma g_\gamma b_\gamma + qN_q i_q s_q d_q g_q b_q + cN_c i_c s_c d_c g_c b_c \tag{9-13}$$

式中:N_γ、N_q、N_c——承载力系数,N_q、N_c 值与普朗特尔—雷斯诺公式相同,N_γ 值汉森建议按 $N_\gamma = 1.8(N_q - 1)\tan\varphi$ 计算;

i_γ、i_q、i_c——荷载倾斜系数;

s_γ、s_q、s_c——基础形状系数；

d_γ、d_q、d_c——深度系数；

g_γ、g_q、g_c——地面倾斜系数；

b_γ、b_q、b_c——基底倾斜系数；

其余符号意义同前。

第四节　按规范方法确定地基承载力

一、《公路桥涵地基与基础设计规范》地基承载力确定方法

现行的《公路桥涵地基与基础设计规范》(JTG D63—2007)是采用容许承载力的设计原则。

(1)公路桥涵地基容许承载力，可根据地质勘测、原位测试、野外载荷试验的方法取得，其值不应大于地基极限承载力的1/2。

(2)对于中小桥、涵洞，当受到现场条件限制，或载荷试验和原位测试有困难时，可按规范提供的承载力表来确定地基容许承载力值$[f_{a0}]$。

当设计的基础宽度$b>2\text{m}$，埋置深度$h>3\text{m}$时，地基容许承载力$[f_a]$可以在$[f_{a0}]$的基础上修正提高：

$$[f_a]=[f_{a0}]+k_1\gamma_1(b-2)+k_2\gamma_2(h-3) \tag{9-14}$$

式中：$[f_a]$——地基土修正后的容许承载力(kPa)；

b——基础验算剖面底面的最小边宽度或直径(m)，当$b<2\text{m}$时，取$b=2\text{m}$；当$b>10\text{m}$时，取$b=10\text{m}$；

h——基础的埋置深度(m)，自天然地面起算，有水流冲刷时自一般冲刷线起算；当$h<3\text{m}$时，取$h=3\text{m}$；当$h/b>4$时，取$h=4b$；

γ_1——基底下持力层的天然重度(kN/m^3)，如持力层在水面以下且为透水性者，应取用浮重度；

γ_2——基底以上土的重度(kN/m^3)(如为多层土时用加权平均重度)，如持力层在水面以下并为不透水性土时，则不论基底以上土的透水性性质如何，应一律采用饱和重度；当透水时，水中部分土层应取浮重度；

k_1、k_2——基底宽度、深度修正系数。

二、《建筑地基基础设计规范》地基承载力确定方法

现行的《建筑地基基础设计规范》(GB 50007—2011)采用地基承载力特征值方法。

地基承载力特征值，是指由载荷试验测定的地基土压力变形曲线线性变形段内规定的变形所对应的压力值，其最大值为比例界限值。因此，地基承载力特征值实质上就是地基承载力容许值。

1. 按原位测试确定地基承载力特征值

地基承载力特征值可根据载荷试验确定，除此以外，静力触探、动力触探、标准贯入试验等原位测试，在我国已经积累了丰富经验，规范允许将其应用于确定地基承载力特征值，但强调必须有地区经验。

当基础宽度大于3m或埋置深度大于0.5m时，由载荷试验或其他原位测试、经验值等方法确定的地基承载力特征值尚应按下式修正：

$$f_a = f_{ak} + \eta_b \gamma (b - 3) + \eta_d \gamma_m (d - 0.5) \tag{9-15}$$

式中：f_a——修正后的地基承载力特征值(kPa)；

f_{ak}——地基承载力特征值(kPa)；

η_b、η_d——基础宽度和埋深的地基承载力修正系数；

d——基础埋置深度(m)，当 $d<0.5$m 时按0.5m取值，自室外地面高程算起。在填方整平地区，可自填土地面高程算起，但填土在上部结构施工后完成时，应从天然地面高程算起。对于地下室，如采用箱形基础或筏板，基础埋置深度自室外地面高程算起；当采用独立基础或条形基础时，应从室内地面高程算起。

2. 按理论公式确定

对于荷载偏心距 $e \leqslant 0.033b$（b 为偏心方向基础边长）时，《建筑地基基础设计规范》(GB 50007—2011)以界限荷载 $p_{1/4}$ 为基础的理论公式结合经验给出计算地基承载力特征值的公式：

$$f_a = M_b \gamma b + M_d \gamma_m d + M_c c_k \tag{9-16}$$

式中：f_a——由土的抗剪强度指标确定的地基承载力特征值(kPa)；

M_b、M_d、M_c——承载力系数，根据 φ_k 查取；

b——基础底面宽度(m)，大于6m时按6m取值，对于砂土，小于3m时按3m取值；

d——基础埋置深度(m)；

c_k——基底下1倍短边宽度的深度范围内土的黏聚力标准值(kPa)；

γ——基础底面以下土的重度，地下水位以下取浮重度(kN/m^3)；

γ_m——基础埋深范围内各层土的加权平均重度，地下水位以下取浮重度(kN/m^3)。

第五节　关于地基承载力的讨论

一、关于载荷板试验确定地基承载力

(1)用载荷试验曲线确定的地基承载力时，应进行深度修正。

(2)载荷试验的压板宽度总是小于实际基础的宽度，其尺寸效应不能忽略。

二、关于临塑荷载和临界荷载

(1)计算公式适用于条形基础。

(2)计算土中由自重产生的主应力时，假定土的侧压力系数 $K_0=1$，可能导致计算的塑性区范围比实际偏小一些。

(3)在计算临界荷载 $p_{1/4}$ 时,土中已出现塑性区,但这时仍按弹性理论计算土中应力,其所引起的误差随着塑性区范围的扩大而加大。

三、关于极限承载力计算公式

1. 极限承载力公式的含义

地基极限承载力由换算成单位基础宽度的三部分土体抗力组成:

(1)滑裂土体自重所产生的摩擦抗力。

(2)基础两侧均布荷载 q 所产生的抗力。

(3)滑裂面上黏聚力 c 所产生的抗力。

2. 用极限承载力公式确定容许承载力时安全系数的选用

不同极限承载力公式是在不同假定情况下推导出来,因此在确定容许承载力时,其选用的安全系数也是不同的。

3. 极限承载力公式的局限性

所有的极限承载力公式,都是在土体刚塑性假定下推导出来的,因此当地基变形较大时,用极限承载力公式计算的结果有时并不能反映地基土的实际情况。

四、关于按规范法确定地基承载力

在按规范法确定地基承载力时,不仅要考虑地基强度,还要考虑基础沉降的影响。

PART 2 第二部分
习　题

第一章

土的物理性质及工程分类

一、选择题

1-1. 对同一种土,五个重度指标的大小顺序是(　　)。

A. $\gamma_{sat} > \gamma_s > \gamma > \gamma_d > \gamma'$　　B. $\gamma_s > \gamma_{sat} > \gamma > \gamma_d > \gamma'$

C. $\gamma_s > \gamma_{sat} > \gamma_d > \gamma > \gamma'$　　D. $\gamma_{sat} > \gamma_s > \gamma_d > \gamma > \gamma'$

1-2. 土的粒度成分是指(　　)。

A. 土颗粒的大小　　B. 土颗粒大小的级配

C. 土颗粒的性质

1-3. 土颗粒的大小及其级配,通常是用颗粒累计级配曲线来表示的。级配曲线越平缓表示(　　)。

A. 土粒大小较均匀,级配良好　　B. 土粒大小不均匀,级配不良

C. 土粒大小不均匀,级配良好

1-4. 土的颗粒级配,也可用不均匀系数来表示,不均匀系数 C_u 是用小于某粒径的土粒质量累计百分数的两个限定粒径之比来表示的,即(　　)。

A. $C_u = d_{60}/d_{10}$　　B. $C_u = d_{50}/d_{10}$　　C. $C_u = d_{65}/d_{15}$

1-5. 土的不均匀系数 C_u 越大,表示土的级配(　　)。

A. 土粒大小不均匀,级配不良　　B. 土粒大小均匀,级配良好

C. 土粒大小不均匀,级配良好

1-6. 作为填方工程的土料,压实效果与不均匀系数 C_u 的关系为(　　)。

A. C_u 大比 C_u 小好　　B. C_u 小比 C_u 大好

C. C_u 与压实效果无关

1-7. 土的三相比例指标包括:土粒比重、含水率、重度、孔隙比、孔隙率和饱和度,其中为直接试验指标的是(　　)。

A. 含水率、孔隙比、饱和度　　B. 重度、含水率、孔隙比

C. 土粒比重、含水率、重度

1-8. 土的三相比例指标中,全部属于试验指标的是(　　)。

A. 密度、干密度　　B. 含水率、干密度

C. 土粒比重、密度　　D. 土粒比重、饱和度

1-9. 所谓土的含水率,主要是指(　　)。

A. 水的质量与土体总质量比　　B. 水的体积与孔隙的体积之比

C. 水的质量与土体中固体部分质量之比

1-10. 已知某一土样,土粒比重为 2.70,含水率为 30%,天然重度为 $17kN/m^3$,则该土样的孔隙比 e 为(　　)。

A. 1.70　　B. 1.06　　C. 0.93

1-11. 已知某填土工程填料的天然重度 $17kN/m^3$,干重度 $14.5kN/m^3$,塑性指数 $I_P = 14$,液限 $w_L = 33\%$,最优含水率等于塑限,下述施工方法正确的是(　　)。

A. 土料湿度适宜可直接碾压施工

B. 土料太湿,需翻晒,降低含水率至最优含水率,再施工

C. 土料太干,需加水至最优含水率,再施工

1-12. 下列三个公式中,可以用来计算土的孔隙比的是(　　)。(γ_{sat}、γ、γ_d 分别表示饱和、天然状态和干燥状态的重度;γ_s 和 G_s 分别表示土粒重度和土粒比重)

A. $(\gamma_{sat}/\gamma_d - 1)G_s$　　B. $(\gamma/\gamma_d - 1)G_s$　　C. $(\gamma_s/\gamma_d - 1)G_s$

1-13. 有三个土样,测得液性指数 I_L 均为 0.25,其天然含水率 w 和塑限 w_P 分别如下,属于黏土的土样是(　　)。

A. $w = 35\%, w_P = 30\%$　　B. $w = 30\%, w_P = 26.5\%$

C. $w = 25\%, w_P = 22\%$

1-14. 评价砂土的物理特性,是采用(　　)指标来描述的。

A. 塑性指数 I_P、液性指数 I_L 和含水率 w

B. 孔隙比 e、相对密实度 D_r 和标准贯入击数 $N_{63.5}$

C. 最大干重度 γ_{dmax}、压实系数 λ_C 和最优含水率 w_{OP}

1-15. 砂性土的分类依据主要是(　　)。

A. 颗粒粒径及其级配　　B. 孔隙比及其液限

C. 土的液限及塑限

1-16. 两种砂土相比较,孔隙比 e 小的砂土的密实度(　　)。

A. 较密实　　B. 较疏松　　C. 相同　　D. 不能判定

1-17. 评价黏性土的物理特征指标主要有(　　)。

A. 天然孔隙比 e、最大孔隙比 e_{max}、最小孔隙比 e_{min}

B. 最大干重度 γ_{dmax}、最优含水率 w_{OP}、压实系数 λ_C

C. 天然含水率 w、塑限 w_P、液限 w_L

1-18. 有三个同一种类土样,它们的天然重度 γ 都相同,但含水率 w 不同,含水率的大小对土的压缩性的影响为(　　)。

A. 含水率大,压缩性大　　B. 含水率小,压缩性大

C. 含水率对压缩性无影响

1-19. 若黏性土的含水率越大,则该土体的(　　)。

A. 塑性指数越大　B. 塑性指数越小　C. 液性指数越大　D. 液性指数越小

1-20. 有一非饱和土样,不排水条件在荷载作用下,饱和度由 80% 增加至 95%,则土的重度 γ 和含水率 w 如何改变?(　　)

A. γ 增加,w 减小　B. γ 不变,w 不变　C. γ 增加,w 不变

1-21. 已知某一黏性土试样,土粒比重 $G_s = 2.74$,孔隙比 $e = 1.2$,重度 $\gamma = 18.0\text{kN/m}^3$,经烘干法测得含水率分别如下,数据正确的是(　　)。

A. 48.2%　B. 43.3%　C. 44.5%

1-22. 测定土的塑限采用的是滚搓法,当土条搓到一定直径产生裂缝并开始断裂,此时土样的含水率为塑限,该直径为(　　)。

A. 3mm　B. 5mm　C. 7mm

1-23. 已知某黏性土的液限为 41%,塑限为 22%,含水率为 55.2%,则该黏性土的状态应为(　　)。

A. 硬塑　B. 可塑　C. 软塑　D. 流塑

1-24. 土的液限是指土进入流动状态时的含水率,下述说法正确的是(　　)。

A. 天然土的含水率最大不超过液限

B. 液限一定是天然土的饱和含水率

C. 天然土的含水率可超过液限,所以液限不一定是天然土的饱和含水率

1-25. 有三个土样,它们的体积与含水率都相同,下述情况正确的是(　　)。

A. 三个土样的孔隙比必相同　　B. 三个土样的重度必相同

C. 三个土样的重度和孔隙比可以不相同

1-26. 有三个土样,它们的重度和含水率相同,则下述情况正确的是(　　)。

A. 三个土样的孔隙比必相同　　B. 三个土样的饱和度必相同

C. 三个土样的干重度也必相同

1-27. 有下列三个土样,试判断属于黏土的是(　　)。

A. 含水率 $w = 35\%$,液限 $w_P = 22\%$,液性指数 $I_L = 0.90$

B. 含水率 $w = 35\%$,液限 $w_P = 22\%$,液性指数 $I_L = 0.85$

C. 含水率 $w = 35\%$,液限 $w_P = 22\%$,液性指数 $I_L = 0.75$

1-28. 有下列三个土样,试判断属于粉质黏土的是(　　)。

A. 含水率 $w = 42\%$,塑限 $w_L = 50\%$,液性指数 $I_L = 0.6$

B. 含水率 $w = 35\%$,塑限 $w_L = 45\%$,液性指数 $I_L = 0.5$

C. 含水率 $w = 30\%$,塑限 $w_L = 40\%$,液性指数 $I_L = 0.3$

1-29. 有三个土样,它们的孔隙率和含水率相同,则下述三种情况正确的是(　　)。

A. 三个土样的重度必相同　　B. 三个土样的孔隙比必相同

C. 三个土样的饱和度必相同

1-30. 有一个土样，孔隙率 $n=50\%$，土粒比重 $G_s=2.70$，含水率为 37%，则该土样处于(　　)。

A. 可塑状态　　B. 饱和状态　　C. 不饱和状态

1-31. 在砂垫层施工时，为使垫层密实，最好应在下述哪种情况下夯实？(　　)

A. 含水率应等于最优含水率　　B. 在干砂状态下

C. 在浸水状态下

1-32. 用黏性土进行回填时，在下述情况下压实效果最好的是(　　)。

A. 土的含水率接近液限时最好　　B. 土的含水率接近塑限时最好

C. 土干的时候最好

1-33. 在下述地层中，容易发生流砂现象的是(　　)。

A. 黏土地层　　B. 粉细砂地层　　C. 卵石地层

1-34. 已知 A 和 B 两种土的有关数据如下表所示。

习题 1-34 表

指标 土样	w_L	w_P	w	G_s	S_r
A	30%	12%	15%	2.74	100%
B	9%	6%	6%	2.68	100%

下述组合的说法正确的是(　　)。

A. A 土含的黏粒比 B 土多，A 土的重度比 B 土大

B. A 土的重度比 B 土大，A 土的干重度比 B 土大

C. A 土含的黏粒比 B 土多，A 土的孔隙比比 B 土大

二、判断题

1-35. 黏性土的软硬程度取决于含水率的大小，无黏性土的松密程度取决于孔隙比的大小和颗粒级配。(　　)

1-36. 甲土的饱和度大于乙土的饱和度，则甲土的含水率一定高于乙土的含水率。(　　)

1-37. 颗粒级配曲线的曲率系数越大，说明土中所含的黏粒越多，土越不均匀。(　　)

1-38. 黏性土的物理状态是用含水率表示的，现有甲、乙两种土，测得它们的含水率 $w_{甲}>w_{乙}$，则可断定甲土比乙土软。(　　)

1-39. 土的液性指数 I_L 会出现 $I_L>0$ 或 $I_L<0$ 的情况。(　　)

1-40. 土的相对密实度 D_r 会出现 $D_r>1$ 或 $D_r<1$ 的情况。(　　)

1-41. 甲土的饱和度如果大于乙土的饱和度，则甲土必定比乙土软。(　　)

1-42. 同一种土，甲土的孔隙比大于乙土的孔隙比，则甲土的干重度应小于乙土的干重度。(　　)

1-43. 土的天然重度越大，则土的密实性越好。(　　)

三、计算题

1-44. 某填筑工程中,需填筑的面积2 000m^2,填土夯实后的厚度为2m,并要求相应的干重度达到$\gamma_d = 18.2kN/m^3$。现测得填土的$G_s = 2.65$,松土的重度$\gamma = 15.5kN/m^3$,含水率$w = 15\%$,试求共需多少松土。(计算时水的重度γ_w取为$10kN/m^3$)

1-45. 某粉砂土样装满于容积为22cm^3的环刀内,称得土样总质量为72.6g,经过110℃烘干至恒重为69g,已知环刀质量为33g,土粒比重为2.70,烘干后测定最小孔隙比为0.47,最大孔隙比为0.95,试求该土样的相对密实度和饱和密度。

1-46. 某地基开挖中,取原状土样送至实验室进行试验。测得天然重度$\gamma = 19.2kN/m^3$,天然含水率$w = 20\%$,土粒重度$\gamma_s = 27.2kN/m^3$;液限$w_L = 32\%$,塑限$w_P = 18\%$。试求这些数据是否合理并说明原因;如果合理,请定出此土的名称和状态。

1-47. 已知土样的孔隙率$n = 50\%$,土粒重度$\gamma_s = 27kN/m^3$,含水率$w = 30\%$,则10kN的土重中,孔隙的体积为多少?

1-48. 某工地有土料100m^3,测得其饱和重度为18.5kN/m^3,干重度为13.5kN/m^3。试求该土料中总的孔隙体积。

1-49. 某施工现场需要填筑土方,填筑坑的体积为1 800m^3,取土场地填土材料的土粒比重为2.75,含水率为18.0%,孔隙比为0.65;设计要求填筑完成后填土的干密度为1.78g/cm^3。试求:(1)取土场地填土材料的重度、干密度和饱和度;(2)应从取土场地取多少土?

1-50. 某土样的天然重度γ为18.5kN/m^3,含水率为34%,土粒比重为2.71。试求该土样的饱和重度和有效重度。(要求根据三相简图及指标定义式进行计算)

1-51. 有一体积为50cm^3的土样,湿土质量为90g,烘干后土样质量为68g,土粒比重$G_s = 2.69$,液限$w_L = 31\%$,塑限$w_P = 20\%$。试求:(1)确定该土样的名称,并确定其状态;(2)若将土样压密,使其干重度达到14.3kN/m^3,此时土样的孔隙比将减小多少?

1-52. 已知某土样的天然重度17kN/m^3,干重度13kN/m^3,饱和重度18.2kN/m^3。试求:(1)该土样的饱和度S_r,孔隙比e,孔隙率n及天然含水率w;(2)在100m^3土中孔隙的体积。

1-53. 已知某土样的天然重度18kN/m^3,干重度13kN/m^3,饱和重度20kN/m^3,试求:(1)在100kN天然状态土中,水和干土的重量;(2)使这些土变成饱和状态需加水的量。

1-54. 已知某土样的天然重度18kN/m^3,干重度13kN/m^3,液性指数$I_L = 1.0$,试求该土样的液限。

1-55. 已知某土样的天然重度17kN/m^3,干重度14.5kN/m^3,饱和重度18kN/m^3,液性指数$I_L = 0$,试求该土样的塑限。

1-56. 已知填土料的天然重度17kN/m^3,干重度14kN/m^3,土粒比重2.68,含水率21.4%,塑性指数$I_P = 14$,液限$w_L = 33\%$,若要求填土干重度达到15kN/m^3,最优含水率达到塑限,试求填土的孔隙比。

1-57. 已知一黏性土试样,土粒比重$G_s = 2.70$,天然重度$\gamma = 17.5kN/m^3$,含水率为35%,试求该土样是否饱和,饱和度是多少?

1-58. 已知一土样,土粒比重$G_s = 2.70$,含水率为35%,饱和度S_r为94.5%,试求该土样孔隙率。

1-59. 已知一土样，土粒比重 $G_s=2.70$，含水率为 35%，饱和度 S_r 为 90%，试求该土样的天然重度、干重度；并求在 $85m^3$ 的天然土中的干土重量。

1-60. 已知一土样，土粒比重 $G_s=2.70$，含水率为 34%，饱和度 S_r 为 85%，试求在 $75m^3$ 的天然土中的干土重量和水重量。

1-61. 已知土样的孔隙率 $n=50\%$，土粒比重 $G_s=2.70$，则该土样的干重度为多少？当含水率 $w=30\%$，试求该土样的天然重度。

1-62. 已知土样的孔隙率 $n=50\%$，土粒比重 $G_s=2.70$，含水率 $w=30\%$，则 $2m^3$ 的土重量为多少？其中干土重量为多少？

1-63. 已知土样的土粒比重 $G_s=2.70$，含水率 $w=30\%$，则 10kN 的土重中干土和水的重量各为多少？若土样的孔隙率 $n=50\%$，试求此时孔隙的体积。

1-64. 配制 $1.5m^3$ 土样，要求土样重度 $\gamma=17.5kN/m^3$，含水率为 30%，若土粒比重 $G_s=2.70$，试求所需干土重量及要加多少重量的水。

1-65. 某土样的孔隙体积等于土粒体积的 1.2 倍，试求土样的干重度。若为 1.1 倍且孔隙为水充满时，土样的含水率是多少？（土粒比重 $G_s=2.70$）

1-66. 已知土样的孔隙率 $n=40\%$，土粒比重 $G_s=2.65$，试求土的饱和重度。当含水率 $w=20\%$ 时，土的重度又为多少？（水的重度 $\gamma_w=10kN/m^3$）

1-67. 已知土样含水率 $w=15\%$，干重度 $\gamma_d=16kN/m^3$，孔隙率 $n=35\%$，水的重度 $\gamma_w=10kN/m^3$，试求该土样的饱和度及空气所占总体积百分率。当土样体积为 1 000cm^3 时，试求土样中水的体积。

1-68. 用干土（土粒比重 $G_s=2.67$）和水制备一个直径 50mm、长 100mm 的圆柱形压实土样，要求土样的含水率为 16%，空气占总体积含量 18%。试求制备土样所需干土和水的体积、土样的重度、干重度、孔隙比和饱和度。（水的重度 $\gamma_w=10kN/m^3$）

1-69. 一土样，颗粒分析结果如下表所示，试确定该土样的名称。

习题 1-69 表

粒径(mm)	2~0.5	0.5~0.25	0.25~0.075	0.075~0.005	0.005~0.001	<0.001
粒组含量(%)	5.6	17.5	27.4	24.0	15.5	10.0

1-70. 一土样，其筛分结果如下表所示，试确定该土样的名称。

习题 1-70 表

粒径(mm)	10	2	0.5	0.25	0.075	底盘
筛上质量(g)	0	0.2	14.8	23	30	32

1-71. 实验室对两种土测得的指标如下表所示。计算甲土中空白部分指标；绘出乙土的颗粒级配曲线并计算表中空白部分指标。

甲 土 指 标

习题 1-71 表 1

天然密度 ρ (g/cm^3)	天然含水率 w(%)	土粒比重 G_s	饱和度 S_r(%)	干密度 ρ_d (g/cm^3)	孔隙比 e	孔隙率 n(%)	液限 w_L(%)	塑限 w_P(%)	塑性指数 I_P	液性指数 I_L
1.79	33.0	2.72					44.1	24.3		

乙土指标　　习题1-71表2

粒组含量(%)								d_{60}	d_{10}	C_u
>60	60~20	20~5	5~2	2~0.5	0.5~0.25	0.25~0.1	<0.1			
22	24	10	5	11	6	12	10			

1-72. 某地基土样数据如下：环刀体积60cm³，湿土质量120.4g，干土质量99.2g，土粒比重为2.71，试求天然含水率 w、天然重度 γ、干重度 γ_d 和孔隙比 e。

1-73. 击实试验，击实筒体积1 000cm³，测得湿土质量为1.95kg，从击实筒中取一质量为17.48g的湿土，烘干后质量为15.03g，试求含水率 w 和干重度 γ_d。

1-74. 如果原位土样天然重度 $\gamma=21\text{kN/m}^3$，含水率 $w=15\%$，土粒比重 $G_s=2.71$，试求其孔隙比 e。

1-75. 测得砂土的天然重度 $\gamma=17.6\text{kN/m}^3$，含水率 $w=8.6\%$，土粒比重 $G_s=2.66$，最小孔隙比 $e_{min}=0.462$，最大孔隙比 $e_{max}=0.710$，试求砂土的相对密实度 D_r。

1-76. 某干砂土样重度为16.6kN/m³，土粒比重 $G_s=2.69$，置于雨中，若砂样体积不变，饱和度增加到40%，试求此1m³砂样在雨中被水占据的孔隙体积。

1-77. 已知某地基土试样有关数据如下：①天然重度 $\gamma=18.4\text{kN/m}^3$，干重度 $\gamma_d=13.2\text{kN/m}^3$；②液限试验，取湿土14.5g，烘干后质量为10.3g；③搓条试验，取湿土条5.2g，烘干后质量为4.1g。试求：(1)土的天然含水率、塑性指数及液性指数；(2)土的名称和状态。

1-78. 某土样干重度 $\gamma_d=15.4\text{kN/m}^3$，含水率 $w=19.3\%$，土粒比重 $G_s=2.73$，求饱和度 S_r。

1-79. 某地基开挖，取原状土样送至实验室进行试验。测得天然含水率 $w=20\%$，液限 $w_L=32\%$，塑限 $w_P=18\%$，试定出此土样的名称和状态。

1-80. 某土样液限 $w_L=42\%$，塑限 $w_P=20\%$，饱和状态含水率 $w=40\%$，天然重度 $\gamma=18.2\text{kN/m}^3$，试求液性指数 I_L、孔隙比 e 和土粒比重 G_s。

1-81. 用三相比例简图推导压缩试验沉降量公式 $\Delta s=\dfrac{e_1-e_2}{1+e_1}h_1$。

1-82. 一体积为50cm³的土样，湿土质量90g，烘干后质量为68g，土粒比重 $G_s=2.69$，试求其孔隙比；若将土样压密，使其干密度达到1.61g/cm³，土样孔隙比将减少多少？

1-83. 今有两种土，其性质指标如下表所示，试通过计算，判断"土样B的密度比土样A的大"的正确性。

习题1-83表

指　标	A	B
w	18%	7%
G_s	2.74	2.67
S_r	52%	31%

1-84. 下表列出了A、B两种土的试验结果，试给出与下列各项相适应的试样名称。

(1)黏土成分较多的；(2)单位重量较大的；(3)干密度较大的；(4)孔隙比较大的。

习题1-84表

指　标	A	B
塑性指数 I_P	25	11
含水率 w(%)	53	26
土粒比重 G_s	2.76	2.72
饱和度 S_r(%)	100	100

1-85. 有一块 $50cm^3$ 的原状土样，质量为95.15g，烘干后质量为75.05g，已知土粒比重 $G_s=2.67$，试求天然重度 γ、干重度 γ_d、饱和重度 γ_{sat}、浮重度 γ'、天然含水率 w、孔隙比 e、孔隙率 n 及饱和度 S_r，并比较 γ、γ_d、γ_{sat}、γ' 数值的大小。

1-86. 已知料场土料的天然重度 $\gamma=18kN/m^3$，天然含水率 $w=20\%$，$G_s=2.70$；试验测得 $\gamma_{dmax}=17.35kN/m^3$，假设碾压过程含水率不变，设计要求碾压后土的干重度为 $0.98\gamma_{dmax}$，饱和度不能超过85%，试问这个料场的土料是否适于筑坝？

1-87. 绘出三相图，并用定义证明下列等式：

(1) $D_r=\dfrac{\gamma_{dmax}(\gamma_d-\gamma_{dmin})}{\gamma_d(\gamma_{dmax}-\gamma_{dmin})}$；(2)饱和含水率 $w=\dfrac{\gamma_w}{\gamma_d}-\dfrac{1}{G_s}$。

1-88. 某土坝施工时，土坝材料的土粒比重为 $G_s=2.70$，天然含水率为 $w=10\%$，上坝时的虚土干重度为 $\gamma_d=12.7kN/m^3$，要求碾压后饱和度达到95%，干重度达到 $16.8kN/m^3$，如每日填筑坝体5 000m^3，试求每日上坝多少虚土及共需加水量。

1-89. 设有 $1m^3$ 的石块，孔隙比 $e=0$，打碎后孔隙比 $e=0.5$，再打碎后孔隙比 $e=0.6$，试求第一次与第二次打碎后的体积。

1-90. 从A、B两地土层中各取黏性土样进行试验，恰好两地的液、塑限相同，液限 $w_L=45\%$，塑限 $w_P=30\%$，但A地的天然含水率为45%，而B地的天然含水率为25%。试求：A、B两地地基土的液性指数，并通过判断土的状态，确定哪个地基土比较好。

1-91. 已知土的试验指标为 $\gamma=17kN/m^3$，$G_s=2.72$ 和 $w=10\%$，试求干重度 γ_d、孔隙比 e 及饱和度 S_r。

1-92. 某完全饱和的土样，含水率为30%，液限为29%，塑限为17%，试按塑性指数定名，并确定其状态。

1-93. 试证明以下关系式：

(1) $\gamma_d=\dfrac{G_s}{1+e}\gamma_w$；(2) $S_r=\dfrac{wG_s(1-n)}{n}$。

1-94. 某土样采用环刀取样试验，环刀体积为 $60cm^3$，环刀加湿土的质量为156.6g，环刀质量为45.0g，烘干后土样质量为82.3g，土粒比重 G_s 为2.73。试求该土样的含水率 w、孔隙比 e、孔隙率 n、饱和度 S_r、天然重度 γ、干重度 γ_d、饱和重度 γ_{sat} 及有效重度 γ'。

1-95. 土样试验数据见下表，求表内"空白"项的数值。

习题 1-95 表

土样号	γ (kN/m^3)	G_s	γ_d (kN/m^3)	w (%)	e	n	S_r	体积 (cm^3)	土的重力(N)	
									湿	干
1		2.65		34		0.48		—	—	—
2	17.3	2.71			0.73			—	—	—
3	19.0	2.74	14.5						0.19	0.145
4		2.73					1.00	86.2	1.62	

1-96. 习题 1-95 中的四个土样的液限和塑限数据见表 1-96，试按《建筑地基基础设计规范》(GB 50007—2011)将土的定名及其状态填入表中。

习题 1-96 表

土样号	w_L(%)	w_P(%)	I_P	I_L	土的定名	土的状态
1	31	17				
2	38	19				
3	39	20				
4	33	18				

1-97. 某砂性土样密度为 1.75g/cm^3，含水率为 10.5%，土粒比重为 2.68，试验测得最小孔隙比为 0.460，最大孔隙比 0.941，试求该砂土的相对密实度 D_r。

1-98. 用塑性图对如下表所示的四种土样定名。

习题 1-98 表

土 样 号	w_L(%)	w_P(%)	土 的 定 名
1	35	20	
2	12	5	
3	65	42	
4	75	30	

第二章 黏性土的物理化学性质

一、选择题

2-1. 高岭石、伊利石、蒙脱石等黏土矿物组成的土在工程性质上的差异性是因为(　　)。

A. 结晶构造的差异性　　B. 矿物成分的不同

C. 黏土颗粒表面带电性

2-2. 黏土颗粒表面带电的成因主要是(　　)。

A. 边缘破键造成电荷不平衡、同晶置换作用、水化解离作用和选择性吸附

B. 边缘破键造成电荷不平衡、同晶置换作用和水化解离作用

C. 边缘破键造成电荷不平衡、水化解离作用和选择性吸附

2-3. 双电层的构成是(　　)。

A. 内层与固定层　　B. 固定层与扩散层

C. 固定层和扩散层与土粒表面负电荷

2-4. 土的可塑性大小取决于(　　)。

A. 扩散层的厚度　　B. 固定层的厚度

C. 自由水的含量

2-5. 土的膨胀性和收缩性取决于(　　)。

A. 土颗粒的直径和自由水的含量　　B. 土颗粒之间的距离和扩散水层的厚度

C. 自由水的含量和扩散水层的厚度

2-6. 影响扩散层厚度的因素是(　　)。

A. 黏土颗粒粒径

B. 阳离子直径、阳离子原子价、阳离子浓度和阳离子交换能力

C. 黏土含水率

2-7. 土的灵敏性是指(　　)。

A. 土体结构破坏后的强度与原状结构的强度之比

B. 土体原状结构的强度与结构破坏后的强度之比

C. 土体被扰动后的强度与结构破坏后的强度之比

2-8. 下列土的灵敏性高的结构是(　　)。

A. 片状结构　　　B. 絮状结构　　　C. 重塑结构

2-9. 下列结构的土,其力学和变形性质最具有明显的方向性的是(　　)。

A. 片状结构　　　B. 絮状结构　　　C. 重塑结构

2-10. 黏性土的抗剪强度由黏聚力分量和摩擦力分量组成。下列陈述正确的是(　　)。

A. 随着胶体活动性指数的增大,黏粒及其活动性也减小,黏聚力分量随之增加,摩擦力分量则随之减小

B. 随着胶体活动性指数的增大,黏粒及其活动性也增加,黏聚力分量随之减小,摩擦力分量则随之增加

C. 随着胶体活动性指数的增大,黏粒及其活动性也增加,黏聚力分量随之增加,摩擦力分量则随之减小

2-11. 黏土矿物泥浆具有触变的特性,是指(　　)。

A. 黏土矿物泥浆在静止状态和受到扰动时的化学成分差异较大

C. 黏土矿物泥浆在静止状态和受到扰动时的黏滞度差异较大

B. 黏土矿物泥浆在静止状态和受到扰动时的强度差异较大

2-12. 胶体活动性指数是一个既能反映黏土矿物成分,又能反映黏土颗粒含量影响的综合指标,它是指(　　)。

A. 土的液性指数与黏粒(<0.002mm)百分含量之比

B. 土的塑性指数与黏粒(<0.002mm)百分含量之比

C. 土的液性指数与黏粒(<0.02mm)百分含量之比

二、判断题

2-13. 常见的黏土矿物主要有蒙脱石、伊利石及高岭石三大类。　(　　)

2-14. 黏土矿物的结晶结构特征表现为组成矿物的原子和分子的排列以及原子与原子之间和分子与分子之间的联结力。　(　　)

2-15. 黏性土工程性质仅取决于其物理特性。　(　　)

2-16. 黏性土的键力主要有化学键、分子键及离子键三种。　(　　)

2-17. 土体的强度主要取决于土粒之间的联结。　(　　)

2-18. 高岭石的膨胀性和压缩性较小是因为结构单位层之间为氧与氧联结。　(　　)

2-19. 蒙脱石的膨胀性及压缩性都比高岭石小。　(　　)

2-20. 伊利石表现出来的膨胀性和压缩性介于高岭石和蒙脱石之间。　(　　)

2-21. 对于粗颗粒土，在剪应力作用下，紧密的单粒结构则会发生膨胀。 ( )

2-22. 对于粗颗粒土，在沉积过程中，仅表现为重力堆积。 ( )

2-23. 黏土颗粒在沉积过程中只受到重力作用。 ( )

2-24. 触变泥浆稳定槽壁的机理，主要是利用黏土矿物能长期呈悬浮状态，维持悬液较高的重度，使得槽壁的应力差减小。 ( )

第三章
土中水的运动规律

一、选择题

3-1. 土的毛细作用易引起路基冻胀灾害,最容易产生冻胀的土是(　　)。

A. 黏土　　B. 粉土　　C. 粗砂　　D. 碎石

3-2. 动水力(渗透力)的大小取决于(　　)。

A. 水头梯度　　B. 含水率　　C. 渗透系数　　D. 粒径大小

3-3. 有关土的渗透性,描述错误的是(　　)。

A. 管涌既可以发生在土层的水平方向,也可以发生在土层的垂直方向

B. 达西定律定义的渗透流速是土骨架中孔隙水的真实流速

C. 动水力(或渗透力)是一种体积力

D. 达西定律一般不适用于透水性很大的粗砂、砾石、卵石等粗颗粒土,也不适用于透水性很小的黏性土

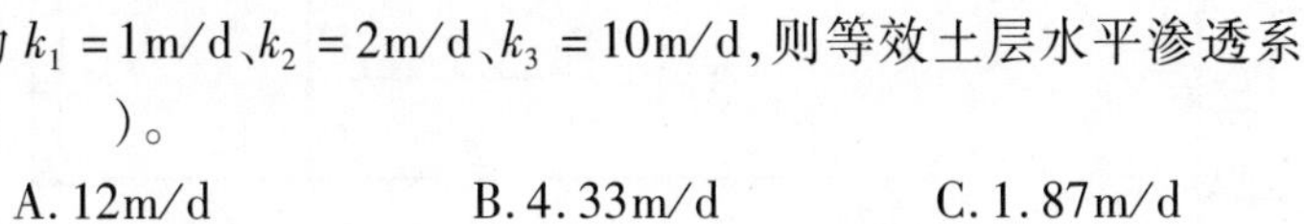

3-4. 不透水岩基上有水平分布的三层土,厚度均为 1m,渗透系数分别为 $k_1=1\text{m/d}$、$k_2=2\text{m/d}$、$k_3=10\text{m/d}$,则等效土层水平渗透系数 k_x 为(　　)。

A. 12m/d　　B. 4.33m/d　　C. 1.87m/d

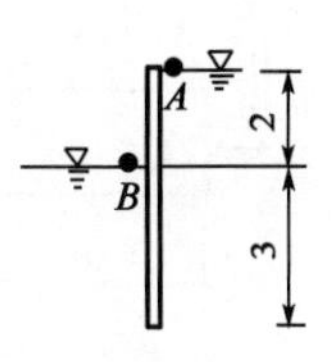

习题 3-5 图(尺寸单位:m)

3-5. 某基坑围护剖面如图,从图中可以得到 A、B 两点间的水力坡降为(　　)。

A. 1　　　　B. 0.4　　　　C. 0.25

3-6. 已知土粒比重 $G_s = 2.7$、孔隙比 $e = 1$，则该土的临界水力坡降为(　　)。

A. 1.70　　　　B. 1.35　　　　C. 0.85

3-7. 下列关于影响土体渗透系数的因素中描述正确的为(　　)。

①粒径大小和级配；②结构与孔隙比；③饱和度；④矿物成分；⑤渗透水的性质

A. ①②对渗透系数有影响　　　　B. ④⑤对渗透系数无影响

C. ①②③④⑤对渗透系数均有影响

3-8. 下述关于渗透力的描述正确的为(　　)。

①其方向与渗透方向一致；②其数值与水头梯度成正比；③是一种体积力

A. ①②正确　　　　B. ①③正确　　　　C. ①②③都正确

3-9. 已知土样的饱和重度为 γ_{sat}，长为 L，水头差为 h，则土样发生流砂的条件为(　　)。

A. $h > L(\gamma_{sat} - \gamma_w)/\gamma_w$　　　　B. $h > L\gamma_{sat}/\gamma_w$

C. $h < L\gamma_{sat}/\gamma_w$

3-10. 管涌形成的条件中，除具有一定的水力条件外，还与土粒的几何条件有关，下列叙述正确的是(　　)。

A. 不均匀系数 $C_u < 10$ 的土比不均匀系数 $C_u > 10$ 的土更容易发生管涌

B. 不均匀系数 $C_u > 10$ 的土比不均匀系数 $C_u < 10$ 的土更容易发生管涌

C. 与不均匀系数没有关系

3-11. 下列土样中，更容易发生流砂的是(　　)。

A. 粗砂和砾砂　　　　B. 细砂或粉砂　　　　C. 粉土

3-12. 如图所示有 A、B、C 三种土，其渗透系数分别为 $k_A = 1 \times 10^{-2}$cm/s，$k_B = 3 \times 10^{-3}$cm/s，$k_C = 5 \times 10^{-4}$cm/s，装在断面 10cm × 10cm 的方管中，则渗流经过 A 土后的水头降落值 Δh 为(　　)。

A. 5cm　　　　B. 10cm　　　　C. 20cm

3-13. 在 9m 厚的黏性土层上进行开挖，下面为砂层，砂层顶面具有 7.5m 高的水头。开挖深度为 5m，水深 2m，则 B 点的测压管水头为(　　)。

A. 4m　　　　B. 6.75m　　　　C. 5.25m

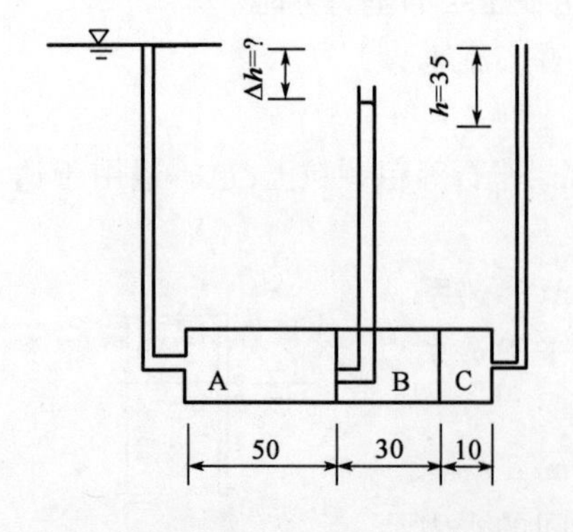

习题 3-12 图(尺寸单位：cm)

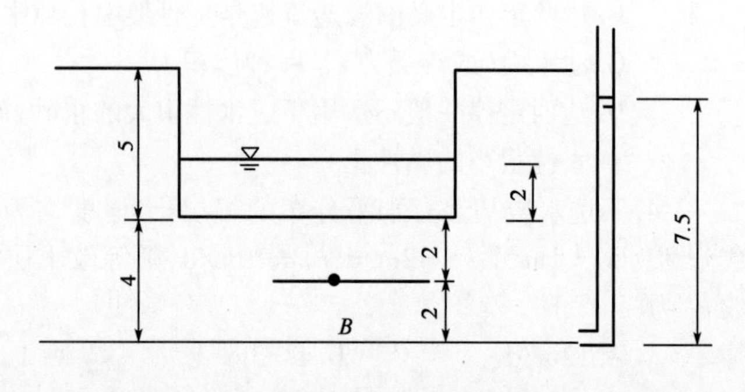

习题 3-13 图(尺寸单位：m)

二、判断题

3-14. 黏土中自由水的渗流受到结合水的黏滞作用会产生很大的阻力，只有克服结合水和自由水的抗剪强度后才能开始渗流。 ( )

3-15. 由于达西定律只适用于层流情况，因此对粗砂、砾石、卵石等粗颗粒不适合。( )

3-16. 管涌现象发生于土体表面渗流逸出处，流砂现象发生于土体内部。 ( )

3-17. 土发生冻胀是冻结时土中的水向冻结区迁移和积聚的结果。 ( )

3-18. 渗透系数 k 是综合反映土体渗透能力的一个指数，渗透系数可在实验室或现场进行试验测定。 ( )

三、计算题

3-19. 在 9m 厚的正常固结黏土层上进行开挖，下面为砂层，砂层顶面具有 8m 高的水头（承压水）。当开挖深度为 6m 时，出现流土迹象。现采用向坑内灌水的方法进行抢险，试求基坑中水深至少多大才能防止发生流土破坏。($\rho_{sat} = 1.95 g/cm^3$)

3-20. 不透水岩基上有水平分布的三层土，厚度均为 1m，渗透系数分别为 $k_1 = 1m/d$，$k_2 = 2m/d$，$k_3 = 10m/d$，试求等效土层竖向渗透系数 k_z。

3-21. 在常水头试验测定渗透系数 k 中，饱和土样截面积为 A，长度为 L，水流经土样，水头差 Δh，稳定后，量测时间 t 内流经试样的水量为 Q，试求土样的渗透系数 k。

3-22. 如图所示，在 9m 厚的粉质黏土层上进行开挖，下面为砂层。砂层顶面具有 7.5m 高的水头。试求：开挖深度为 6m 时，基坑中水深 h 至少多少才能防止发生流砂现象。($\rho_{sat} = 1.9 g/cm^3$)

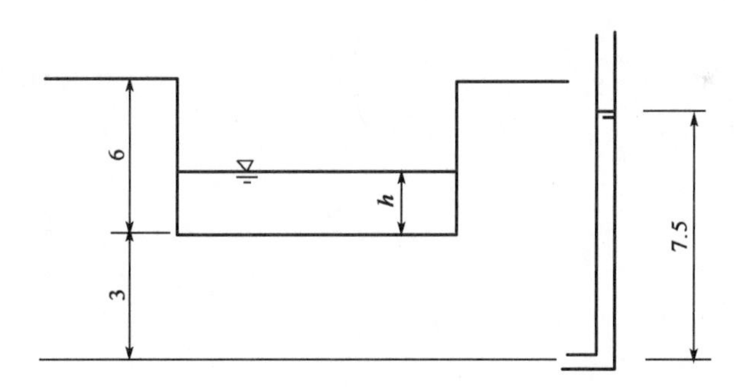

习题 3-22 图（尺寸单位：m）

3-23. 某基坑如图所示（同习题 3-22 图），基坑底面积为 20m × 10m，如果忽略基坑周边的入渗，试求为保持水深 1m 所需要的抽水量。（粉质黏土 $k = 1.5 \times 10^{-6} cm/s$）

3-24. 将某土样置于渗透仪中进行变水头渗透试验。已知试样的高度 $l = 4.0cm$，试样的横断面面积为 $32.2cm^2$，变水头测压管面积为 $1.2cm^2$。试验经过的时间 Δt 为 1h，测压管的水头高度从 $h_1 = 320.5cm$ 降至 $h_2 = 290.3cm$，测得的水温 $T = 25℃$。试求：(1) 该土样在 20℃ 时的渗透系数 k_{20} 值；(2) 大致判断该土样属于哪一种土。

3-25. 如图所示，在现场进行抽水试验测定砂土层的渗透系数。抽水井穿过 10m 厚砂土层进入不透水层，在距井管中心 15m 及 60m 处设置观测孔。已知抽水前静止地下水位在地面下 2.35m 处,抽水后待渗流稳定时,从抽水井测得流量 $q=5.47\times10^{-3}\text{m}^3/\text{s}$,同时从两个观测孔测得水位分别下降了 1.93m 和 0.52m,求砂土层的渗透系数。

3-26. 在如图所示容器中的土样,受到水的渗流作用。已知土样高度 $l=0.4\text{m}$,土样横截面面积 $F=25\text{cm}^2$,土样的土粒比重 $G_s=2.69$,孔隙比 $e=0.800$。试求:(1)作用在土样上的动水力大小及其方向;(2)若土样发生流砂现象,其水头差 h 大小。

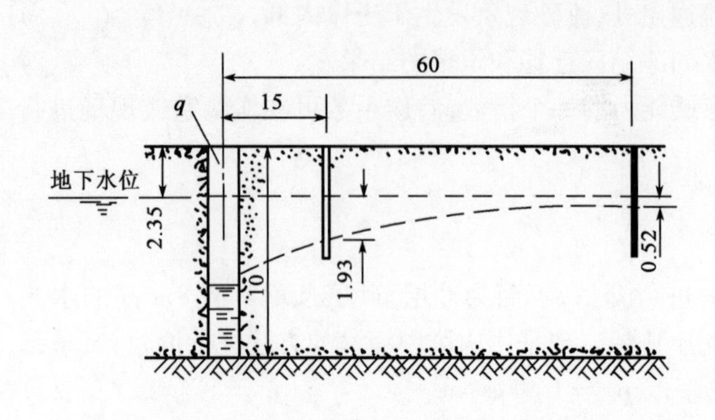

习题 3-25 图(尺寸单位:m)

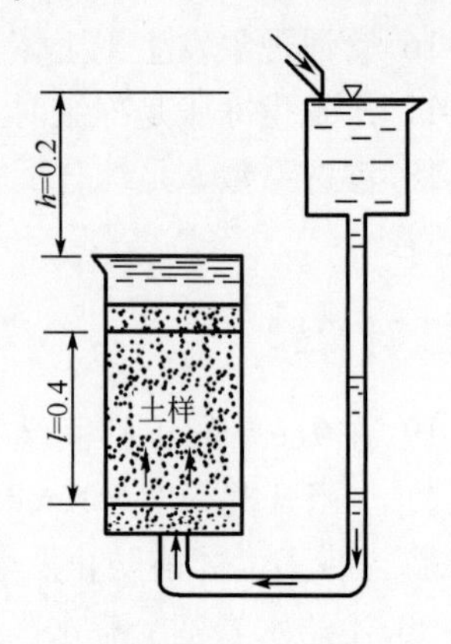

习题 3-26 图(尺寸单位:m)

第四章 土中应力计算

一、选择题

4-1. 在上部荷载作用下,刚性基础的基底压力呈(　　)分布。

A. 马鞍形　　B. 抛物线形

C. 钟形　　D. 三种情况都有可能

4-2. 条形基础上作用着均布荷载,则基础宽度范围以外的地基附加应力分布随着地基深度的增加(　　)。

A. 逐渐减小　　B. 先增加后减小

C. 先减小后增加　　D. 逐渐增加

4-3. 对双层地基而言,当上层土的压缩模量比下层土低时,双层地基界面上的附加应力分布将发生(　　)的现象。

A. 应力集中　　B. 应力扩散

C. 应力与均匀土体一致　　D. 不一定

4-4. 在同样荷载强度作用时,基础的宽度也相同,则荷载在基础中心点下的影响深度最大的是(　　)。

A. 方形基础　　B. 矩形基础

C. 条形基础　　D. 都有可能

4-5. 饱和土中某点的有效应力为 σ',土颗粒间的接触应力为 σ_s,则有(　　)。

A. $\sigma' > \sigma_s$　　B. $\sigma_s > \sigma'$

C. $\sigma' = \sigma_s$　　D. 饱和土的有效应力公式仅适用于砂土

4-6. 在集中荷载作用下，地基中某一点的附加应力与该集中力的大小(　　)。

A. 成正比　　B. 成反比

C. 有时成正比，有时成反比　　D. 无关

4-7. 在室内压缩试验中，土样的应力状态与实际荷载作用下的应力状态相一致的是(　　)。

A. 无穷均布荷载　　B. 条形均布荷载　　C. 矩形均布荷载

4-8. 有一个宽度为 3m 的条形基础，在基底平面上作用着中心荷载 $F = 240\text{kN}$ 及力矩 $M = 100\text{kN} \cdot \text{m}$。则地基压力较小一侧基础边的底面与地基之间的接触状态是(　　)。

A. $p_{\min} > 0$　　B. $p_{\min} = 0$　　C. 脱开

4-9. 已知土层的饱和重度为 γ_{sat}，干重度为 γ_{d}，在计算地基沉降时，采用哪个公式计算地下水位以下的自重应力？(　　)

A. $\sum z_i \gamma_{\text{sat}i}$　　B. $\sum z_i \gamma_{\text{d}i}$　　C. $\sum z_i (\gamma_{\text{sat}i} - \gamma_{\text{w}})$

4-10. 已知土层的静止土压力系数为 K_0，主动与被动土压力系数分别为 K_a 及 K_p，当地表面增加一无限均布荷载 p 时，在 z 深度处的侧向应力增量为(　　)。

A. $K_\text{p} p$　　B. $K_\text{a} p$　　C. $K_0 p$

4-11. 在地面上修建一梯形土坝，坝基的反力分布形状为何种形式？(　　)

A. 矩形　　B. 马鞍形　　C. 梯形

4-12. 已知一宽为 2m、长为 4m 和另一宽为 4m、长为 8m 的矩形基础，若两基础的基底附加压力相等，则两基础角点下竖向附加应力之间的关系为(　　)。

A. 两基础角点下 z 深度处竖向应力分布相同

B. 小尺寸基础角点下 z 深度处应力与大尺寸基础角点下 $2z$ 深度处应力相等

C. 大尺寸基础角点下 z 深度处应力与小尺寸基础角点下 $2z$ 深度处应力相等

4-13. 黏性土地下水位突然从基础底面处下降 3m，此时对土中附加应力的影响为(　　)。

A. 没有影响　　B. 附加应力减小　　C. 附加应力增加

4-14. 当地下水位从地表处下降至基底平面处时，对附加应力的影响为(　　)。

A. 附加应力增加　　B. 附加应力减小　　C. 附加应力不变

4-15. 当地下水自下而上渗流时，土层中骨架应力的影响为(　　)。

A. 不变　　B. 减小　　C. 增大

4-16. 当地基中附加应力曲线为矩形时，地面荷载形式为(　　)。

A. 条形均布荷载　　B. 矩形均布荷载　　C. 无限均布荷载

4-17. 条形均布荷载中心线下，附加应力随深度减小，其衰减速度与基础宽度 b 的关系为(　　)。

A. 与 b 无关　　B. b 越大，衰减越慢

C. b 越大，衰减越快

4-18. 甲乙两个基础的长度与宽度之比 l/b 相同，且基底平均附加应力相同，但它们的宽度不同，$b_{\text{甲}} > b_{\text{乙}}$，基底下 3m 深度处的应力关系为(　　)。

A. $\sigma_{z(\text{甲})} = \sigma_{z(\text{乙})}$　　B. $\sigma_{z(\text{甲})} > \sigma_{z(\text{乙})}$　　C. $\sigma_{z(\text{甲})} < \sigma_{z(\text{乙})}$

二、判断题

4-19. 地基土受压时间越长,地基变形越大,孔隙水压力也越大。 (　　)

4-20. 绝对刚性基础不能弯曲,在中心荷载作用下各点的沉降量一样,因此基础底面的实际压力是均匀分布的。 (　　)

4-21. 当土层的自重应力小于先期固结压力时,这种土称为超固结土。 (　　)

三、计算题

4-22. 某土层及其物理性质指标如图所示,计算土中自重应力。

4-23. 计算如图所示水下地基土中的自重应力分布。

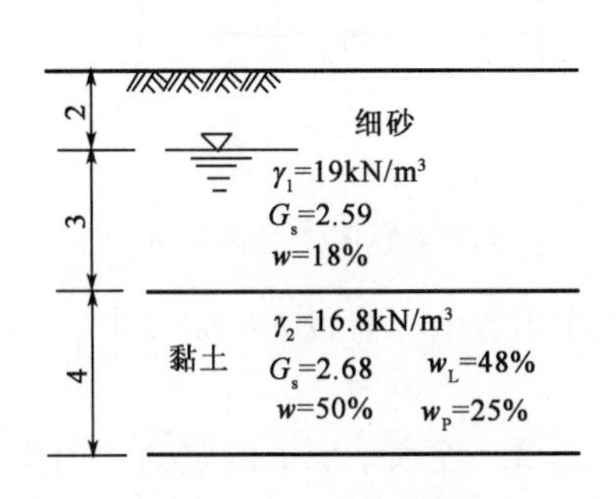

习题 4-22 图(尺寸单位:m)

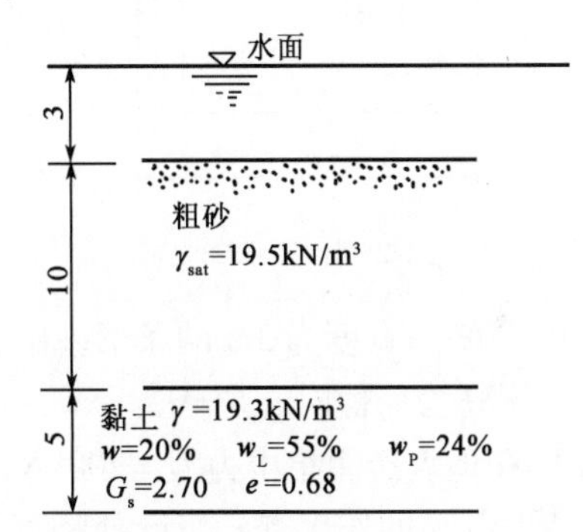

习题 4-23 图(尺寸单位:m)

4-24. 如图给出的资料,计算并绘出地基中的自重应力沿深度的分布曲线。

4-25. 某粉土地基如图所示,测得天然含水率 $w=24\%$,干重度 $\gamma_d=15.4\text{kN/m}^3$,土粒比重 $G_s=2.73$,地面及地下水位高程分别 35.00m 和 30.00m,汛期水位将上升到 35.50m 高程。试求 25.00m 高程处现在及汛期时土的自重应力;当汛期后地下水位降到 30.00m 高程时(此时土层全以饱和状态计),25.00m 高程处的自重应力又为多少?

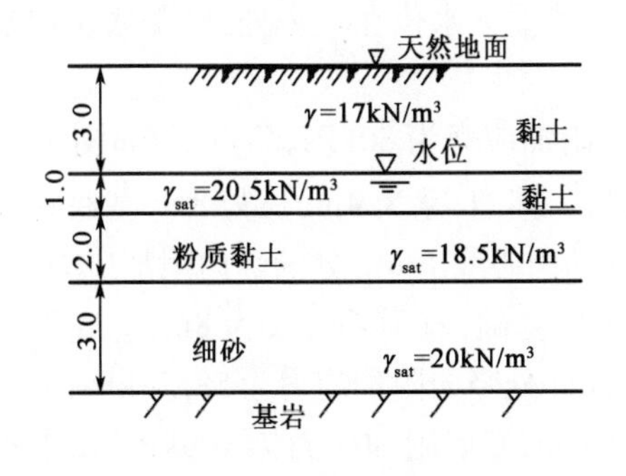

习题 4-24 图(尺寸单位:m)

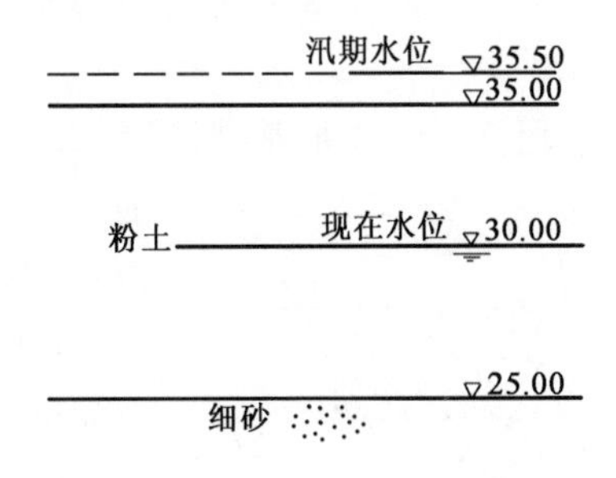

习题 4-25 图(高程单位:m)

4-26. 在砂土地基上施加一无限均布的填土,填土厚 2m,重度为 16kN/m^3,砂土的饱和重度为 18kN/m^3,地下水位在地表处,试求原地表下 5m 深度处作用在骨架上的竖向应力。

4-27. 在黏性土地基表面上施加一无限均布的填土,填土厚 2m,重度为 16kN/m^3,黏性土的饱和重度为 17.5kN/m^3,地下水位在地表处,加载瞬间超孔隙水压力承担外荷载,有效应力不变,试求地表下 5m 深度处竖向骨架应力。

4-28. 如图所示桥墩基础,已知基础底面尺寸 $b=4\text{m}$,$l=10\text{m}$,作用在基础底面中心的荷载 $N=4\ 000\text{kN}$,$M=2\ 800\text{kN}\cdot\text{m}$,试求基础底面的压力。

4-29. 如图所示基础基底尺寸为 4m×2m,试求基底平均压力 $\bar{p}$、最大压力 $p_{\max}$ 和最小压力 $p_{\min}$,绘出沿偏心方向的基底压力分布图。($\gamma_G=20\text{kN/m}^3$)

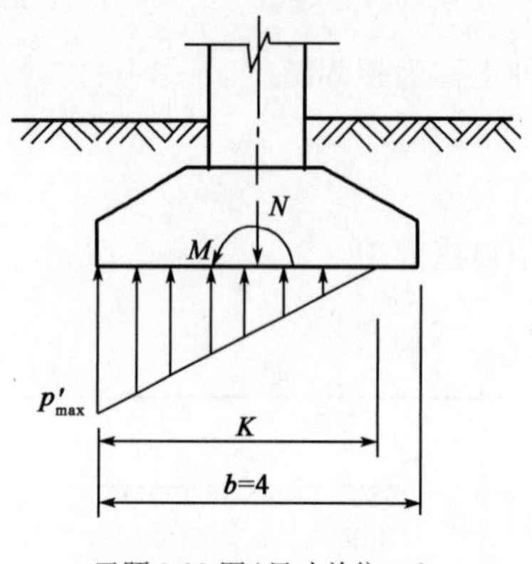

习题 4-28 图(尺寸单位:m)

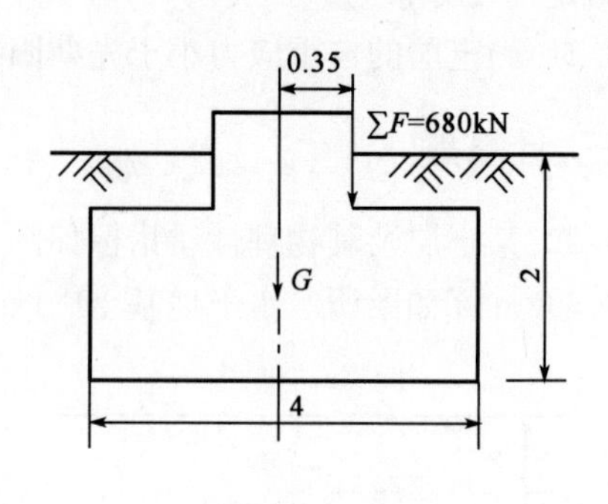

习题 4-29 图(尺寸单位:m)

4-30. 已知一宽度为 3m 的条形基础,在基底平面上作用着中心荷载 $F+G=240\text{kN}$ 及力矩 M。试求当 M 为何值时 $p_{\min}=0$。

4-31. 在地表作用集中力 $Q=200\text{kN}$,试求地面深度 $z=3\text{m}$ 处水平面上的竖向法向应力 σ_z 分布,以及距 Q 的作用点 $r=1\text{m}$ 处竖直面上的竖向法向应力 σ_z 分布。

4-32. 一矩形基础,宽为 3m,长为 4m,在长边方向作用一偏心荷载 $F+G=1\ 200\text{kN}$。试求偏心矩为多少时,基底不会出现拉应力;并求当 $p_{\min}=0$ 时的最大压应力。

4-33. 一矩形基础,宽为 2m,长为 4m,在长边方向作用一偏心荷载 $F+G=1\ 440\text{kN}$,偏心矩为 $e=0.7\text{m}$。试求基底最大压应力 $p_{\max}$。

4-34. 有一基础埋置深度 $d=1.5\text{m}$,建筑物荷载及基础和台阶土重传至基底的总应力为 100kPa,若基底以上土的重度为 18kN/m^3,饱和重度为 19kN/m^3,基底以下土的重度为 17kN/m^3,地下水位在基底处,试求基底竖向附加应力;若地下水位在地表处,则基底竖向附加应力又为多少?

4-35. 已知某一矩形基础,宽为 2m,长为 4m,基底附加应力为 80kPa,角点下 6m 处竖向附加应力为 12.95kPa;另一基础,宽为 4m,长为 8m,基底附加应力为 90kPa,试求该基础中心线下 6m 处的竖向附加应力。

4-36. 已知某一矩形基础,宽为 4m,长为 8m,基底附加应力为 90kPa,中心线下 6m 处竖向附加应力为 58.28kPa;另一矩形基础,宽为 2m,长为 4m,基底附加应力为 100kPa,试求角点下 6m 处的竖向附加应力。

4-37. 在一洼地用砂做了 2m 厚的砂垫层,然后在砂垫层表面建一直径为 40m 的储油罐,油罐底的应力为 150kPa,砂垫层的重度为 16.5kN/m^3,试求天然地面处的竖向附加应力。(不考虑砂垫层的应力扩散)

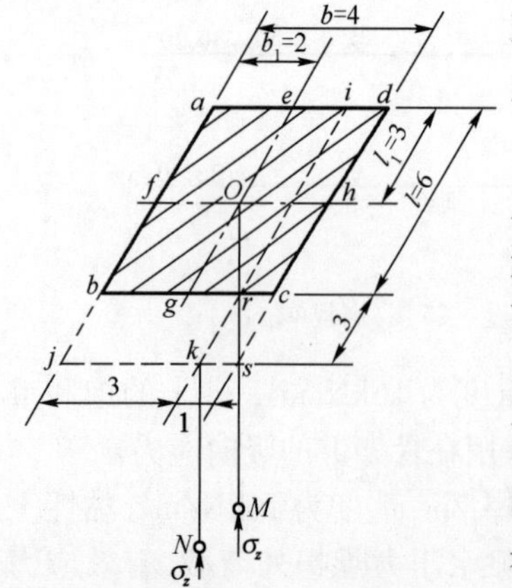

习题 4-38 图(尺寸单位:m)

4-38. 如图所示,有一矩形,$b=4\text{m}$,$l=6\text{m}$,其上作用均布

荷载 $p=100\text{kPa}$，试求矩形基础中点下深度 $z=8\text{m}$ 处 M 以及矩形基础处 k 点下深度 $z=6\text{m}$ 处 N 的竖向应力 σ_z 值。

4-39. 如图所示，有一矩形面积（$l=5\text{m}$，$b=3\text{m}$）三角形分布的荷载作用在地基表面，荷载最大值 $p=100\text{kPa}$，试求在矩形面积内 O 点下深度 $z=3\text{m}$ 处的竖向应力 σ_z 值。

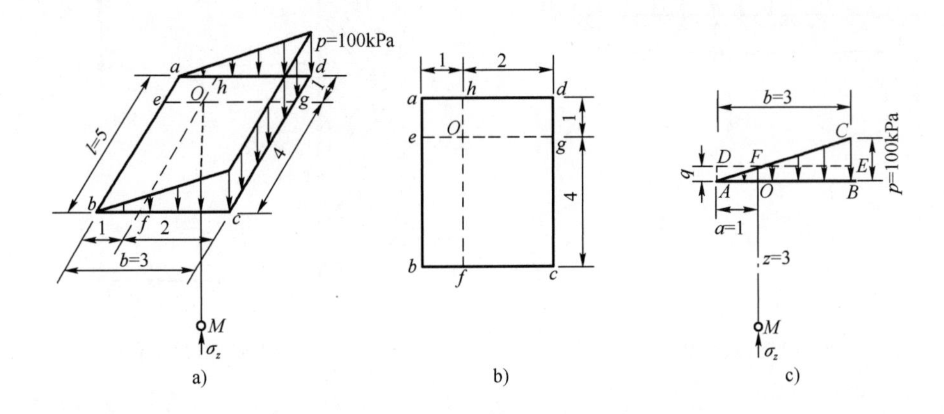

习题 4-39 图（尺寸单位：m）

4-40. 如图所示，矩形面积 $ABCD$ 上作用均布荷载 $p=100\text{kPa}$，试用角点法计算 G 点下深度 6m 处 M 点的竖向应力 σ_z 值。

4-41. 有一路堤如图所示，已知填土重度 $\gamma=20\text{kN/m}^3$，试求路堤中线下 O 点（$z=0$）及 M 点（$z=10\text{m}$）的竖向应力 σ_z 值。

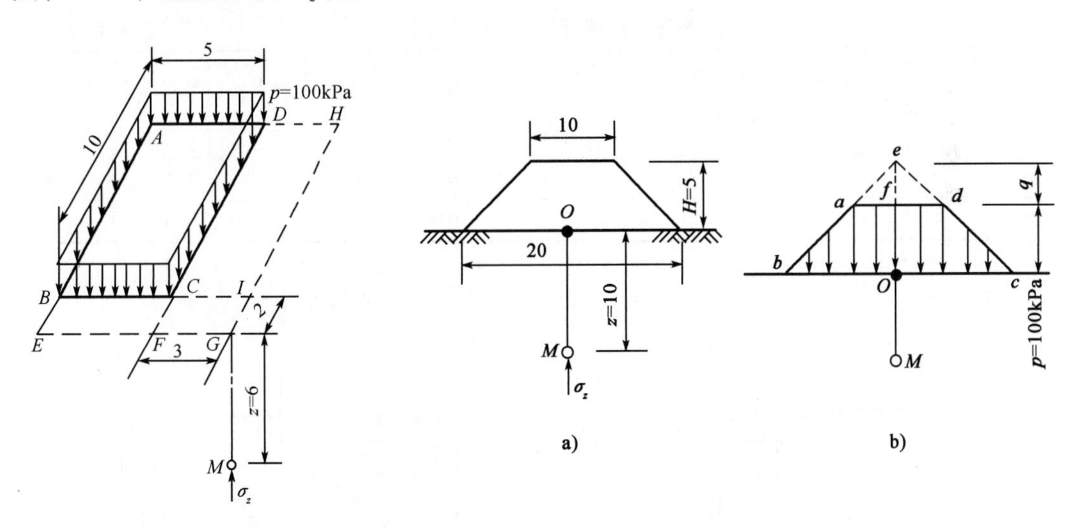

习题 4-40 图（尺寸单位：m）

习题 4-41 图（尺寸单位：m）

4-42. 如图所示条形分布荷载，$p=150\text{kPa}$，试求 G 点下深度 3m 处的竖向应力值。

4-43. 如图所示某桥梁桥墩基础及土层剖面。已知基础底面尺寸为 $b=2\text{m}$，$l=8\text{m}$。作用在基础底面中心处的荷载为：$N=1\ 120\text{kN}$，$H=0$，$M=0$。试求在竖直荷载 N 作用下，基础中心轴线上的自重应力及附加应力的分布。已知各土层的重度为：褐黄色粉质黏土 $\gamma=18.7\text{kN/m}^3$（水上）；$\gamma'=8.9\text{kN/m}^3$（水下）；灰色淤泥质粉质黏土 $\gamma'=8.4\text{kN/m}^3$（水下）。

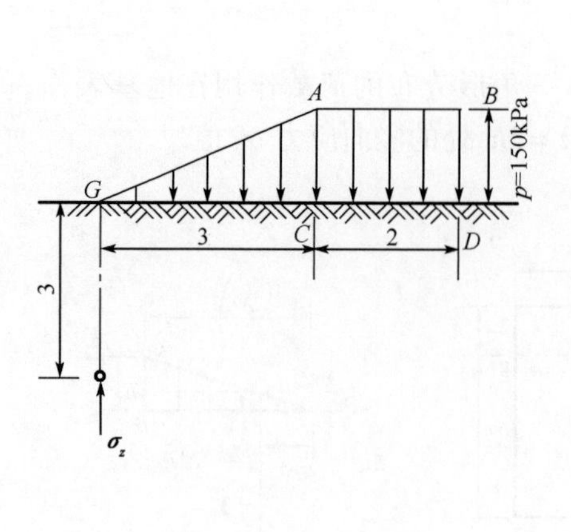

习题 4-42 图(尺寸单位:m)

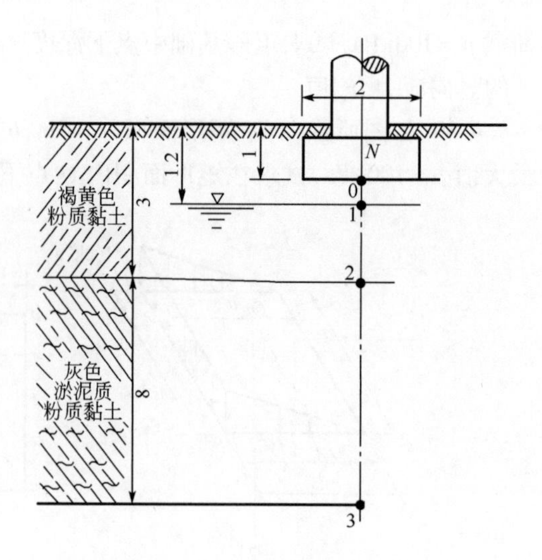

习题 4-43 图(尺寸单位:m)

4-44. 某粉质黏土层位于两砂层之间,如图所示。下层砂土受承压水作用,其水头高出地面 3m。已知砂土重度(水上)$\gamma=16.5\mathrm{kN/m^3}$,饱和重度 $\gamma_{sat}=18.8\mathrm{kN/m^3}$;粉质黏土的饱和重度 $\gamma_{sat}=17.3\mathrm{kN/m^3}$,试求土中总应力 σ、孔隙水压力 u 及有效应力 σ',并绘图表示。

4-45. 已知桥墩构造如图所示,试计算桥墩下地基的自重应力及附加应力。作用在基础底面中心的荷载:$N=2\ 520\mathrm{kN}, H=0, M=0$。地基土的物理及力学性质指标见下表。

地基土的物理及力学性质指标 习题 4-45 表

土层名称	层底高程(m)	土层厚(m)	重度 γ ($\mathrm{kN/m^3}$)	含水率 w (%)	土粒比重 G_s	孔隙比 e	液限 w_L (%)	塑限 w_P (%)	塑性指数 I_P	饱和度 S_r
黏土	15	5	20	22	2.74	1.640	45	23	22	0.94
粉质黏土	9	6	18	38	2.72	1.045	38	22	16	0.99

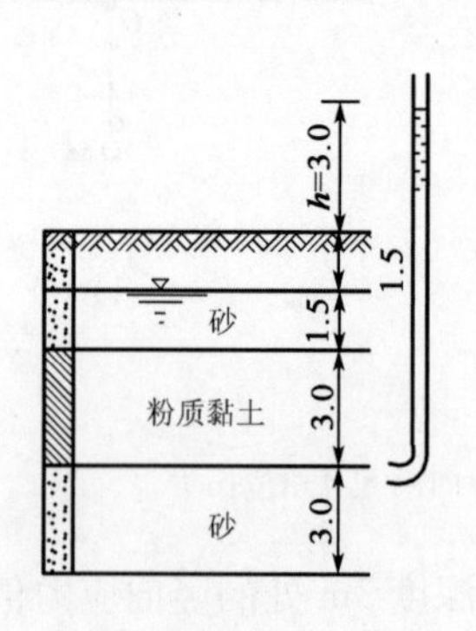

习题 4-44 图(尺寸单位:m)

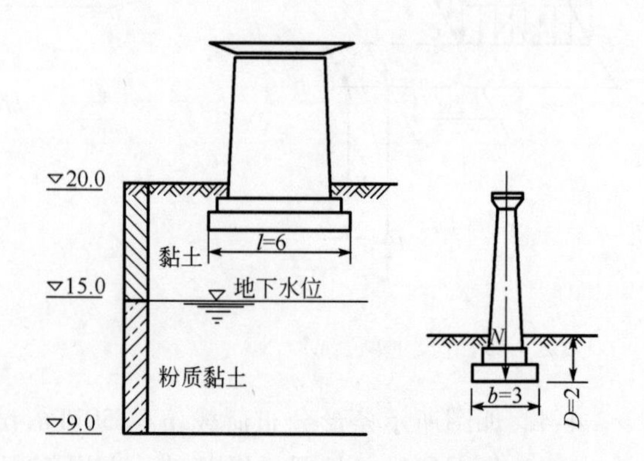

习题 4-45 图(尺寸单位:m;高程单位:m)

4-46. 如图所示条形基础作用有均布荷载 $p_0=100\mathrm{kPa}$,A、B 两点以下 4m 处的附加应力分别为 $\sigma_{zA}=54.9\mathrm{kPa}$、$\sigma_{zB}=40.9\mathrm{kPa}$,试求 D、C 两点以下 8m 处的附加应力 σ_{zD} 和 σ_{zC}。

4-47. 高度为 H 的铁桶内装满饱和松砂，砂土受振动液化后桶底砂粒悬浮，试求此时桶底所受的孔隙水压力，并简述理由。(已知松砂的饱和重度为 γ_{sat}，有效重度为 γ'，水的重度为 γ_w)

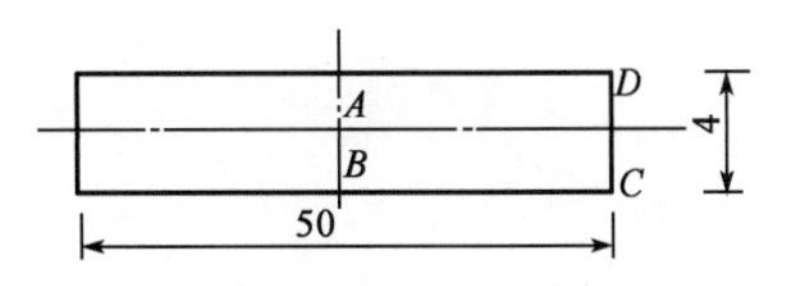

习题 4-46 图(尺寸单位:m)

4-48. 假定某砂土地基，其上覆盖水深分别为 1m 和 10 000m，分别如下图 a)、b) 所示。已知砂土层的饱和重度为 γ_{sat}，水的重度为 γ_w。试求：(1) 分别画出图 a)、图 b) 中砂土层的自重应力分布曲线；(2) 解释说明图 b) 中砂土在水面下 10 000m 深度处是否会发生破坏？

4-49. 某基础底面尺寸为 4m×2m，埋深 2m，基础顶部受中心荷载 760kN，自地表往下的土层条件见下图。已知基础角点 A 点下 4m 处 M 点的附加应力 $\sigma_z = 11.8$kPa，试求：(1) M 点的附加应力系数；(2) 基础中心 O 点下 2m 处 N 点的附加应力。

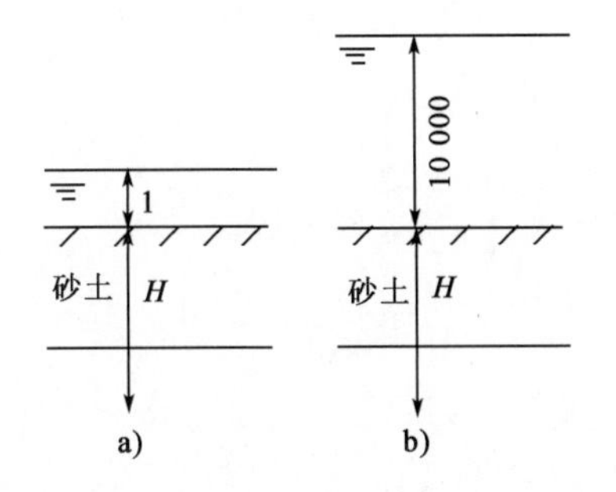

习题 4-48 图(尺寸单位:m)

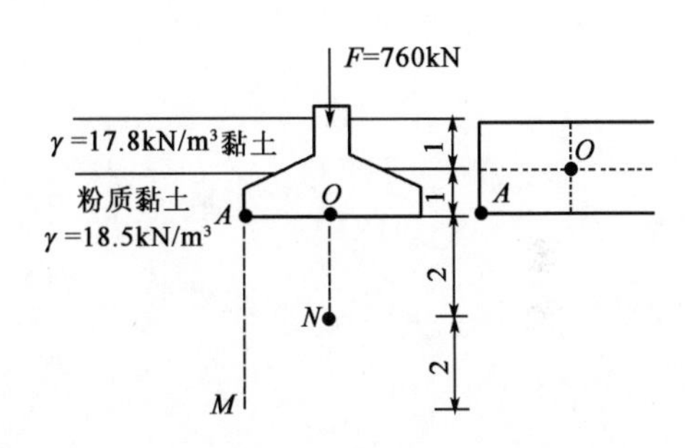

习题 4-49 图(尺寸单位:m)

4-50. 如下图所示，某饱和粉质黏土重度 $\gamma_{sat} = 19.6\text{kN/m}^3$，现将一土样置于滤网(铜丝网)上，土样高度 30cm，保持注水面比溢出水面高 12cm，试求土样内正中处 A-A 剖面上的有效应力。

4-51 有一场地的土层剖面情况为：上部为 4m 厚的黏土层，饱和重度为 $\gamma_{sat} = 19\text{kN/m}^3$，下部为 2m 厚的粗砂层，再下为不透水的岩层，地下水位在地表处，现将一竖管打入粗砂层顶面，发现水位上升到地面以上 2m，黏土层内存在稳定渗流。试作出该场地黏土层在竖向的总应力、有效应力及孔隙水压力随深度变化图。

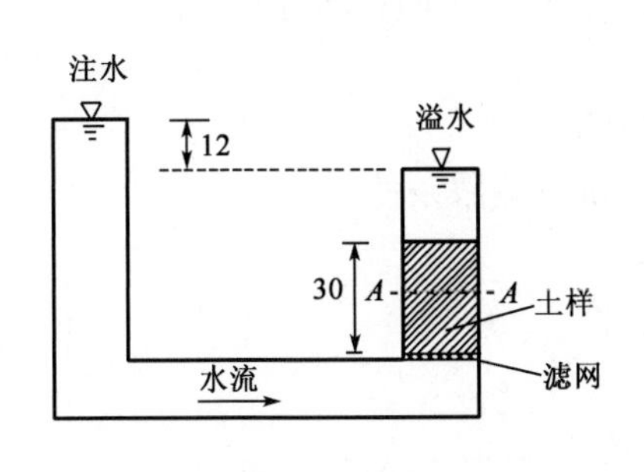

习题 4-50 图(尺寸单位:cm)

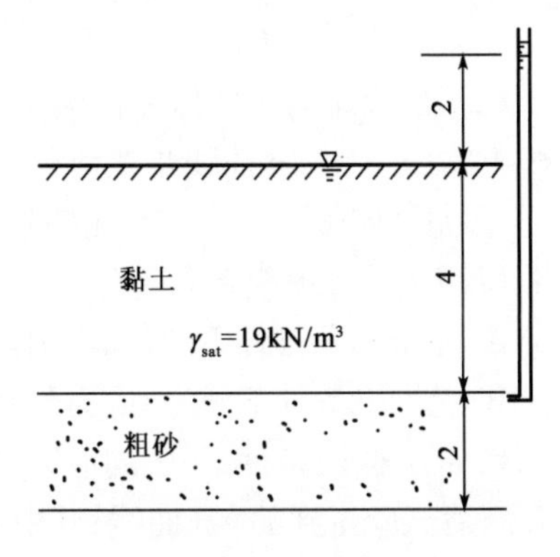

习题 4-51 图(尺寸单位:m)

第五章 土的压缩性与地基沉降计算

一、选择题

5-1. 土的压缩变形主要是由下述哪种变形造成的？(　　)

A. 土孔隙的体积压缩变形　　B. 土颗粒的体积压缩变形

C. 土孔隙和土颗粒的体积压缩变形之和

5-2. 土体压缩性可用压缩系数 a 来描述，则(　　)。

A. a 越大，土的压缩性越小　　B. a 越大，土的压缩性越大

C. a 的大小与土的压缩性无关

5-3. 土体压缩性 e-p 曲线是在何种条件下试验得到的？(　　)

A. 完全侧限　　B. 无侧限条件　　C. 部分侧限条件

5-4. 所谓土的压缩模量是指(　　)。

A. 完全侧限条件下，竖向应力与竖向应变之比

B. 无侧限条件下，竖向应力与竖向应变之比

C. 部分侧限条件下，竖向应力与竖向应变之比

5-5. 压缩试验得到的 e-p 曲线，其中 p 是指(　　)。

A. 孔隙应力　　B. 总应力　　C. 有效应力

5-6. 对于某一种特定的黏性土，压缩系数 a 是不是一个常数？(　　)

A. 是常数　　B. 不是常数，随竖向应力 p 增大而减小

C. 不是常数,随竖向应力 p 增大而增大

5-7. 当土为欠固结土状态时,其先期固结压力 p_c 与目前上覆有效应力 p_z 的关系为(　　)。

A. $p_c > p_z$　　B. $p_c = p_z$　　C. $p_c < p_z$

5-8. 当土为正常固结土状态时,其先期固结压力 p_c 与目前上覆压力 p_z 的关系为(　　)。

A. $p_c > p_z$　　B. $p_c = p_z$　　C. $p_c < p_z$

5-9. 当土为超固结土状态时,其先期固结压力 p_c 与目前上覆压力 p_z 的关系为(　　)。

A. $p_c > p_z$　　B. $p_c = p_z$　　C. $p_c < p_z$

5-10. 从野外地基载荷试验 p-s 曲线上求得的土的模量为(　　)。

A. 压缩模量　　B. 弹性模量　　C. 变形模量

5-11. 在室内压缩试验中,土样的应力状态与实际中哪一种荷载作用下土的应力状态相一致?(　　)

A. 无限均布荷载　　B. 条形均布荷载　　C. 矩形均布荷载

5-12. 软土层中计算最终沉降,压缩层厚度由基础底下 z 深度处附加应力的大小而定,具体为(　　)。

A. 附加应力为总应力的 10%　　B. 附加应力为自重应力的 10%

C. 附加应力接近于 0

5-13. 用分层总和法计算地基沉降时,附加应力曲线表示(　　)。

A. 总应力　　B. 孔隙水压力　　C. 有效应力

5-14. 基础面积相同,基底附加应力也相同,但埋置深度不同的两个基础,最终沉降量的区别在于(　　)。

A. 埋深大的比埋深浅的沉降大　　B. 埋深大的比埋深浅的沉降小

C. 两基础沉降无差别

5-15. 基底附加应力相同,埋置深度也相同,但基底面积不同的两个基础,它们的沉降量的区别在于(　　)。

A. 基底面积大的沉降量大　　B. 基底面积小的沉降量大

C. 两基础沉降量相同

5-16. 在压缩层范围内,上下土层由 E_{s1} 和 E_{s2} 两种不同压缩性土层组成,若 $E_{s1} > E_{s2}$,为了减少基础沉降,基础埋置深度应该如何确定为好?(　　)

A. 基础埋置深一点好

B. 基础埋置浅一点好

C. 附加应力分布与模量 E_s 无关,故埋置深度可不考虑 E_s 的影响

5-17. 有两个条形基础,基底附加应力分布相同,基础宽度相同,埋置深度也相同,但其基底长度不同,则两基础沉降不同之处在于(　　)。

A. 基底长度大的沉降量大　　B. 基底长度大的沉降量小

C. 两基础沉降量相同

5-18. 在基础底面以下压缩层范围内,存在一层模量很大的硬土层,按弹性理论计算硬土层以上附加应力分布时,影响为(　　)。

A. 没有影响　　B. 附加应力变大　　C. 附加应力变小

5-19. 两个土性相同的土样,变形模量 E_0 和压缩模量 E_s 之间的相对关系为(　　)。

A. $E_0 > E_s$　　B. $E_0 = E_s$　　C. $E_0 < E_s$

5-20. 在高压缩性软土地基上有一条形基础，宽度 3m，埋置深度 1.5m，基底附加压力 p_0 = 100kPa，基础宽度中心线下附加应力 $\sigma_z = \alpha p_0$，若地下水位在地表处，土的饱和重度 γ_{sat} = 18kN/m^3，则压缩层深度是(　　)。

A. 基底下约 15m　　B. 基底下约 9.6m　　C. 基底下约 12m

习题 5-20 表

z/b	1.0	2.0	3.0	4.0	5.0	6.0
α	0.55	0.31	0.21	0.16	0.13	0.11

5-21. 已知某老建筑物基础埋置深度 2m，基底下 5m 处的附加应力 σ_z = 55kPa，土的重度 γ = 17kN/m^3，由于房屋改建，增加两层，基底下 5m 处的附加应力增加 10kPa。若土的孔隙比与应力之间的关系为 $e = 1.15 - 0.0014p$，则 4～6m 厚的土层增加的沉降量为(　　)。

A. 2.13mm　　B. 1.86mm　　C. 1.47mm

5-22. 有一桥墩，埋置在厚度为 3m 的弱不透水黏土层顶面，黏土层下面为深厚的粉细砂层，当河水水位上涨 2m 时，桥墩沉降变化情况为(　　)。

A. 桥墩回弹　　B. 桥墩下沉　　C. 桥墩不变

5-23. 有一独立基础，埋置在深厚的粉细砂土层中，地下水位由原来基底下 5m 处上升到基底平面处，则基础的沉降变化情况为(　　)。

A. 回弹　　B. 不动　　C. 下沉

5-24. 考虑应力历史对沉降影响时，如果附加应力 $\Delta p < p_c - p_0$（其中，p_c 为前期固结应力，p_0 为自重压力），土层的变形情况为(　　)。

A. 不发生变形　　B. 仍发生变形　　C. 有蠕动变形

5-25. 考虑应力历史对沉降影响时，如果附加应力 $\Delta p < p_c - p_0$（其中，p_c 为前期固结应力，p_0 为自重压力），土层的变形性质为(　　)。

A. 再压缩变形　　B. 压缩变形　　C. 蠕动变形

5-26. 对于超固结土，如果其结构强度遭到破坏，则土的变形产生的影响为(　　)。

A. 发生蠕变　　B. 在上覆荷载下沉降

C. 在上覆荷载下回弹

5-27. 对于欠固结土，如果其结构强度遭到破坏，则土的变形产生的影响为(　　)。

A. 发生蠕变　　B. 在上覆荷载下沉降

C. 在上覆荷载下回弹

5-28. 超固结土的原位压缩 e-lg$p$ 曲线由一条水平线和两条斜线构成，p_0 与 p_c 的这条斜线的斜率称为(　　)。

A. 回弹指数　　B. 压缩系数　　C. 压缩指数

5-29. 超固结土的原位压缩 e-lg$p$ 曲线由一条水平线和两条斜线构成，大于 p_c 的斜线的斜率称为(　　)。

A. 压缩系数　　B. 回弹指数　　C. 压缩指数

5-30. 超固结土的变形是由下列哪个组合变形构成的？(　　)

A. 压缩变形、剪切变形　　B. 剪切变形、蠕变、挤出变形

C. 压缩变形、再压缩变形

5-31. 土的变形主要是由于土中哪一部分应力引起的?(　　)

A. 总应力　　B. 有效应力　　C. 孔隙应力

5-32. 在半无限体表面,瞬时施加一局部荷载,这时按弹性理论计算得到的应力是什么性质的应力?(　　)

A. 总应力　　B. 有效应力　　C. 超孔隙应力

5-33. 所谓土的固结,主要是指(　　)。

A. 总应力引起超孔隙水应力增长的过程

B. 超孔隙水应力消散,有效应力增长的过程

C. 总应力不断增加的过程

5-34. 两个性质相同的饱和土样,分别在有侧限和无侧限条件下瞬时施加一个相同的竖向应力 p,则两个土样所产生的孔隙水压力的差别在于(　　)。

A. 产生的孔隙水压力相同　　B. 有侧限情况大于无侧限情况

C. 无侧限情况大于有侧限情况

5-35. 固结系数 c_v 与土的渗透系数 k、孔隙比 e、压缩系数 a 和水的密度 ρ_w 之间的关系表达式为(　　)。

A. $c_v = a\dfrac{1+e}{k\rho_w}$　　B. $c_v = k\dfrac{1+e}{a\rho_w}$　　C. $c_v = \dfrac{a\rho_w}{k(1+e)}$

5-36. 在时间因数表达式 $T_v = \dfrac{c_v t}{H^2}$ 中,H 表示(　　)。

A. 最大排水距离　　B. 土层的厚度　　C. 土层厚度的一半

5-37. 土层的固结度与施加的荷载大小的关系为(　　)。

A. 荷载越大,固结度越大　　B. 荷载越大,固结度越小

C. 与荷载大小无关

5-38. 在土层厚度相同、性质相同的两个黏土层的顶面,分别瞬时施加无限均布荷载 $p_1 = 100\text{kPa}$,$p_2 = 200\text{kPa}$,两个黏土层均双面排水,试求经过相同时间 t,两种情况下的固结度不同之处在于(　　)。

A. $p_2 = 200\text{kPa}$ 的固结度大　　B. $p_1 = 100\text{kPa}$ 的固结度大

C. 两种情况的固结度相同

5-39. 在土层厚度相同、性质相同的两个黏土层的顶面,分别瞬时施加无限均布荷载 $p = 100\text{kPa}$ 及宽度 $b = 10\text{m}$ 的条形均布荷载 $p = 100\text{kPa}$,两黏土层均双面排水,试问经过相同时间 t,两种情况下的固结度不同之处在于(　　)。

A. 条形荷载情况固结度大　　B. 无限均布荷载固结度大

C. 两种情况的固结度相同

5-40. 黏土层在外荷载作用下固结度达到100%,土体中还有没有自由水存在?(　　)

A. 只有薄膜水,没有自由水　　B. 有自由水

C. 有薄膜水和毛细水

5-41. 有三个黏土层,土的性质相同,厚度、排水情况及地面瞬时作用超载等列于下面,则达到同一固结度所需时间的差异在于(　　)。

①黏土层厚度为 h,地面超载 p,单面排水

②黏土层厚度为 $2h$,地面超载 $2p$,单面排水

③黏土层厚度为 $3h$,地面超载 $3p$,双面排水

A. 无差异　　B. ③最快　　C. ①最快

5-42. 有两个黏土层,土的性质、厚度、排水边界以及基础尺寸相同。若基础顶面瞬时施加大小不同的轴心荷载的超载大小不同,则经过相同时间后,土层的固结度的差异在于(　　)。

A. 无差异　　B. 超载大的固结度大

C. 超载小的固结度大

5-43. 有两个黏土层,土的性质、厚度、排水边界以及基础尺寸相同。若基础顶面瞬时施加大小不同的轴心荷载的超载大小不同,则经过相同时间后,土层内平均孔隙水压力的差异在于(　　)。

A. 超载大的孔隙水压力大　　B. 超载小的孔隙水压力小

C. 两者无差异

5-44. 黏土层的厚度均为 4m,情况之一是双面排水,情况之二是单面排水。当地面瞬时施加一无限均布荷载,两种情况土性相同,$U=1.128(T_v)^{1/2}$,达到同一固结度时单面排水所需时间与双面排水所需时间的比值是(　　)。

A. 2　　B. 4　　C. 8

5-45. 黏土层的厚度均为 4m,情况之一是双面排水,情况之二是单面排水,固结度分别为 U_1 和 U_2。当地面瞬时施加一无限均布荷载,两种情况土性相同,$U=1.128(T_v)^{1/2}$,在同一时间 t 下,两种情况的土层固结度比值是(　　)。

A. $U_1=8U_2$　　B. $U_1=4U_2$　　C. $U_1=2U_2$

5-46. 采用规范法中的应力面积法在计算地基的最终沉降时,应选用(　　)指标。

A. 弹性模量 E　　B. 变形模量 E_0　　C. 压缩模量 E_s　　D. 剪切模量 G

5-47. 对一般黏性土做加—卸载的压缩试验,回弹指数为压缩指数的(　　)倍。

A. 0.1 ~0.2　　B. 0.5 ~0.6　　C. 0.9 ~1.1　　D. 1.0 ~2.0

5-48. 对于同一无限大的饱和黏性土地基,荷载一次施加和分次施加,则地基的最终总沉降量(假设压缩模量 E_s 和总荷载量在两种加载方式下相同)(　　)。

A. 一次施加大　　B. 分次施加大

C. 一次施加和分次施加一样大　　D. 与孔隙水压力消散快慢有关

5-49. 某饱和黏性土地基的最终沉降量为 65mm,当沉降量达到 15mm 时,地基的平均固结度为(　　)。

A. 23.1%　　B. 25%　　C. 31%　　D. 50%

5-50. 在地下水位以下有塑性指数相同的三个土层,分别测得天然重度 γ 和干重度 γ_d 如下,则哪一种土的压缩性最低?(　　)

A. $\gamma=19.0\text{kN/m}^3$,$\gamma_d=13.5\text{kN/m}^3$　　B. $\gamma=18.5\text{kN/m}^3$,$\gamma_d=14.0\text{kN/m}^3$

C. $\gamma=18.0\text{kN/m}^3$,$\gamma_d=14.5\text{kN/m}^3$

5-51. 有三个同一种类土样,它们的含水率 w 都相同,但饱和度 S_r 不同,饱和度 S_r 越大的土,其压缩性变化情况为(　　)。

A. 压缩性越大　　B. 压缩性越小　　C. 压缩性不变

二、判断题

5-52. 土中附加应力的计算公式为 $\sigma_z = Kp_0$，因此在同样的地基上，基底附加应力 p_0 相同的两个建筑物，其沉降值也应相同。 ( )

5-53. 在任何情况下，土体自重应力都不会引起地基沉降。 ( )

5-54. 地下水位下降会增加土层的自重应力，引起地基沉降。 ( )

5-55. 绝对刚性基础不能弯曲，在中心荷载作用下各点的沉降量一样，所以基础底面的实际应力是均匀分布的。 ( )

5-56. 在太沙基一维渗流固结理论中，土的应力—应变关系采用的是非线性弹性模型。

( )

三、计算题

5-57. 有一个黏性土试样，孔隙比 $e = 1.25$，在压缩试验过程中，土样高度压缩了 1.2mm，这时土样的孔隙比为多少？（环刀高度为 2cm）

5-58. 一试样在压缩试验过程中，孔隙比由 1.25 减小到 1.05，若环刀高度为 2cm，试验结束后试样的高度是多少？若环刀体积为 $60cm^3$，土样的体积有多少变化？

5-59. 有一个非饱和土样，孔隙比 $e = 1.0$，在荷载 p 作用下压缩，饱和度 S_r 由 80% 增加到 95%，假定土样的含水率不变，试求土样的重度的变化。

5-60. 在荷载为 100kPa 作用下，非饱和土样孔隙比 $e = 1.0$，饱和度为 80%，当荷载增加至 200kPa 时，饱和度为 90%，假定土样的含水率不变，试求土样的压缩系数 a 及土样的压缩模量。

5-61. 一个饱和土样，初始孔隙比 $e = 1.15$，土粒比重 $G_s = 2.70$，荷载从 0 增至 100kPa 时，土样压缩了 0.89mm，土样的含水率变化了多少？（土样高度为 2cm）

5-62. 一个土样含水率为 40%，重度 $\gamma = 18kN/m^3$，土粒比重 $G_s = 2.70$，在压缩试验中，荷载从 0 增至 100kPa，土样压缩了 0.95mm，试求压缩系数 a 和压缩模量 E_s。（土样高度为 2cm）

5-63. 一个饱和土样，含水率为 40%，土粒比重 $G_s = 2.70$，在压缩试验中，荷载从 0 增至 100kPa，土样含水率变为 34%。试求压缩系数 a 和压缩模量 E_s；土的压缩量和此时土的重度各为多少？（环刀高度为 2cm）

5-64. 一个土样，含水率为 40%，重度 $\gamma = 18kN/m^3$，土粒比重 $G_s = 2.70$，压缩系数 $a = 1.35MPa^{-1}$，在压缩试验中，荷载从 0 增至 100kPa，试求土样的孔隙比和压缩量。（土样高度为 2cm）

5-65. 一个土样，含水率为 40%，重度 $\gamma = 18kN/m^3$，土粒比重 $G_s = 2.70$，压缩模量 $E_s = 1.27MPa$，在压缩试验中，荷载从 0 增至 100kPa，试求土样的压缩量。（环刀高度为 2cm）

5-66. 两个土性相同的土样，理论上变形模量 E_0 和压缩模量 E_s 之间的相对大小关系是什么？

5-67. 地面以下 4 ~ 8m 范围内有一层软黏土，含水率 $w = 42\%$，重度 $\gamma = 17.5kN/m^3$，土粒比重 $G_s = 2.70$，压缩系数 $a = 1.35MPa^{-1}$，4m 以上为粉质黏土，重度为 $16.25kN/m^3$，地下水位在地表处，若地面作用一无限均布荷载 $q = 100kPa$，试求软黏土的最终沉降量。

5-68. 地面下有一层 4m 厚的黏土，天然孔隙比 $e_0 = 1.25$，若地面施加 $q = 100kPa$ 的无限均布荷载，沉降稳定后，测得土的孔隙比为 1.12，试求黏土层的沉降量。

5-69. 地面下有一层 4m 厚的软黏土，在地表荷载作用下，测得稳定压缩量为 20cm，孔隙比为 1. 10，试求地表荷载作用前，软黏土层原来的孔隙比。

5-70. 有一基础埋置深度 1m，地下水位在地表处，饱和重度 $\gamma_{sat}=18kN/m^3$，孔隙比与应力之间的关系为 $e=1.15-0.00125p$。若在基底下 5m 处的附加应力为 75kPa，试求在基底下 4 ~ 6m 土层的压缩量。

5-71. 有一深厚黏质粉土层，地下水位在地表处，饱和重度 $\gamma_{sat}=18kN/m^3$，由于工程需要，大面积降低地下水位 3m，降水区重度变为 $17kN/m^3$，孔隙比与应力之间的关系为 $e=1.25-0.00125p$，试求降水区土层沉降量及地面下 3 ~ 5m 厚土层沉降量。

5-72. 有一条形基础，埋深 2m，基底以下 5m 和 7m 处的附加应力分别为 65kPa 和 43kPa。若地下水位在地表处，土的饱和重度 $\gamma_{sat}=18kN/m^3$，应力范围内的压缩模量 $E_s=1.8MPa$，试求 5 ~ 7m 厚土层的压缩量。

5-73. 一圆形基础半径为 5m，基底附加应力 $p_0=100kPa$，z/r 为 1. 0 和 1. 5 处应力面积系数分别为 0. 878 和 0. 762，若土的压缩模量 $E_s=1.8MPa$，试求基底中心线下 5 ~ 7. 5m 范围内土层压缩量。

5-74. 有一箱形基础，上部结构传至基底的压力 $p=80kPa$，若地基土的重度 $\gamma=18kN/m^3$，地下水位在地表下 10m 处，试求埋置深度为多少时，理论上可以不考虑地基的沉降。

5-75. 有一黏土层，厚度 4m，层顶和层底各有一排水砂层，地下水位在黏土层的顶面。取土进行室内固结双面排水试验，试样高度 2cm，试样固结度达到 80% 时所需时间为 7min。若在黏土层顶面瞬时施加无限均布荷载 $p=100kPa$，则黏土层固结度达到 80% 时，需要多少天？

5-76. 有一黏土层厚度 4m，双面排水，地面瞬时施加无限均布荷载 $p=100kPa$，100d 后土层沉降量 12. 8cm。土固结系数 $c_v=2.96\times10^{-3}cm^2/s$，$U=1.128(T_v)^{1/2}$。试求黏土层的最终沉降量；当单面排水时，结果又将如何？

5-77. 有一黏土层厚度 4m，单面排水，在单面无限均布荷载作用下，计算最终沉降量为 28cm。加荷 100d 后，土层沉降 18. 5cm，$U=1.128(T_v)^{1/2}$，试求黏土层的固结系数 c_v。

5-78. 地面下有一层 6m 厚的黏土层，地下水位在地表处，黏土的饱和重度 $\gamma_{sat}=18kN/m^3$，孔隙比与应力之间的关系为 $e=1.25-0.0016p$。若地面施加 $p=100kPa$ 的无限均布荷载，100d 后测得 6m 厚土层压缩了 14. 5cm，试求黏土层的固结度。

5-79. 地表下 4m 厚的黏土层，在顶面瞬时施加一无限均布荷载 $p=100kPa$，两个月后在高程 0m、-1m、-2m、-3m、-4m 处，测得的超孔隙水压力分别为 0kPa、20kPa、40kPa、60kPa、80kPa，试求黏土层的固结度。

5-80. 地表下有一层 6m 厚的黏土层，初始孔隙比 $e_0=1.25$，在地面无限均布荷载 $p=80kPa$ 作用下，计算最终沉降量 $s_\infty=25cm$，经过两个月预压，土的孔隙比为 $e_t=1.19$，试求土层的固结度。

5-81. 地表下有一层 6m 厚的黏土层，初始孔隙比 $e_0=1.25$，在地面无限均布荷载 $p=80kPa$ 作用下，计算最终沉降量 $s_\infty=25cm$，经过两个月预压，土层的固结度达到 64%，试求土层的孔隙比。

5-82. 地表下有一层 6m 厚的饱和黏土层，地下水位在地表处，初始含水率为 45%，重度 $\gamma=17.6kN/m^3$，土粒比重 $G_s=2.70$，在地面大面积均布荷载 $p=80kPa$ 预压下，固结度达到 90%，这时测得黏土层的含水率变为 40%，试求黏土层的最终沉降量。

5-83. 地表下有一层10m厚的黏土层，饱和重度 $\gamma_{sat}=18kN/m^3$，地下水位在地表处，双面排水，地面瞬时施加一无限均布荷载 $p=50kPa$。试求加荷瞬时，地面下5m深处的有效应力和孔隙水压力。

5-84. 地表下有一层10m厚的黏土层，饱和重度 $\gamma_{sat}=18kN/m^3$，地下水位在地表处，双面排水，已知土的土固结系数 $c_v=4.54\times10^{-3}cm^2/s$，若地面瞬时施加一无限均布荷载 $p=50kPa$。试求100d后地面下5m深处的有效应力和孔隙水压力。

5-85. 有一厚 H 的饱和黏土层，双面排水，加荷两年后固结度达到90%；若该土层是单面排水，则达到同样的固结度90%，需多少时间？

5-86. 有一厚 H 的饱和黏土层，单面排水，加荷两年后固结度达到70%；若该土层是双面排水，则达到同样的固结度70%，需多少时间？

5-87. 如图所示的墙下单独基础，基底尺寸为3.0m×2.0m，传至地面的荷载为300kN，基础埋置深度为1.2m，地下水位在基底以下0.6m，地基土层室内压缩试验结果如表所示，用分层总和法求基础中点的沉降量。（水下土的饱和重度取天然重度，$\gamma_G=20kN/m^3$）

地基土层的 *e-p* 曲线 习题5-87表

土名 \ e	p(kPa)				
	0	50	100	200	300
①黏土	0.651	0.625	0.608	0.587	0.570
②粉质黏土	0.978	0.889	0.855	0.809	0.773

5-88. 如图所示的基础底面尺寸为4.8m×3.2m，埋深为1.5m，传至地面的中心荷载 $F=1\ 800kN$，地基的土层分层及各层土的压缩模量（相应于自重应力至自重应力加附加应力段）见图，用应力面积法计算基础中点的最终沉降。（$\gamma_G=20kN/m^3$）

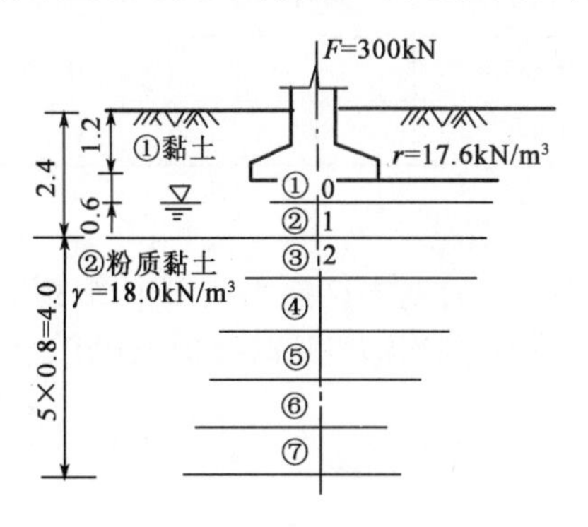

习题5-87图（尺寸单位：m）

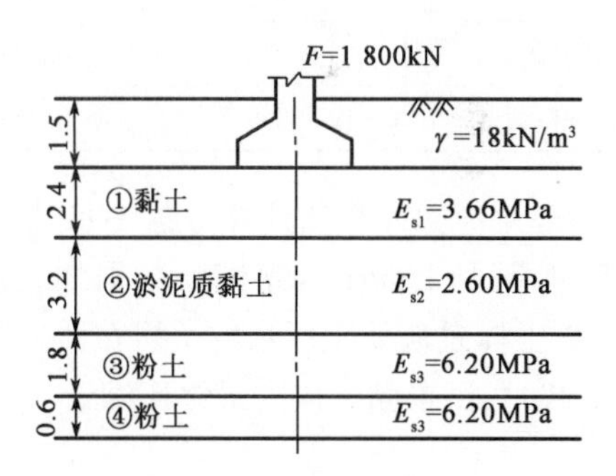

习题5-88图（尺寸单位：m）

5-89. 在如图所示厚10m的饱和黏土层表面瞬时大面积均匀堆载 $p_0=150kPa$，若干年后，用测压管分别测得土层中 A、B、C、D、E 五点的孔隙水压力为51.6kPa、94.2kPa、133.8kPa、170.4kPa、198.0kPa，已知土层的压缩模量 E_s 为5.5MPa，渗透系数 k 为 $5.14\times10^{-8}cm/s$。试求：(1)此时黏土层的固结度，并计算此黏土层已固结的时间；(2)再经过5

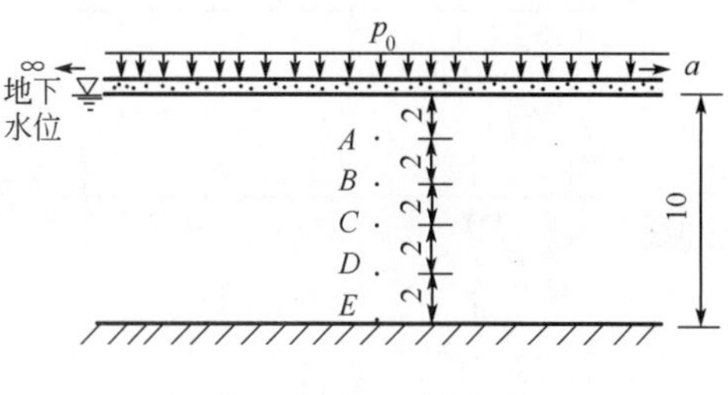

习题5-89图（尺寸单位：m）

年,则该黏土层的固结度将达到多少?黏土层5年间产生了多大的压缩量?

5-90. 一饱和黏土试样在固结仪中进行压缩试验,该试样原始高度为20mm,面积为$30cm^2$,土样与环刀总质量为175.6g,环刀质量58.6g。当荷载由$p_1=100kPa$增加至$p_2=200kPa$时,在24h内土样的高度由19.31mm减少至18.76mm。该试样的土粒比重为2.74,试验结束后烘干原土样,称得干土质量为91.0g。试求:(1)与p_1及p_2对应的孔隙比e_1及e_2;(2)求a_{1-2}及$E_{s(1-2)}$,并判断该土的压缩性。

5-91. 用弹性理论公式分别计算如图所示的矩形基础在下列两种情形下中点A、角点B及C点的沉降量和基底平均沉降量。已知地基土的变形模量$E_0=5.6MPa$,$\nu=0.4$,$\gamma=19.8kN/m^3$。(1)基础是柔性的;(2)基础是刚性的。

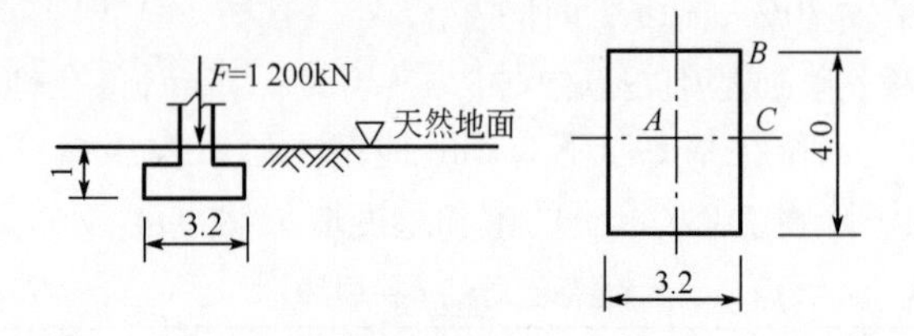

习题5-91图(尺寸单位:m)

5-92. 如图所示的矩形基础的底面尺寸为4m×2.5m,基础埋深1m,地下水位位于基底高程,地基土的物理指标见图,室内压缩试验结果如表所示。用分层总和法计算基础中点沉降。($\gamma_G=20kN/m^3$)

室内压缩试验 *e-p* 关系 习题5-92表

土层 \ e	p(kPa)				
	0	50	100	200	300
粉质黏土	0.942	0.889	0.855	0.807	0.773
淤泥质黏土	1.045	0.925	0.891	0.848	0.823

5-93. 用应力面积法计算习题5-92中基础中点下的压缩量。($p_0<0.75f_k$)

5-94. 某黏土试样压缩试验数据如表所示。试求:(1)前期固结压力;(2)压缩指数C_c;(3)若该土样是从如图所示的土层在地表下11m深处采得,则当地表瞬时施加100kPa无限分布的荷载时,试求黏土层的最终压缩量。

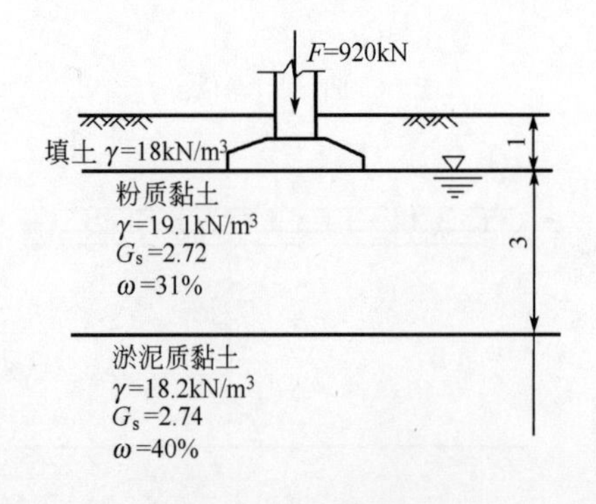

习题5-92图(尺寸单位:m)

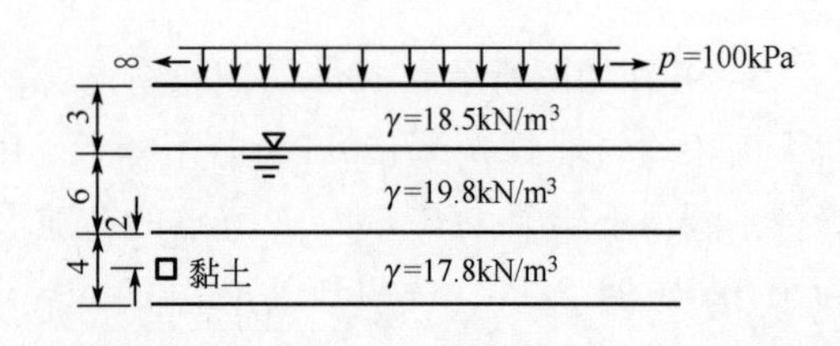

习题5-94图(尺寸单位:m)

室内压缩试验 *e-p* 关系　　　　习题 5-94 表

p(kPa)	0	35	87	173	346
e	1.060	1.024	0.989	1.079	0.952
p(kPa)	693	1 386	2 771	5 542	11 085
e	0.913	0.835	0.725	0.617	0.501

5-95. 如图厚度为8m的黏土层,上下层面均为排水砂层,已知黏土层孔隙比 $e_0=0.8$,压缩系数 $a=0.25\text{MPa}^{-1}$,渗透系数 $k=6.3\times10^{-8}\text{cm/s}$,地表瞬时施加一无限分布均布荷载 $p=180\text{kPa}$。试求:(1)加荷半年后地基的沉降;(2)黏土层达到50%固结度所需的时间。

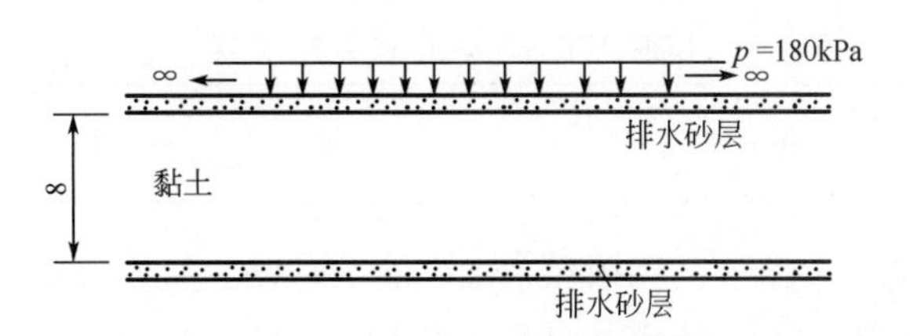

习题 5-95 图(尺寸单位:m)

5-96. 厚度为6m的饱和黏土层,其下为不可压缩的不透水层。已知黏土层的竖向固结系数 $c_v=4.5\times10^{-3}\text{cm}^2/\text{s}$,$\gamma=16.8\text{kN/m}^3$。黏土层上为薄透水砂层,地表瞬时施加无限均布荷载 $p=120\text{kPa}$。试求:(1)若黏土层已经在自重作用下完成固结,然后施加 p,则达到50%固结度所需的时间;(2)若黏土层尚未在自重作用下固结,则施加 p 后,达到50%固结度所需的时间。

5-97. 如图所示饱和黏土层,其上下土层均为透水砂层,黏土层渗透系数为1.8cm/年,压缩模量为6.67MPa,在地表作用大面积均布荷载。加载后经历一段时间,测得黏土层顶面的固结沉降为8.4cm,黏土层底面的固结沉降为3cm。试求:(1)大面积加载后所经历的时间;(2)若黏土层以下改为不透水的软岩层,达到同样的固结度所需的时间。(固结度 $U_t=1-\dfrac{8}{\pi^2}\cdot e^{-\frac{\pi^2}{4}T_v}$)

5-98. 在不透水土层上新近吹填5m厚的饱和软黏土如图所示,已知黏土的重度 $\gamma=18\text{kN/m}^3$,压缩模量 $E_s=1.5\text{MPa}$,固结系数 $c_v=1.9\times10^5\text{cm}^2/\text{年}$。试求:(1)填土0.5年后饱和软黏土层发生的沉降量;(2)填土0.5年后,在软黏土层上填筑路堤如图所示,路堤荷载(考虑为大面积堆载)为120kPa。则路堤填筑后又经过0.75年时软黏土层总计产生多少沉降量?(计算中假定路堤为透水性土,其填筑时间很快,软黏土在固结过程中 γ、E_s、c_v 值均不变)

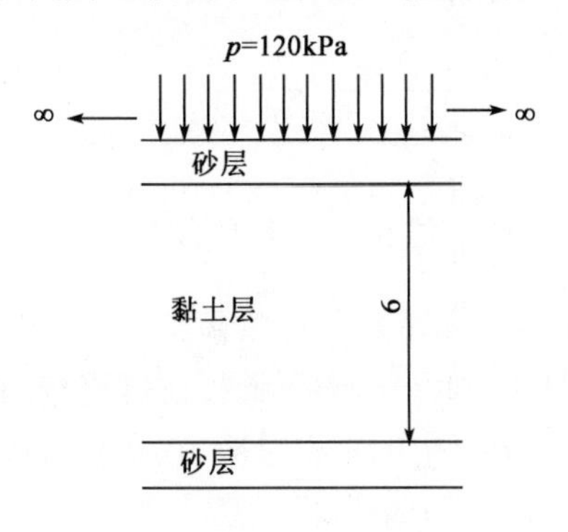

习题 5-97 图(尺寸单位:m)

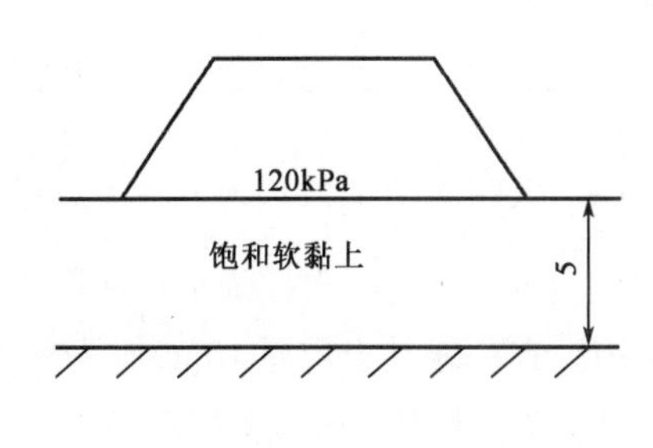

习题 5-98 图 1(尺寸单位:m)

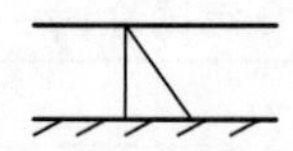

习题5-98 图2　三角形孔压分布

三角形孔压分布对应 $U_t \sim T_v$ 关系　　习题5-98 表1

T_V	0.3	0.4	0.5	0.9	1.0
U_t	0.5	0.6	0.7	0.9	0.92

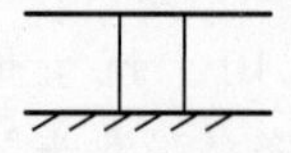

习题5-98 图3　矩形孔压分布

矩形孔压分布对应 $U_t \sim T_v$ 关系　　习题5-98 表2

T_V	0.4	0.5	0.6
U_t	0.7	0.77	0.82

5-99. 图示方形基础边长为5m，作用在基础底面中心处的荷载 $N=4\ 000\text{kN}$。3年后实测基础竖向沉降3.2cm。试求：(1)3年后该黏土层的平均固结度；(2)第4年一年的基础附加沉降。

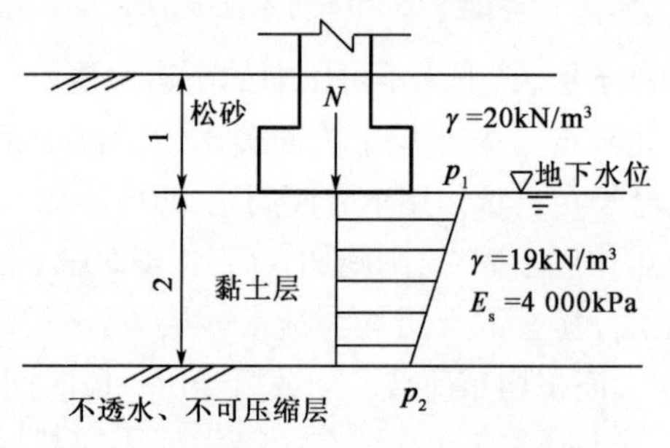

习题5-99 图(尺寸单位：m)

提示：假设附加应力沿深度线性变化，固结度计算公式为 $U_t=1-\dfrac{\left(\dfrac{\pi}{2}\alpha-\alpha+1\right)}{1+\alpha}\cdot\dfrac{32}{\pi^3}\cdot e^{-\frac{\pi^2}{4}T_v}$，其中 $\alpha=p_1/p_2$，p_1 和 p_2 分别是黏土层顶面和底面的附加应力值；方形均布荷载作用时，中点下竖应力系数 α_0 值可查下表。

习题5-99 表

深宽比 $m=z/b$	0	0.4	0.8	1.2	1.6
α_0	1.000	0.800	0.449	0.257	0.160

5-100. 单向固结度公式为 $U_t=1-\dfrac{8}{\pi^2}\cdot e^{-\frac{\pi^2}{4}T_v}$，土样室内固结试验测得固结度达到90%时所需时间为9min，这时土样的平均高度为1.94cm，则土样的固结系数 c_v 为多少？

5-101. 有一软黏土层厚10m，地下水位埋深0m，土体重度 $\gamma=17\text{kN/m}^3$，在自重作用下已固结完毕，如在地表作用有无限均布荷载 $p=50\text{kPa}$，试求土层中的垂直总应力、孔隙水压力及有效应力，并绘出它们在加荷前、加荷瞬间和固结完成后的分布曲线。

5-102. 地表下4m厚的黏土层，在顶面瞬时施加一无穷均布荷载 $p=100\text{kPa}$，两个月后在高程 0m 、-1m、-2m、-3m 、-4m 处,测得的超孔隙水压力分别为 0kPa、20kPa、40kPa、60kPa、80kPa,试估算黏土层的固结度。

5-103. 某基础底面尺寸为 4m×4m,埋深 2m,受中心荷载 5 000kN(包括基础自重及回填土重)的作用,地基土及性质指标见下列图表,地下水位位于基底处。试求:(1)基础底面中点下软黏土层的最终压缩量;(2)沉降稳定后,由于工程需要降低地下水位 2m 至软黏土层顶面处,则软黏土层的压缩量增加量是多少?

软黏土层的 *e-p* 关系 　　习题 5-103 表 1

压力 p(kPa)	50	100	200	300
孔隙比 e	0.960	0.900	0.835	0.770

$l/b=1.0$ 的矩形均布荷载角点下竖向应力系数 α 　　习题 5-103 表 2

z/b	0.5	1.0	1.8	2.8
α	0.231 5	0.175 2	0.099 6	0.050 2

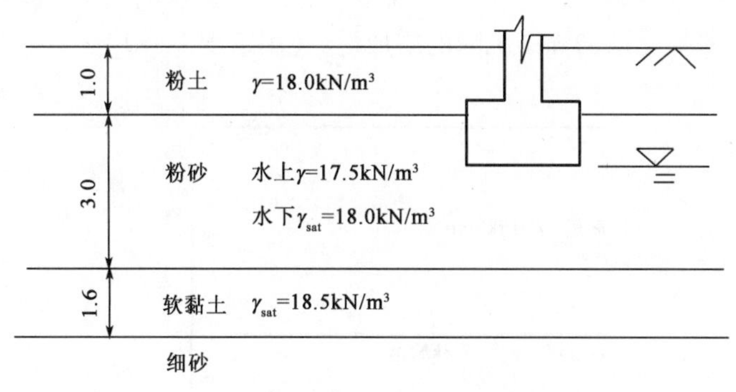

习题 5-103 图(尺寸单位:m)

5-104. 土层剖面见下图,黏土层中点处的压缩试验结果见下表,地下水位在地表处。试求:(1)若瞬时在地表大面积填筑 5m 厚填土(重度 18kN/m^3),试分别作出填土完成瞬时以及地基土层变形稳定后整个土层的总应力、孔隙水压力和有效应力随深度分布图;(2)地表填筑 5m 厚填土(重度为 18kN/m^3)后,变形稳定时黏土层的压缩量。

黏土层的 *e-p* 关系 　　习题 5-104 表

压力 p(kPa)	0	50	100	200	300
孔隙比 e	1.10	0.98	0.90	0.84	0.79

5-105. 有一矩形基础的底面尺寸为 6m×4m,埋置深度为 2m,基础底面中心荷载为 5 700kN(包括基础及其台阶上土重)。土层及指标如下图所示,已知饱和黏土层:$c_v=1.0\times10^{-4}\text{cm}^2/\text{s}$,$a=1.0\text{MPa}^{-1}$,$e_0=1.10$。试求:(1)饱和黏土层的最终压缩量(变形计算时不需再分小层);(2)加载 180d 后该黏土层的压缩量(假定荷载是一次加上的)。(固结度 $U_t=1-\dfrac{8}{\pi^2}\cdot e^{-\frac{\pi^2}{4}T_v}$)

矩形面积均布荷载角点下竖向应力系数 　　习题 5-105 表

z/b \ l/b	0.5	1.0	2.0
1.5	0.237 0	0.193 5	0.106 5

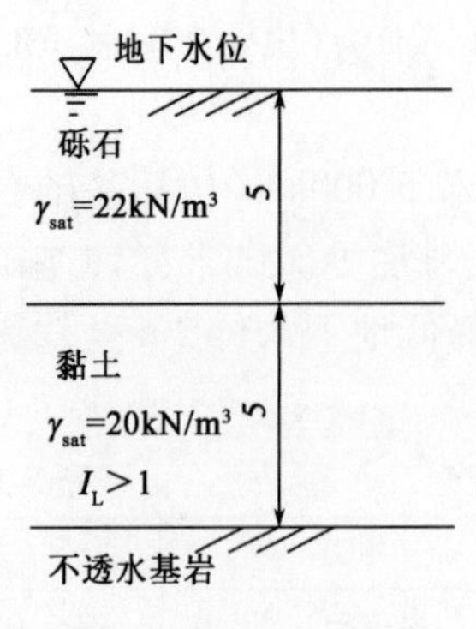

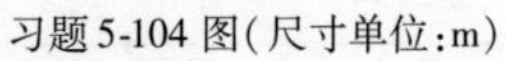

习题 5-104 图(尺寸单位:m)

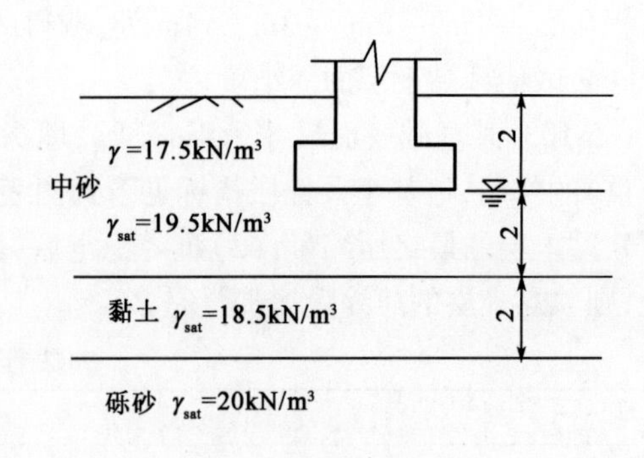

习题 5-105 图(尺寸单位:m)

5-106. 某地基的剖面情况及各土层性质如图所示,原地下水位在地基表面处。试求:(1)若地下水位骤降 3m,忽略砂层的重度变化,则由于黏土层固结所产生的最终固结沉降量(不计砂层变形沉降,不需要分层计算);(2)若水位骤降后 1 年,测得黏土层的固结沉降为 6.3mm,则再历时 1 年黏土层的固结沉降的增加量。(固结度 $U_t = 1 - \frac{8}{\pi^2} \cdot e^{-\frac{\pi^2}{4}T_v}$)

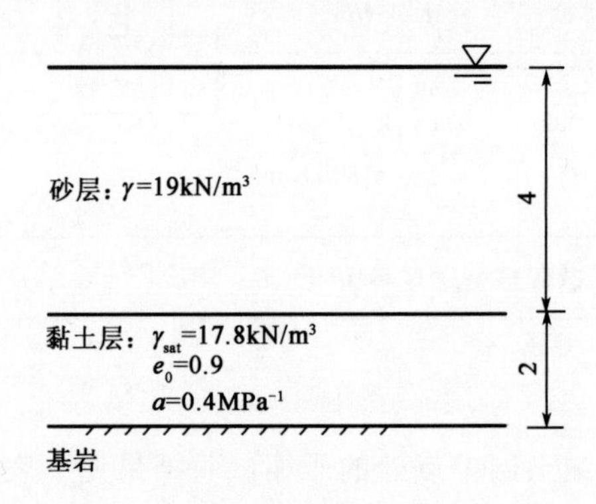

习题 5-106 图(尺寸单位:m)

第六章 土的抗剪强度

一、选择题

6-1. 饱和黏土在三轴固结不排水(CU)试验中,其剪破面与大主应力作用面的夹角(　　)。(注:φ'为有效应力指标)

A. 等于 $45° + \frac{\varphi'}{2}$　　B. 等于 $45° - \frac{\varphi'}{2}$　　C. 等于 $45°$　　D. 小于 $45° + \frac{\varphi'}{2}$

6-2. 在天然饱和黏性土地基上修建路堤,若路堤填土施工速度很快,则进行施工期的路基稳定分析时应选用(　　)强度指标。

A. 快剪　　B. 固结快剪　　C. 慢剪　　D. 排水固结

6-3. 土体剪切破坏时的破裂面发生在(　　)。

A. 最大剪应力作用面上

B. 与小主应力作用面成 $45° + \frac{\varphi}{2}$ 的平面上

C. 与小主应力作用面成 $45° - \frac{\varphi}{2}$的平面上

D. 大主应力作用面上

6-4. 某饱和黏土土样,分别用不固结不排水、固结不排水、固结排水试验,得到的内摩擦角指标为 φ_u、φ_{cu}、φ_{cd},三个指标的大小排序应为(　　)。

A. $\varphi_u < \varphi_{cu} < \varphi_{cd}$　　B. $\varphi_u > \varphi_{cu} > \varphi_{cd}$　　C. $\varphi_u < \varphi_{cd} < \varphi_{cu}$　　D. 不一定

6-5. 关于抗剪强度,下面说法正确的是(　　)。

A. 抗剪强度与总应力有唯一的对应关系,与有效应力之间没有唯一的对应关系

B. 抗剪强度与总应力和有效应力之间都没有唯一的对应关系

C. 抗剪强度与有效应力有唯一的对应关系,与总应力之间没有唯一的对应关系

D. 抗剪强度与总应力和有效应力之间都有唯一的对应关系

6-6. 土的抗剪强度指标是用(　　)获得的。

A. 固结试验　　B. 直剪试验　　C. 击实试验

6-7. 土体的强度破坏是(　　)。

A. 压坏　　B. 拉坏　　C. 剪坏

6-8. 饱和黏性土,在同一竖向压力 p 作用下进行快剪、固结快剪和慢剪,所得的强度最大的试验方法是(　　)。

A. 快剪　　B. 固结快剪　　C. 慢剪

6-9. 饱和黏性土在不同竖向压力 p_1、p_2、p_3($p_1 < p_2 < p_3$)作用下在直剪仪中进行快剪,所得的强度的关系是(　　)。

A. 三者强度相同　　B. p 越大,孔隙水压力越大,强度越低

C. p 越大,强度越大

6-10. 无黏性土的抗剪强度表达式为 $\tau = p\tan\varphi$,它所表示的抗剪强度是指(　　)。

A. p 作用下的峰值强度　　B. p 作用下的残余强度

C. p 作用下的最大剪应力值

6-11. 现场十字板试验得到的强度与室内(　　)试验方法测得的强度相当。

A. 慢剪　　B. 固结快剪　　C. 快剪

6-12. 在直剪试验中,若其应力—应变曲线没有峰值,剪切破坏的标准确定方法为(　　)。

A. 取最大值　　B. 取应变为 1/15 ~ 1/10 时的强度

C. 取应变为 1/25 ~ 1/20 时的强度

6-13. 灵敏度的概念是(　　)。

A. 慢剪强度与快剪强度之比　　B. 峰值强度与平均强度之比

C. 原状土强度与扰动土强度之比

6-14. 三个饱和土样进行三轴不固结不排水试验,其围压 σ_3 分别为 50kPa、100kPa、150kPa,最终测得的强度值差别在于(　　)。

A. σ_3 越大,强度越大　　B. σ_3 越大,孔隙水压越大,强度越小

C. 与 σ_3 无关,强度值相近

6-15. 有一饱和黏性土试样,进行三轴固结不排水试验,并测出孔隙水压力,可以得到一个总应力圆和有效应力圆,两个应力圆的大小关系是(　　)。

A. 总应力圆大　　B. 有效应力圆大　　C. 两个应力圆一样大

6-16. 有一饱和黏性土试样,分别在直剪仪中进行快剪和在三轴仪中进行不固结不排水试验,两种试验得到的强度理论上应为(　　)。

A. 相同　　B. 三轴大于直剪　　C. 直剪大于三轴

6-17. 直剪试验土样的破坏面在上下剪切盒之间,三轴压缩试验土样的破坏面在(　　)位

置上。

A. 与试样顶面夹角成45° B. 与试样顶面夹角成$45°+\frac{\varphi}{2}$

C. 与试样顶面夹角成$45°-\frac{\varphi}{2}$

6-18. 饱和黏性土试样进行三轴不固结不排水剪,并测出孔隙水压力 u,用总应力圆和有效应力圆整理得到的强度参数 φ 和 φ' 的关系是(　　)。

A. 有效应力 φ' 大于总应力 φ B. 总应力 φ 大于有效应力 φ'

C. $\varphi=\varphi'=0°$

6-19. 土的强度主要是与土中(　　)有关。

A. 总应力 B. 孔隙水应力 C. 有效应力

6-20. 有一个砂样,三轴试验时,在 $\sigma_3=100\text{kPa}$ 应力下,增加轴向应力使砂样破坏,已知砂样 $\varphi=30°$,则破坏时破坏面上的正应力为(　　)。

A. 250kPa B. 200kPa C. 150kPa

6-21. 一个饱和黏性土试样,在三轴仪内进行不固结不排水试验,则土样的破坏面应在(　　)位置。

A. 与水平面成45° B. 与水平面成60° C. 与水平面成75°

6-22. 一个密砂和一个松砂饱和试样,进行不固结不排水三轴试验,则破坏时试样中孔隙水压力(　　)。

A. 一样大 B. 松砂大 C. 密砂大

6-23. 对于常用的正常固结土的应力应变关系,邓肯—张模型是假定为(　　)。

A. 指数关系 B. 双曲线关系 C. 对数关系

二、判断题

6-24. 地基土中孔隙水压力越大,土的抗剪强度越高。 (　　)

6-25. 当土中某点 $\sigma_1=\sigma_3$ 时,该点不会发生剪切破坏。 (　　)

6-26. 一般压缩性小的地基土,若发生失稳,多为整体剪切破坏形式。 (　　)

6-27. 地基土的强度破坏是剪切破坏,而不是受压破坏。 (　　)

6-28. 土中应力水平越高,土越易破坏,说明土的抗剪强度越小。 (　　)

6-29. 由饱和黏性土的不排水剪切试验可得 $q_u=c_u=\frac{1}{2}(\sigma_1-\sigma_3)$,$\varphi_u=0°$,如果根据这个结果绘制有效应力强度包线,也可得到 $c'=\frac{1}{2}(\sigma_1'-\sigma_3')$ 及 $\varphi'=0°$。 (　　)

6-30. 由土的三轴剪切试验可知,如果应力路径不同,那么得到的有效应力抗剪强度指标在数值上存在较大的差异。 (　　)

6-31. 正常固结土的不固结不排水试验的破坏应力圆的包线是一条水平线,它说明土样的破坏面与最大剪应力面是一致的。 (　　)

6-32. 对某正常固结土进行固结排水剪和固结不排水剪,固结围压相同,则它们所得到的抗剪强度指标相同。 (　　)

三、计算题

6-33. 一个砂样进行直接剪切试验，竖向应力 $p = 100\text{kPa}$，破坏时剪应力 $\tau = 57.7\text{kPa}$，试求：(1)这时的大、小主应力 σ_1、σ_3；(2)大主应力轴和小主应力轴的方向。

6-34. 有一饱和黏性土试样，室内进行单轴无侧限压缩试验，土样破坏时的轴向应力 $q_u = 38\text{kPa}$。试求土的不排水强度。

6-35. 有一黏性土试样，其孔隙水压力参数 $B = 1$，$A = 0.35$，若进行单轴无侧限压缩试验，在竖向压力 $\sigma_1 = 42\text{kPa}$ 时破坏，试求破坏时土样中的孔隙水压力。

6-36. 有一黏性土试样，其孔隙水压力参数 $B = 1$，$A = 0.35$，若进行单轴无侧限压缩试验，破坏时轴向应力为 38kPa，试求破坏时有效大主应力 σ_1。

6-37. 有一黏性土试样，其孔隙水压力参数 $B = 1$，$A = 0.25$，若进行单轴无侧限压缩试验，破坏时轴向应力为 34kPa，试求破坏时侧向有效小主应力 σ_3。

6-38. 有一黏性土试样，其孔隙水压力参数 $B = 1$，$A = 0.35$，在直剪仪内进行固结快剪，竖向应力 $p = 75\text{kPa}$，破坏时剪应力 $\tau = 43.3\text{kPa}$，假定 $c' = c = 0$，静止土压力系数 $K_0 = 1$，试求土样的有效内摩擦角 φ'、破坏时的有效大小主应力及剪切面上的孔隙水压力。

6-39. 黏土试样的有效应力抗剪强度参数 $c' = 0$，$\varphi' = 20°$，进行常规不固结不排水三轴试验，三轴室压力 $\sigma_3 = 210\text{kPa}$，破坏时测得孔隙水压力 $u = 140\text{kPa}$，试求破坏时剪切面上的抗剪强度、应力圆的直径、有效大主应力、最大总主应力、增加的轴压。假定 $c = 0$，试求破坏时总应力抗剪强度参数 φ。

6-40. 黏土试样的有效应力抗剪强度参数 $c' = 0$，$\varphi' = 20°$，进行常规固结不排水三轴试验，三轴室压力 $\sigma_3 = 210\text{kPa}$ 不变，破坏时大小主应力差为 175kPa，试求破坏时的孔隙水压力、有效大小主应力。假定 $c = 0$，试求破坏时总应力抗剪强度参数 φ。

6-41. 有一黏土试样，对其进行常规三轴试验，三轴室压力 $\sigma_3 = 210\text{kPa}$ 不变，破坏时轴向压力增加了 175kPa，孔隙水压力为 42kPa。假定 $c' = 0$，试求该土样的有效应力抗剪强度参数 φ'。

6-42. 黏土试样的有效应力抗剪强度参数 $c' = 0$，$\varphi' = 20°$，进行常规固结不排水三轴试验，三轴室压力 $\sigma_3 = 210\text{kPa}$ 不变，破坏时测得孔隙水压力 $u = 50\text{kPa}$。试求破坏时轴向增加的压力。

6-43. 黏土试样的有效应力抗剪强度参数 $c' = 14\text{kPa}$，$\varphi' = 18°$，若试验时固结压力 $\sigma_3 = 70\text{kPa}$，做固结排水三轴试验，轴向压力增加多少时土样达到破坏？

6-44. 黏土试样有效应力抗剪强度参数 $c' = 14\text{kPa}$，$\varphi' = 18°$，做固结排水三轴试验，土样破坏时轴向压力为 101kPa。试求三轴室压力。

6-45. 清洁干砂试样的三轴试验，破坏时的竖向应力为 423kPa，侧向应力为 138kPa。试求破坏面上的法向应力和破坏面与水平面的夹角。

6-46. 有一土样在直剪仪先进行固结，竖向固结压力 80kPa，然后快速剪切，得到最大剪应力是 50kPa，如果土样的有效参数 $c' = 10\text{kPa}$，$\varphi' = 28°$。试求倾斜面上产生的超孔隙水压力及剪切面上的有效正应力。

6-47. 有一饱和黏土试样，在围压 70kPa 下固结，然后进行三轴不排水试验，同时增加 σ_1 和 σ_3，破坏时测得围压为 140kPa，偏压为 105kPa，若土样的孔压参数 $A = 0.2$，$B = 1.0$，试求破坏时土样中的孔隙水压力、有效大小主应力。假定 $c'=0$,试求土样的有效内摩擦角 φ'。

6-48. 有一饱和黏土试样,在围压 70kPa 下固结,然后进行三轴不排水试验,保持围压不变,增加轴力至 50kPa 时土样破坏,若土样的孔压参数 $A=0.2$,试求破坏时土样中的孔隙水压力、有效大小主应力。假定 $c'=0$,试求土样的有效内摩擦角 φ'。

6-49. 有一饱和黏土试样,在 $\sigma_3=70$kPa 应力下固结,然后在三轴不排水条件下增加轴力至 50kPa 时土样破坏。另一相同土样也在相同围压下固结,然后在不排水条件下增加室压至 140kPa,试求该土样破坏时的大主应力。若土样孔隙压力参数 $B=1$,$A=0$,试求第二个土样破坏时的有效大小主应力及有效应力圆和总应力圆的直径。

6-50. 有一饱和黏土试样,在 $\sigma_3=70$kPa 应力下固结,然后在三轴不排水条件下增加轴力至 50kPa 时土样破坏。若土样孔隙水压力参数 $B=1$,$A=0$,试求破坏时有效大主应力。假定 $c'=0$,试求土样有效内摩擦角 φ'。

6-51. 有三个饱和黏土试样,都在室压 $\sigma_3=70$kPa 下固结,然后在不排水条件下增加轴向压力使其破坏,若土样的孔隙水压力参数 A 分别为 0、0.5、1.0,破坏时的轴向压力相同,则破坏时的强度哪个最大?假定 $c'=0$,土样 φ'有何差异?

6-52. 超固结比 OCR 分别为 3 和 1 的两个饱和黏土试样,进行不固结不排水三轴试验,试求它们破坏时孔隙水压力有何差异。

6-53. 有一饱和黏土试样,在室压 σ_3 作用下固结,然后在不排水条件下增加轴向压力 $\Delta\sigma_1$ 使土样破坏,土样的孔隙水应力参数 $A=1.0$,试求土样破坏时的有效大小主应力。

6-54. 有一饱和黏土试样,在室压 σ_3 作用下固结,然后在不排水条件下增加轴向压力 $\Delta\sigma_1$ 使土样破坏,若土样 $c'=0$,$\varphi'=20°$,土样的孔隙水压力参数 $A=1.0$,试求土样破坏时的应力圆直径、有效小主应力。

6-55. 有一部分饱和黏性土试样,在 200kPa 的室压下完全固结,然后在不排水条件下把室压升至 400kPa,然后增加轴压至破坏,如果土的 $c'=15$kPa,$\varphi'=19°$,孔隙水应力参数 $B=0.8$,$A=0.36$,试求土样破坏时的有效大小主应力、轴压及孔隙水压力。

6-56. 有一部分饱和黏性土试样,在 200kPa 的室压下完全固结,然后在不排水条件下把室压升至 400kPa,这时测得的孔隙水压力为 160kPa,再增加轴压至土样破坏,破坏时测得总孔隙水压力为 222kPa,如果土的 $c'=15$kPa,$\varphi'=19°$,试求土的孔隙水压力参数 B 和 A、破坏时最大总应力 σ_1。

6-57. 有一饱和黏土试样,无侧限抗压强度为 141kPa,破坏时的孔压参数 $A=-0.2$,如果土的 $c'=7$kPa,$\varphi'=20°$,试求土样的初始孔隙水压力,破坏时有效侧压力、有效大主应力、有效应力圆圆心位置。

6-58. 有一饱和黏性土试样,置于三轴室中,测得初始孔隙水压力为 -44kPa,然后在不排水条件下施加围压 70kPa,并增加轴压至破坏,假定土样的 $c'=0$,$\varphi'=25°$,破坏时的孔压参数 $A_f=-0.2$,$B=1.0$,试求土样破坏时的有效应力圆直径和孔隙水压力。

6-59. 已知土中某点的大主应力 $\sigma_1=500$kPa,小主应力 $\sigma_3=200$kPa,试求应力圆的圆心坐标。

6-60. 已知某土样的排水剪指标 $c'=20$kPa,$\varphi'=26°$,当所受的总应力 $\sigma_1=500$kPa,$\sigma_3=220$kPa,土样内尚存在孔隙水压力 50kPa,试求该土样是否达到了极限平衡状态。

6-61. 已知某土样的峰值强度为 36kPa,残余强度为 7.5kPa,试求该土样的灵敏度。

6-62. 已知某土样原状土强度为36kPa，灵敏度为5，试求土样受扰动后强度。

6-63. 土样内摩擦角 $\varphi = 26°$，黏聚力 $c = 20\text{kPa}$，承受大主应力和小主应力分别为 $\sigma_1 = 450\text{kPa}$，$\sigma_3 = 150\text{kPa}$，试判断该土样是否达到极限平衡状态。

6-64. 设一组淤泥质黏土样共3个，进行三轴固结不排水试验，所施加的周围压力 σ_3 以及土样到达剪损时的强度值 $(\sigma_1 - \sigma_3)_f$ 分别列于表中。在施加 σ_3 以及到达 $(\sigma_1 - \sigma_3)_f$ 时测得的孔隙压力分别为 u_1 和 u_2，其数值大小亦列于表中。试求土的孔隙压力系数 A、B。

三轴固结不排水试验数据及孔隙压力系数 *A*、*B* 计算结果 习题6-64表

土样编号	σ_3	$(\sigma_1 - \sigma_3)_f$	u_1	u_2	A	B
1	100	92	95	65		
2	200	148	192	135		
3	300	250	282	210		

注：表中应力单位为kPa。

6-65. 对一组土样进行直接剪切试验，对应于各竖向荷载 P，土样在破坏状态时的水平剪力 T 如下表所示，若剪力盒的平面面积等于 30cm^2，试求该土的强度指标。

直接剪切试验数据 习题6-65表

竖向荷载 P(N)	水平剪力 T(N)	竖向荷载 P(N)	水平剪力 T(N)
50	78.2	150	92.0
100	84.2		

6-66. 对一组3个饱和黏性土试样进行三轴固结不排水剪切试验，三个土样分别在 σ_3 为100kPa、200kPa和300kPa的情况下进行固结，而剪破时的大主应力 σ_1 分别为205kPa、385kPa和570kPa，同时测得剪破时的孔隙水压力 u 依次为63kPa、110kPa和150kPa。试用作图法求该饱和黏性土的总应力强度指标 c_{cu}、φ_{cu} 和有效应力强度指标 c'、φ'。

6-67. 对一组砂土进行直剪试验，$\sigma = 250\text{kPa}$，$\tau_f = 100\text{kPa}$，试用应力圆求土样剪切面处大小主应力的方向。

6-68. 三轴试验数据如下表所示，试绘制 p-q 关系线并换算出 c、φ 值。

三 轴 试 验 数 据 习题6-68表

土 样 编 号	$p = \frac{1}{2}(\sigma_1 + \sigma_3)$	$q = \frac{1}{2}(\sigma_1 - \sigma_3)$
1	230	90
2	550	190
3	900	300

注：表中单位为kPa。

6-69. 正常固结饱和黏土试样在围压 $\sigma_3 = 100\text{kPa}$ 下固结，孔压消散后，关闭排水阀门，进行三轴不排水剪切试验。

(1)先增加三轴室压使 $\sigma_3 = 300\text{kPa}$，然后在垂直方向不断加荷，直至试样破坏，试样破坏前孔压系数 A 不变($A = 0.5$)。若已知该正常固结饱和黏土有效内摩擦角 $\varphi' = 30°$，计算试样破坏时垂直偏差应力 $\Delta\sigma_f$ 值及该土样不排水剪强度指标 c_{uu} 值；在上述相同条件下，如果 $\sigma_3 =$

400kPa,则相应的 $\Delta\sigma_f$ 及 c_{uu} 是多少？分别给出上述两个不排水剪试验的总应力圆和有效应力圆。

(2)如果该正常固结饱和黏土试样在围压 $\sigma_3=200$kPa下固结,关闭排水阀门,进行三轴不排水剪时围压 $\sigma_3=300$kPa,其余条件不变,试求试样破坏时相应的 $\Delta\sigma_f$ 及 c_{uu}。

6-70. 土样在围压 σ_3 下固结,然后进行排水剪。应力路径如图中 AB 所示,B 点在 K_f' 线上,K_f' 线通过原点,倾角 $\theta=30°$。若使应力路径线 AB 最短,试验中需不断减少周围压力及增加垂直压力。假设周围压力减少为 $-\Delta\sigma_3$,垂直压力增加为 $+\Delta\sigma_1$,当应力路径线 AB 最短时,试求 $\frac{\Delta\sigma_1}{\Delta\sigma_3}$。

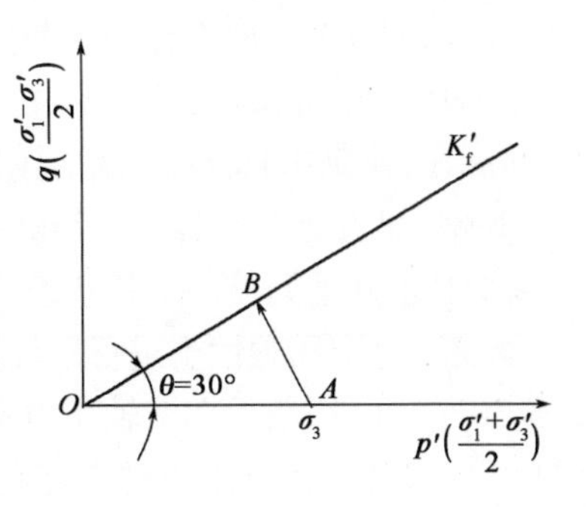

习题 6-70 图

6-71. 一组直剪试验结果如表所示,试用作图法求此土的抗剪强度指标 c、φ 值。

习题 6-71 表

法向应力(kPa)	100	200	300	400
抗剪强度(kPa)	67	119	161	251

6-72. 测得某一土样 $c=9.8$kPa, $\varphi=15°$,当该土样某点 $\sigma=280$kPa,$\tau=80$kPa 时,试判断该点土体是否已达到极限平衡状态。

6-73. 有一含水率较低的黏土样,作单轴无侧限压缩试验,当压力加到 90kPa 时,土样开始破坏,并呈现破裂面,此面与竖直线成 35°角,试求内摩擦角 φ 和黏聚力 c。

6-74. 有一黏土样进行固结不排水剪切试验,施加围压 $\sigma_3=200$kPa,试件破坏时主应力差 $\sigma_1-\sigma_3=280$kPa,如果破坏面与水平夹角 $\alpha=57°$,试求内摩擦角及破坏面上的法向应力和剪应力。

6-75. 砂土慢剪试验结果为破裂面上正应力 $\sigma=86$kPa,抗剪强度 $\tau_f=39$kPa,求 σ_1、σ_3。

6-76. 某饱和黏土进行三轴快剪试验,测得四个试样剪损时的最大主应力、最小主应力及孔隙水压力如下表所示,试用总应力法和有效应力法确定土的抗剪强度指标。

习题 6-76 表

σ_1(kPa)	145	218	310	401
σ_3(kPa)	60	100	150	200
$u_{超}$(kPa)	31	57	92	126

6-77. 对横断面 32.2cm^2 的粉质黏土样进行直接剪切试验得到以下成果,试求:(1)黏聚力 c;(2)内摩擦角 φ。

习题 6-77 表

法向荷载(kN)	1.0	0.5	0.25
破坏时的剪力(kN)	0.47	0.32	0.235

6-78. 对某饱和试样进行无侧限抗压强度试验,得无侧限抗压强度为 160kPa,如果对同种土进行三轴不固结不排水剪试验,周围压力为 180kPa,试求总竖向压应力为多少时试样将发

生破坏。

6-79. 对某干砂试样进行直剪试验，当 $\sigma=300\text{kPa}$ 时，测得 $\tau_f=200\text{kPa}$，试求：(1)干砂的内摩擦角 φ；(2)大主应力作用面与剪切破坏面所成的角度。

6-80. 某中砂试样，经三轴试验测得其内摩擦角 $\varphi=30°$，试验时围压 $\sigma_3=150\text{kPa}$，若竖向应力 σ_1 达到 200kPa，试求该土样是否被剪坏。

6-81. 已知饱和土样 $c'=25\text{kPa}$，$\varphi'=29°$，在 $\sigma_3=200\text{kPa}$ 下固结完成，$A_f=0.2$，试求 σ_1 等于多少时正好达到极限平衡状态。

6-82. 对饱和黏性土进行三轴固结排水剪试验，测得有效应力的抗剪强度参数 $c'=25\text{kPa}$，$\varphi'=30°$。(1)固结后在三轴压力室保持 300kPa 的压力条件下做不排水剪试验，破坏时的孔隙水压力为 150kPa，试求土的实际破坏面上的剪应力值及破坏面的方向；(2)在固结不排水试验时测得三轴室压力为 300kPa，轴向主应力差为 400kPa，试求破坏时的孔隙水压力及孔隙水压力系数 A_f、B。

6-83. 有一圆柱形试样，在 $\sigma_1=\sigma_3=100\text{kPa}$ 作用下，测得孔隙水压力 $u=40\text{kPa}$，然后沿 σ_1 方向施加应力增量 $\Delta\sigma_1=50\text{kPa}$，又测得孔隙水压力的增量 $\Delta u=32\text{kPa}$。试求：(1)孔隙水压力系数 B 和 A；(2)有效应力 σ'_1 和 σ'_3。

6-84. 已知饱和砂土 $\varphi=30°$，做三轴 CU 试验，试求：(1)施加围压 $\sigma_3=200\text{kPa}$ 后排水前的孔隙水压力 Δu_3 及孔压系数 B；(2)固结后施加轴压力，若破坏时的孔压系数 $A_f=0.2$，则破坏时的轴压力及孔隙水压力 Δu_1 为多少？(3)根据 Δu_1 确定有效内摩擦角 φ'。

6-85. 某条基下地基中某点应力为 $\sigma_z=250\text{kPa}$，$\sigma_x=100\text{kPa}$，$\tau_{zx}=40\text{kPa}$，已知土的 $\varphi=30°$，$c=0$，则该点是否破坏？若 σ_x 和 σ_z 不变，τ_{zx} 值增至 60kPa，则该点又如何？

6-86. 由无侧限抗压试验得某软黏土的无侧限抗压强度 $q_u=85\text{kPa}$，试绘出摩尔应力圆和土的抗剪强度曲线，并求出土的 c_u、φ 值。

6-87. 对某正常固结饱和黏性土样进行三轴剪切试验。先施加围压 100kPa 进行完全固结，然后在不排水条件下施加竖向偏应力 50kPa 达到破坏。试求固结不排水的强度指标。若已知土的强度指标 $\varphi'=28°$，则剪切破坏时超孔隙水压力是多少？

提示：正常固结的饱和黏性土 $c'=c_{cu}=0$。

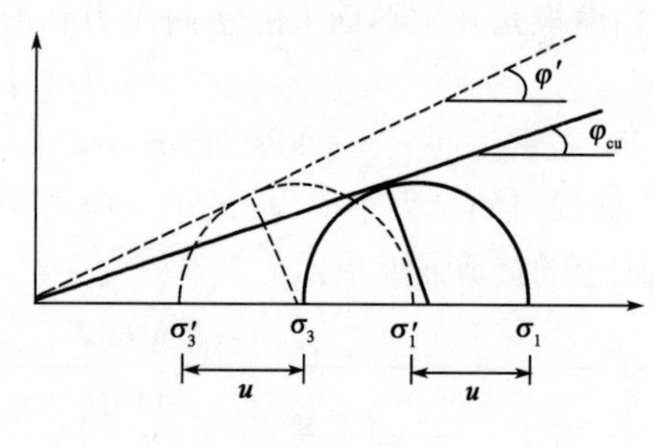

习题 6-87 图

6-88. 以一种黏土的两个试样进行固结不排水试验，试样破坏时，测得的结果如下表所示。

习题 6-88 表

试 样 号	σ_1	σ_3	孔压 u
1	200	90	50
2	300	160	80

试求：如黏土层中一个面上的法向有效应力为 150kPa，沿这个表面的抗剪强度是多少？

6-89. 已知黏性土的抗剪强度指标 $c'=0$，$\varphi'=30°$，现在对该土样进行固结不排水剪试验，若保持围压 $\sigma_3=100\text{kPa}$，试求：(1)在固结不排水试验中，破坏时的孔隙水压力 $u=50\text{kPa}$，则破坏时的最大有效主应力 σ'_1 和最大主应力 σ_1 是多少？(2)在固结不排水试验中，破坏时

$\sigma_1 - \sigma_3 = 150\text{kPa}$，则破坏时的孔隙水压力 u 是多少?

6-90. 某饱和黏性土在三轴仪中进行固结不排水试验，得 $c' = 0, \varphi' = 28°$，如果这个试件受到最大主应力 200kPa、最小主应力 150kPa 的作用，测得孔隙水压力 100kPa，该试件是否会破坏?

6-91. 某正常固结饱和黏性土试样，由 CU（三轴固结不排水）试验测得其有效抗剪强度指标为 $c' = 0, \varphi = 30°$，由 UU（不固结不排水）试验测得其不排水强度指标为 $\varphi_u = 0°, c_u = 10\text{kPa}$。试求：(1)试样在 UU 试验条件下剪切破坏时的有效大主应力和小主应力；(2)沿该土某个面法向快速加载直至法向应力等于 90kPa，加载刚结束时沿这个面的抗剪强度是多少？经很长时间后该面抗剪强度又是多少?

6-92. 某饱和黏土试样在三轴仪中进行固结不排水剪试验（CU 试验），施加的围压 $\sigma_3 = 100\text{kPa}$，试样破坏时的轴向偏应力 $\Delta\sigma_1 = (\sigma_1 - \sigma_3)_f = 180\text{kPa}$，CU 试验测得的强度指标 $\varphi_{cu} = 24°$。试求：(1)强度指标 c_{cu}、试样破裂面上的法向应力和剪应力；(2)依据上述 CU 试验测得 $c' = 6\text{kPa}, \varphi' = 36°$，如果试样在同样的围压下进行固结排水剪试验，则破坏时的大主应力 σ_{1f}是多少?

6-93. 有一圆柱形饱和黏土试样，在 $\sigma_3 = 0$ 条件下竖向加载至破坏，得到其无侧限抗压强度 $q_u = 100\text{kPa}$。试求：(1)若假设内摩擦角 $\varphi = 0$，其黏聚力的大小，并指出其剪切破坏面方向；(2)若试验中观察到剪切破坏面与大主应力作用面夹角为 52°，实际其黏聚力 c 的大小。

6-94. 已知某饱和正常固结黏土的有效应力抗剪强度指标 $c' = 0$，$\varphi' = 18°$。若对该黏土分别进行如下常规三轴试验，试求：(1)进行围压 200kPa 的固结排水试验，试样破坏时的偏差应力 $(\sigma_1 - \sigma_3)_f$；(2)进行围压 200kPa 的固结不排水试验，测得破坏时的偏差应力 $(\sigma_1 - \sigma_3)_f = 100\text{kPa}$，试样破坏时的孔隙水压力 u_f。

第七章

土压力计算

一、选择题

7-1. 影响墙后土压力大小的最关键因素是(　　)。

A. 挡土墙刚度　　B. 填土的渗透性　　C. 填土的应力历史　D. 挡土墙位移

7-2. 朗金土压力理论忽略了墙背与填土之间摩擦的影响,使得计算的(　　)。

A. 主动土压力偏大,被动土压力偏大　　B. 主动土压力偏小,被动土压力偏大

C. 主动土压力偏大,被动土压力偏小　　D. 主动土压力偏小,被动土压力偏小

7-3. 下列计算结果的偏差使设计偏危险的是(　　)。

A. 主动土压力 E_a 偏小,被动土压力 E_p 偏大

B. 主动土压力 E_a 偏大,被动土压力 E_p 偏小

C. 主动土压力 E_a 偏小,被动土压力 E_p 偏小

D. 主动土压力 E_a 偏大,被动土压力 E_p 偏大

7-4. 在设计挡土墙时,是否允许墙体有位移?(　　)

A. 不允许　　B. 允许　　C. 允许有很大位移

7-5. 地下室外墙面上的土压力应按(　　)土压力进行计算。

A. 静止　　B. 主动　　C. 被动

7-6. 如果土推墙而使挡土墙发生一定的位移,使土体达到极限平衡状态,这时作用在墙背上的土压力是(　　)。

A. 静止土压力　　B. 主动土压力　　C. 被动土压力

7-7. 按郎金土压力理论计算挡土墙背面上的主动土压力时，墙背是何种应力平面？(　　)

A. 大主应力作用平面　　B. 小主应力作用平面

C. 滑动面

7-8. 挡土墙背面的粗糙程度，对郎金土压力计算结果的直接影响为(　　)。

A. 使土压力变大　　B. 使土压力变小　　C. 对土压力无影响

7-9. 符合朗金条件，挡土墙后填土发生主动破坏时，滑动面的方向确定为(　　)。

A. 与水平面夹角 $45° + \frac{\varphi}{2}$　　B. 与水平面夹角 $45° - \frac{\varphi}{2}$

C. 与水平面夹角 $45°$

7-10. 在黏性土中挖土，最大直立高度 Z 为(　　)。

A. $Z = \frac{2c}{r}\tan\left(45° - \frac{\varphi}{2}\right)$　　B. $Z = \frac{2c}{r}\cot\left(45° - \frac{\varphi}{2}\right)$

C. $Z = \frac{2c}{r}\tan\left(45° + \frac{\varphi}{2}\right)$

7-11. 按库仑理论计算土压力时，可把墙背面当作(　　)。

A. 大主应力平面　　B. 小主应力平面　　C. 滑动面　　D. 都不正确

7-12. 按库仑理论计算作用在墙上的主动土压力时，墙背面是粗糙的好还是光滑的好？(　　)

A. 光滑的好　　B. 都一样　　C. 粗糙的好

7-13. 若挡土墙的墙背竖直且光滑，墙后填土水平，黏聚力 $c = 0$，采用朗金解和库仑解，得到的主动土压力差异在于(　　)。

A. 朗金解大　　B. 库仑解大　　C. 相同

7-14. 挡土墙后的填土应该密实些好，还是疏松些好？为什么？(　　)

A. 填土应该疏松些好，因为松土的重度小，土压力就小

B. 填土应该密实些好，因为土的 φ 大，土压力就小

C. 填土的密实度与土压力大小无关

7-15. 三种土压力的相对大小为：被动土压力 > 静止土压力 > 主动土压力，这三种土压力是否都是极限状态的土压力？如果不是，哪种土压力属于弹性状态的土压力？(　　)

A. 都是极限状态　　B. 主动土压力是弹性状态

C. 静止土压力是弹性状态

7-16. 库仑土压力理论通常适用于(　　)。

A. 黏性土　　B. 砂性土　　C. 各类土

7-17. 按库仑主动土压力计算时，挡土墙的墙背与填土的摩擦角 δ 对结果的影响为(　　)。

A. δ 越大，土压力越小

B. δ 越大，土压力越大

C. 与土压力大小无关，仅影响土压力作用方向

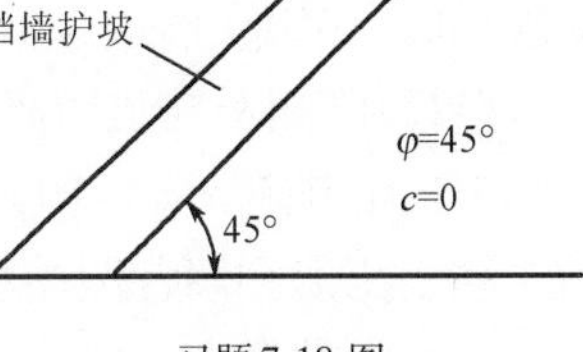

习题 7-18 图

7-18. 如图所示，在填土坡面上做挡墙护坡，作用在挡墙上

土压力的性质是(　　)。

A. 土压力为0　　B. 主动土压力　　C. 静止土压力　　D. 被动土压力

二、判断题

7-19. 库仑土压力理论假定土体的滑裂面是平面,计算结果对主动土压力偏差较小,而对被动土压力偏差较大。(　　)

7-20. 墙后填土的固结程度越高,作用在墙上的总推力就越大。(　　)

7-21. 库仑土压力理论的计算公式是根据滑动土体各点的应力均处于极限平衡状态而导出的。(　　)

三、计算题

7-22. 一挡土墙,墙背竖直光滑,墙后填土面水平,土的黏聚力 $c=0$,内摩擦角 $\varphi=25°$,静止土压力系数为 $K_0=1-\sin\varphi$,土的重度 $\gamma=18\text{kN/m}^3$。若出现以下三种情况:

(1)挡土墙的位移为0;

(2)挡土墙被土推动,发生一微小位移;

(3)挡土墙向着土发生一微小位移。

试分别求地面以下4m处的土压力。

7-23. 一挡土墙,墙背竖直光滑,墙后填土面水平,填土由两土层构成:4m以上为黏土,$\gamma_1=17\text{kN/m}^3$,$c_1=10\text{kPa}$,$\varphi_1=20°$,$K_0=1-\sin\varphi_1$,4m以下为砂层,$\gamma_2=18\text{kN/m}^3$,$c_2=0$,$\varphi_2=26°$,$K_0=1-\sin\varphi_2$。试求:(1)若墙不动,砂层顶面处和黏土层底面处的土压力;(2)若墙被土体推动,在4m深处砂层顶面处和黏土层底面处的土压力;(3)若墙推土发生一位移,在4m深处砂层顶面处和黏土层底面处的土压力。

7-24. 一挡土墙高4m,墙背竖直光滑,墙后填土面水平,填土 $c=10\text{kPa}$,$\varphi=20°$,$K_0=0.66$,$\gamma=17\text{kN/m}^3$,试求在下述三种情况下,作用在墙上土压力的合力及作用点的位置:

(1)挡土墙没有位移;

(2)挡土墙远离填土发生微小位移;

(3)挡土墙对着填土发生微小位移。

7-25. 一挡土墙高4m,墙背竖直光滑,墙后填土面水平,填土重度 $\gamma=17\text{kN/m}^3$,对填土进行了两次三轴试验,土样破坏时大小主应力分别为:$\sigma_1=150\text{kPa}$,$\sigma_3=60\text{kPa}$ 和 $\sigma_1=200\text{kPa}$,$\sigma_3=82\text{kPa}$。试求:(1)作用在墙底处的主动土压力和墙上的主动土压力的合力;(2)作用在墙底处的被动土压力和墙上的被动土压力的合力。

7-26. 挡土墙高4m,墙背竖直光滑,墙后填土面水平,填土重度 $\gamma=17\text{kN/m}^3$,对填土采样进行了两次直接剪切试验,试验结果分别为:$p_1=100\text{kPa}$,$\tau_1=52\text{kPa}$ 和 $p_2=150\text{kPa}$,$\tau_2=73\text{kPa}$。试求:(1)主动破坏时,作用在墙顶以下3m处的土压力和墙背上土压力的合力;(2)被动破坏时,作用在墙顶以下3m处的土压力和墙背上土压力的合力。

7-27. 已知一挡土墙高4m,墙背竖直光滑,墙后填土面水平,填土的基本性质如下:含水率 $w=35\%$,孔隙比 $e=1.10$,土粒比重 $G_s=2.68$,$c=8\text{kPa}$,$\varphi=22°$,试求:(1)墙顶以下3.5m处的主动土压力和墙背所受主动土压力的合力;(2)墙顶以下3.5m处的被动土压力和墙背所受被动土压力的合力。

7-28. 已知一挡土墙高4m,墙背竖直光滑,墙后填土面水平,要求填土在最佳含水率 w_{OP} = 20% 情况下夯实至最大干重度 $\gamma_d = 14.5kN/m^3$,并测得 $c = 8kPa$,$\varphi = 22°$。试求:(1)墙底处的主动土压力和墙背所受主动土压力的合力;(2)墙底处的被动土压力和墙背所受被动土压力的合力。

7-29. 一挡土墙高4m,墙背竖直光滑,墙后填土面水平,墙后填土为中砂,含水率 w = 25%,孔隙比 $e = 1.0$,土粒比重 $G_s = 2.60$,$c = 0$,$\varphi = 30°$,若地下水位自墙底处上升到地面,试求作用在墙背上的水土总压力合力和主动土压力,以及相应变化值。(砂的强度指标 c、φ 不变,$\gamma_w = 10kN/m^3$)

7-30. 一挡土墙高4m,墙背竖直光滑,墙后填土面水平,墙后填土为中砂,含水率 w = 25%,孔隙比 $e = 1.0$,土粒比重 $G_s = 2.60$,$c = 0$,$\varphi = 30°$,若地下水位自墙底处上升2m,假定砂的强度指标 c、φ 不变,$\gamma_w = 10kN/m^3$。试求:(1)作用在墙底处主动土压力和主动土压力的变化;(2)作用在墙底处的水土总压力及水土总压力的变化。

7-31. 一挡土墙高4m,墙背竖直光滑,墙后填土面水平,墙后填土为中砂,含水率 w = 25%,孔隙比 $e = 1.0$,土粒比重 $G_s = 2.60$,$c = 0$,$\varphi = 30°$,地下水位在填土表面以下2m处,水的重度取 $\gamma_w = 10kN/m^3$。试求:(1)作用在墙背上主动土压力的合力及其作用点的位置;(2)作用在墙背上水土总压力的合力及其作用点的位置。

7-32. 一挡土墙高4m,墙背竖直光滑,墙后填土面水平,填土为饱和黏性土,$\gamma_{sat} = 18kN/m^3$,$c = 0$,$\varphi = 22°$,静止侧压力系数 $K_0 = 0.60$,孔压参数 $B = 1$,$A = 0.35$,墙由静止状态突然发生一位移,使墙后填土达到主动破坏。试求墙顶下3m处瞬时发生的孔隙水压力和有效大主应力。

7-33. 一挡土墙高6m,墙背竖直光滑,墙后填土面水平,填土为黏性土,$\gamma = 18kN/m^3$,$c = 15kPa$,$\varphi = 20°$,为测量作用在墙背上的主动土压力,试求土压力盒的最小埋置深度。若墙后土面上有一均布荷载 $q = 10kPa$,此时压力盒的埋置深度又是多少?

7-34. 一挡土墙高6m,墙背竖直光滑,墙后填土面水平,$\gamma = 17kN/m^3$,$c = 18kPa$,$\varphi = 6°$,试求:(1)被动土压力合力 E_p 及作用点位置;(2)主动土压力合力 E_a 及作用点位置。

7-35. 一挡土墙高6m,墙背竖直光滑,墙后填土面水平,并有15kPa均布荷载,填土的孔隙率 $n = 40\%$,土粒比重 $G_s = 2.65$,$c = 0$,$\varphi = 30°$,地下水位在地表处,$\gamma_w = 10kN/m^3$,试求:(1)墙底主动土压力;(2)在墙背上的主动土压力合力及作用点位置;(3)墙背上的总压力合力及作用点位置。

7-36. 一挡土墙高6m,墙背竖直光滑,墙后填土面水平,并有15kPa均布荷载,地下水位在地面下3m处,水位以上土的孔隙率 $n = 40\%$,$w = 10\%$,土粒比重 $G_s = 2.65$;水位以下土的孔隙率 $n = 40\%$,土粒比重 $G_s = 2.65$,水位上下土的 c,φ 相同,$c = 0$,$\varphi = 30°$,试求墙底处的主动土压力和水土总压力。($\gamma_w = 10kN/m^3$)

7-37. 一挡土墙高6m,墙背竖直光滑,墙后填土面水平,并有15kPa均布荷载,地下水位在地表处,取土样进行固结快剪试验,土样在 $p = 100kPa$ 作用下,破坏时剪应力 $\tau = 44.5kPa$,若黏聚力 $c = 0$,水位以上土的重度 $\gamma = 17kN/m^3$,水位以下 $\gamma_{sat} = 18kN/m^3$,试求:(1)墙底处的主动土压力;(2)墙背上主动土压力的合力及其作用点位置;(3)墙背上水土总压力的合力及其作用点位置。

7-38. 一挡土墙高6m,墙背竖直光滑,墙后填土面水平,发生主动破坏时,墙后滑动面为与墙角水平面夹角成60°的斜面，土的重度 $\gamma = 17\text{kN/m}^3$，按库仑理论计算作用在墙上的主动土压力合力。

7-39. 一挡土墙高6m，墙背竖直光滑，墙后填土面水平，墙后填土分两层，地表下2m范围内土层 $\gamma_1 = 17\text{kN/m}^3$，$c_1 = 0$，$\varphi_1 = 32°$；2～6m内土层 $\gamma_2 = 19\text{kN/m}^3$，$c_2 = 10\text{kPa}$，$\varphi_2 = 16°$。试求：(1)第二层土顶面的主动土压力；(2)主动土压力合力及作用点位置。

7-40. 一挡土墙高5m，墙背竖直光滑，墙后填土面水平，墙后填土分两层，地表下2m范围内土层 $\gamma_1 = 16\text{kN/m}^3$，$c_1 = 12\text{kPa}$，$\varphi_1 = 30°$；2～5m内土层 $\gamma_{sat} = 20\text{kN/m}^3$，$c_2 = 10\text{kPa}$，$\varphi_2 = 25°$，地下水位在土层分界面处。试求：(1)第一层土底面的主动土压力；(2)第二层土顶面的主动土压力；(3)作用在墙背上的水土总压力合力及作用点位置。

7-41. 有一 $\varphi = 0°$ 的黏性土坡，土的重度 $\gamma = 17.5\text{kN/m}^3$，黏聚力 $c = 18\text{kPa}$，在坡顶有可能出现张拉裂缝。试求张拉裂缝的最大深度。

7-42. 用朗金土压力公式计算如图所示挡土墙上 a、b、c 三点的主动土压力分布及其合力。已知填土为砂土，填土面作用均布荷载 $q = 20\text{kPa}$。

7-43. 用水土分算法计算如图所示挡土墙上 a、b、c 三点的主动土压力及水压力的分布及其合力。已知填土为砂土，土的物理力学性质指标如图所示。

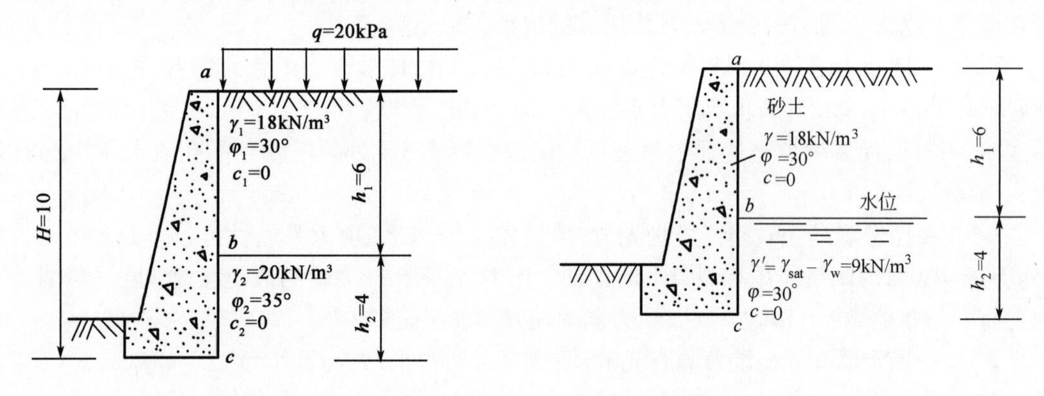

习题7-42图(尺寸单位:m)　　习题7-43图(尺寸单位:m)

7-44. 某挡土墙如图所示。已知墙高 $H = 5\text{m}$，墙背倾角 $\varepsilon = 10°$，填土为细砂，填土面水平($\beta = 0°$)，$\gamma = 19\text{kN/m}^3$，$\varphi = 30°$，$\delta = \varphi/2 = 15°$。按库仑理论求作用在墙上的主动土压力 E_a。

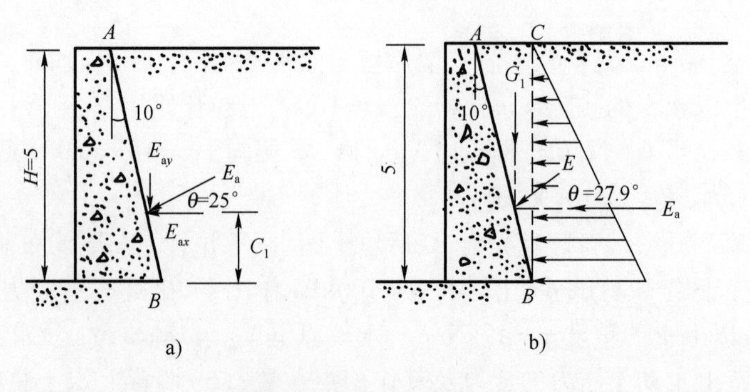

习题7-44图(尺寸单位:m)

7-45. 某公路路肩挡土墙如图所示。计算作用在每延米长挡土墙上由于汽车荷载引起的

主动土压力值 E_a。（已知路面宽 7m；荷载为汽车—15 级；填土重度 $\gamma=18\text{kN/m}^3$，内摩擦角 $\varphi=35°$，黏聚力 $c=0$，挡土墙高 $H=8\text{m}$，墙背摩擦角 $\delta=2/3\varphi$，伸缩缝间距 10m）

7-46. 按朗金土压力理论计算如图所示挡土墙上的主动土压力分布 p_a 及其合力 E_a。

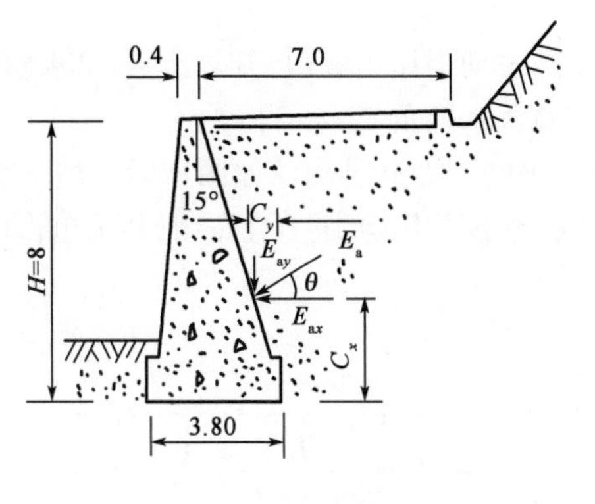

习题 7-45 图（尺寸单位：m）

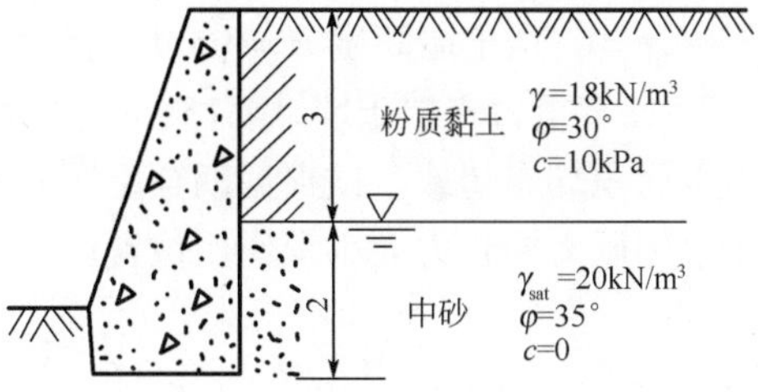

习题 7-46 图（尺寸单位：m）

7-47. 用朗金土压力理论计算如图所示拱桥桥台墙背上的静止土压力及被动土压力，并绘出其分布图。（已知桥台高度 $H=6\text{m}$。填土性质为：$\gamma=18\text{kN/m}^3$，$\varphi=20°$，$c=13\text{kPa}$；地基土为黏土，$\gamma=17.5\text{kN/m}^3$，$\varphi=15°$，$c=15\text{kPa}$；土的侧压力系数 $K_0=0.5$）

7-48. 用库仑土压力理论计算图中挡土墙上的主动土压力值及滑动面方向。（已知墙高 $H=6\text{m}$，墙背倾角 $\varepsilon=10°$，墙背摩擦角 $\delta=\varphi/2$；填土面水平 $\beta=0$，$\gamma=19.7\text{kN/m}^3$，$\varphi=35°$，$c=0$）

习题 7-47 图（尺寸单位：m）

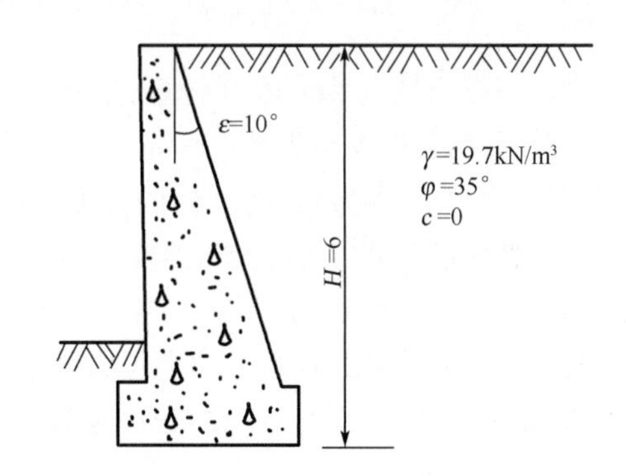

习题 7-48 图（尺寸单位：m）

7-49. 计算如图所示 U 形桥台上的主动土压力值。考虑台后填土上有汽车荷载作用。

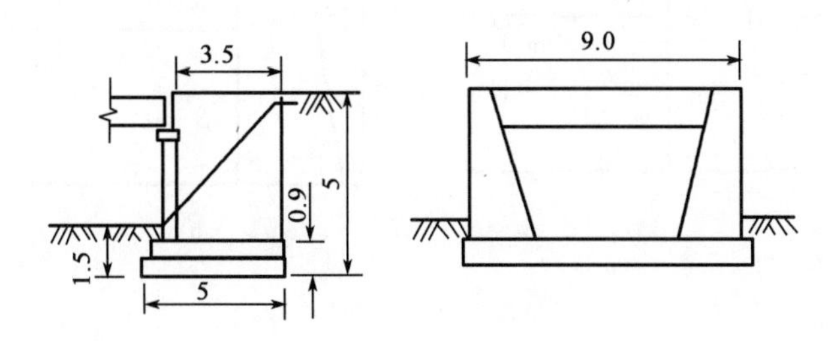

习题 7-49 图（尺寸单位：m）

已知:(1)桥面净宽为净—7,两侧各设 0.75m 人行道,台背宽度 $B=9\text{m}$;

(2)荷载等级为汽车—15 级;

(3)台后填土性质:$\gamma=18\text{kN/m}^3$,$\varphi=30°$,$c=0$;

(4)桥台构造见图,台背摩擦角 $\delta=15°$。

7-50. 用库仑土压力理论计算如图所示挡土墙上的主动土压力。(已知填土 $\gamma=20\text{kN/m}^3$,$\varphi=30°$,$c=0$;挡土墙高度 $H=5\text{m}$,墙背倾角 $\varepsilon=10°$,墙背摩擦角 $\delta=\varphi/2$)

7-51. 某重力式挡土墙,墙背直立、光滑,墙后填土面水平,土层剖面如图所示。填土表面上有大面积均布超载。试根据朗金土压力理论绘出主动土压力、水压力分布图,并求出作用于挡土墙侧压力的合力大小及作用位置。

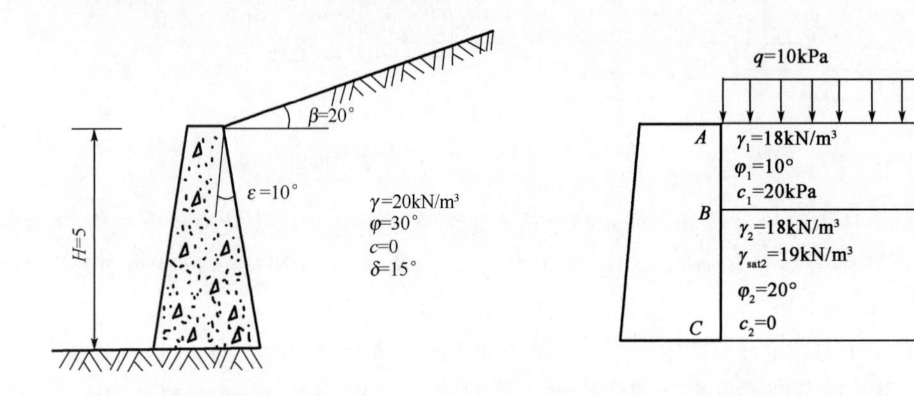

习题 7-50 图(尺寸单位:m)　　习题 7-51 图(尺寸单位:m)

7-52. 一挡土墙高 4m,墙背竖直、光滑,填土水平,墙后填土为中砂,含水率 $w=25\%$,孔隙比 $e=1.0$,土粒重度 $\gamma_s=26\text{kN/m}^3$,$c=0$,$\varphi=30°$,若地下水位自墙底处上升到地面,则作用在墙底处的主动土压力为多少?(砂的强度指标 c、φ 不变,$\gamma_w=10\text{kN/m}^3$)

7-53. 某足够长挡土墙高 5m,墙背直立、光滑,墙后填土为砂土,填土面水平,共分两层,各层的物理力学指标如图 a)所示。现改用两层黏土填筑,各层已知的物理力学指标如图 b)所示。已知填筑两层黏土后的主动土压力强度正好为填筑两层砂土时的 2 倍。试求:(1)加在黏土表面均布荷载 p 的大小;(2)第一层黏土的重度 γ_3 大小;(3)第二层黏土的重度 γ_4 和黏聚力 c_4 大小。

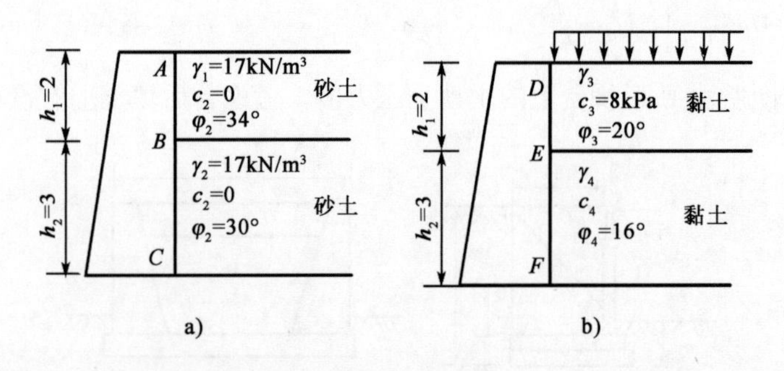

习题 7-53 图(尺寸单位:m)

7-54. 某重力式挡土墙,墙背直立、光滑,墙后填土面水平,地下水位位于黏土与砂土的分界面上,土层剖面如图所示。试用朗金主动土压力理论计算:(1)挡土墙上的水压力、土压力值(画出水、土压力分布图,并确定合力及其作用位置);(2)若挡土墙后的地下水位下降2m,则此时作用在挡土墙上的水、土合力的变化量。

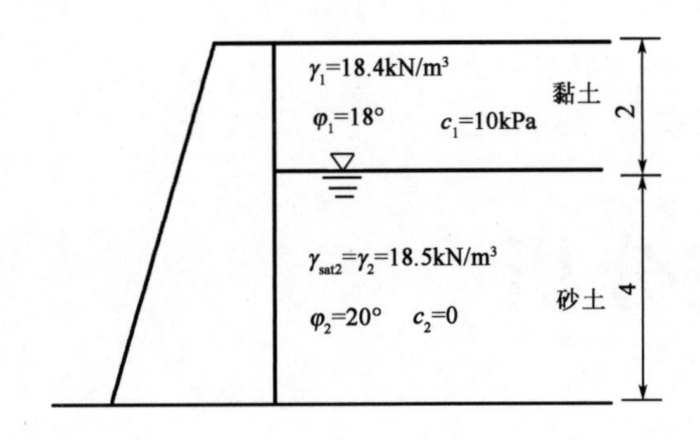

习题7-54图(尺寸单位:m)

第八章 土坡稳定分析

一、选择题

8-1. 均质无黏性土边坡的稳定性(　　)。

A. 与坡高和坡角均无关　　B. 与坡高有关,与坡角无关

C. 与坡高和坡角均有关　　D. 与坡高无关,与坡角有关

8-2. 简化毕肖普条分法在分析土坡稳定时,忽略了土条间的(　　)。

A. 法向力　　B. 剪切力　　C. 法向力和切向力　　D. 孔隙水压力

8-3. 与边坡稳定因数(N_s)没有关联的参数指标是(　　)。

A. 黏聚力(c)　　B. 重度(γ)　　C. 坡高(H)　　D. 临界水头梯度(i_{cr})

8-4. 某黏性土简单土坡坡高为8m,土性指标$\gamma=18\text{kN/m}^3$,$c=27\text{kPa}$。若其稳定因数$N_s=8.0$,则该土坡的稳定安全系数K为(　　)。

A. 0.67　　B. 1.5　　C. 2.5　　D. 其他答案

8-5. 对于大堤护岸边坡,当河水高水位骤降到低水位时,对边坡稳定性的影响在于(　　)。

A. 边坡稳定性降低　　B. 边坡稳定性无影响　　C. 边坡稳定性有提高

8-6. 在地基稳定分析中,如果采用$\varphi=0°$圆弧法,这时土的抗剪强度指标应该采用(　　)方法测定。

A. 三轴不固结不排水试验　　B. 直剪试验慢剪

C. 静止土压力　　D. 标准贯入试验

8-7. 如图所示,圆弧分析中若取土的骨架作为隔离体,分析土条 i 时,下列选项正确的是(　　)。

A. W_i 由浮重度确定;$F_i=0$;U_i 由流网确定;φ_i 用有效应力指标 φ_i'

B. W_i 由浮重度确定;$U_i=0$;F_i 由流网确定;φ_i 用有效应力指标 φ_i'

C. W_i 由饱和重度确定;$F_i=0$;U_i 由流网确定;φ_i 用有效应力指标 φ_i'

D. W_i 由浮重度确定;$U_i=0$;F_i 由流网确定;φ_i 用不排水剪指标 φ_u

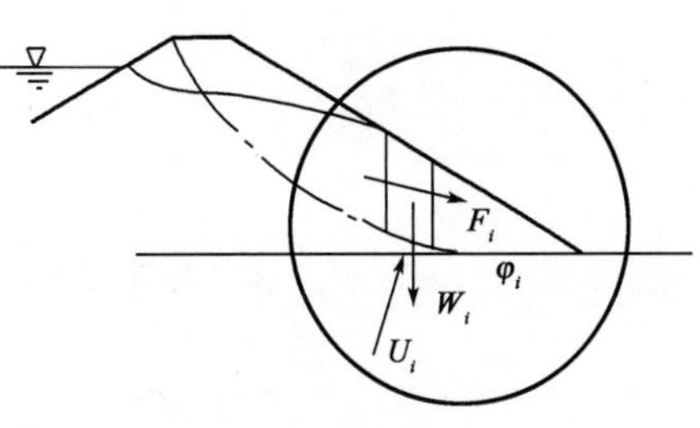

习题 8-7 图

W_i-土条重力;F_i-土条渗透力;

U_i-滑弧面上孔隙水压力

8-8. 在土坡稳定分析中,如采用圆弧法,这时土的抗剪强度指标应采用(　　)测定。

A. 三轴固结不排水试验　　B. 直剪试验慢剪

C. 三轴固结排水试验　　D. 标准贯入试验

二、判断题

8-9. 当土坡内某一滑动面上作用的滑动力达到土的抗压强度时,土坡即发生滑动破坏。(　　)

8-10. 在饱和黏性土地基上快速修筑路堤形成路堤边坡,当填土结束时,边坡的稳定性应采用不固结不排水总应力方法来分析。(　　)

8-11. 饱和黏土填方边坡的安全系数在施工刚结束时最小,并随着时间的增长而增大。(　　)

8-12. 摩擦圆法、费伦纽斯法及泰勒分析方法都是土坡圆弧滑动面的整体稳定分析方法。(　　)

8-13. 泰勒分析简单土坡的稳定性时,假定滑动面上土的黏聚力首先得到充分发挥,以后才由土的摩阻力补充。(　　)

三、计算题

8-14. 如图所示简单土坡,已知土坡高度 $H=8\text{m}$,坡角 $\beta=45°$,土的性质为:$\gamma=19.4\text{kN/m}^3$,$\varphi=10°$,$c=25\text{kPa}$。试用泰勒的稳定因数曲线计算土坡的稳定安全系数。

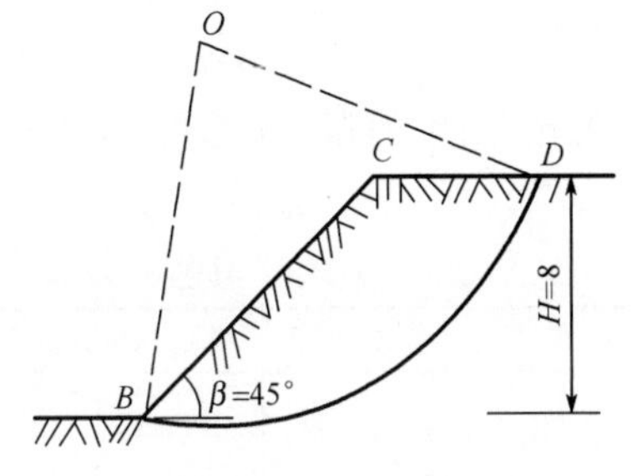

习题 8-14 图(尺寸单位:m)

8-15. 某土坡如图所示。已知土坡高度 $H=6\text{m}$,坡角 $\beta=55°$,土的重度 $\gamma=18.6\text{kN/m}^3$,土的内摩擦角 $\varphi=12°$,黏聚力 $c=16.7\text{kPa}$。试用条分法验算土坡的稳定安全系数。

8-16. 用简化毕肖普条分法计算习题 8-15 土坡的稳定安全系数。

8-17. 某土坡如图所示。已知土坡高度 $H=8.5\text{m}$,土坡坡度为 1∶2,土的重度 $\gamma=19.6\text{kN/m}^3$,内摩擦角 $\varphi=20°$,黏聚力 $c=18\text{kPa}$。试用杨布法计算土坡的稳定安全系数。

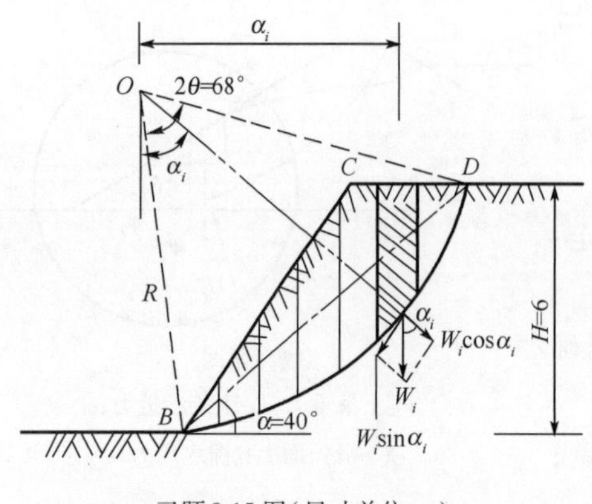

习题 8-15 图(尺寸单位:m)

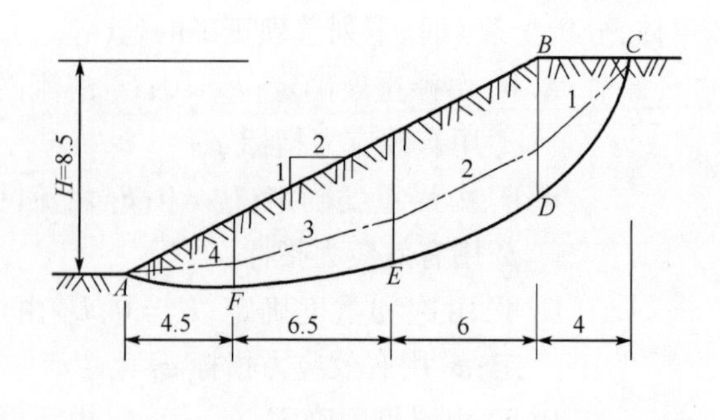

习题 8-17 图(尺寸单位:m)

8-18. 有一土坡坡高 $H = 5\text{m}$,已知土的重度 $\gamma = 18\text{kN/m}^3$,土的强度指标 $\varphi = 10°$,$c = 12.5\text{kPa}$,要求土坡的稳定安全系数 $K \geqslant 1.25$,试用泰勒图表法确定土坡的容许坡角 β 值及最危险滑动面圆心位置。

8-19. 已知某土坡坡角 $\beta = 60°$,土的内摩擦角 $\varphi = 0°$。试按费伦纽斯方法及泰勒方法确定其最危险滑动面圆心的位置,并比较两者得到的结果是否相同。

8-20. 设土坡高度 $H = 5\text{m}$,坡角 $\beta = 30°$,土的重度 $\gamma = 19\text{kN/m}^3$,土的抗剪强度指标 $\varphi = 0°$,$c = 18\text{kPa}$。试用泰勒方法分别计算:在坡脚下 2.5m、0.75m、0.255m 处有硬层时,土坡的稳定安全系数及圆弧滑动面的形式。

8-21. 用条分法计算如图所示土坡的稳定安全系数。(按有效应力法计算)

已知土坡高度 $H = 5\text{m}$,边坡坡度为 1∶1.6(即坡角 $\beta = 32°$),土的性质及试算滑动面圆心位置如图所示。

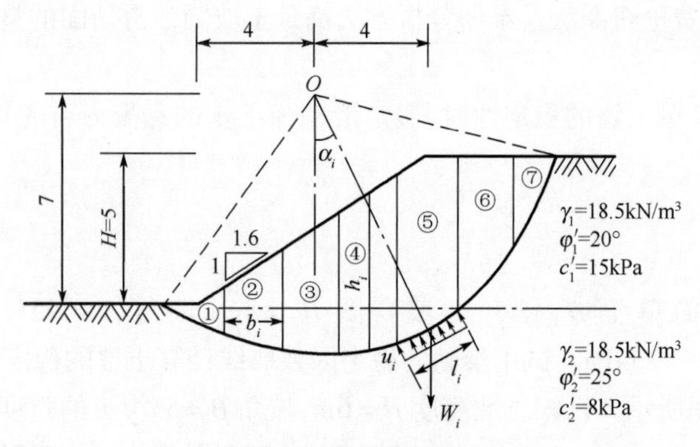

习题 8-21 图(尺寸单位:m)

计算时将土条分成 7 条,各土条宽度 b_i、平均高度 h_i、倾角 α_i、滑动面弧长 l_i 及作用在土条底面的平均孔隙水压力 u_i 均列于下表。

土条计算数据　　习题 8-21 表

土 条 编 号	b_i(m)	h_i(m)	α_i	l_i(m)	u_i(kN/m²)
1	2	0.7	−27.7°	2.3	2.1
2	2	2.6	−13.4°	2.1	7.1
3	2	4.0	0°	2.0	11.1

续上表

土条编号	b_i(m)	h_i(m)	α_i	l_i(m)	u_i(kN/m^2)
4	2	5.1	13.4°	2.1	13.8
5	2	5.4	27.7°	2.3	14.8
6	2	4.0	44.2°	2.8	11.2
7	2	1.8	68.5°	3.2	5.7

8-22. 用毕肖普法（考虑孔隙水压力作用时）计算习题8-20土坡稳定安全系数。（第一次试算时假定安全系数 $K=1.5$）

8-23. 在岩层面上有一层黏土覆盖（如图所示），厚度 $z=3$m，土与岩层间的摩擦角 $\varphi=28°$，黏聚力$c=10$kPa，黏土的水上重度为 $\gamma=20$kN/m^3，水下重度为 $\gamma_w=10$kN/m^3，渗流水位线在黏土层中，与岩面垂直距离 1.5m，岩面倾角 $\beta=20°$，若不考虑渗流力的作用，试求边坡的安全系数。

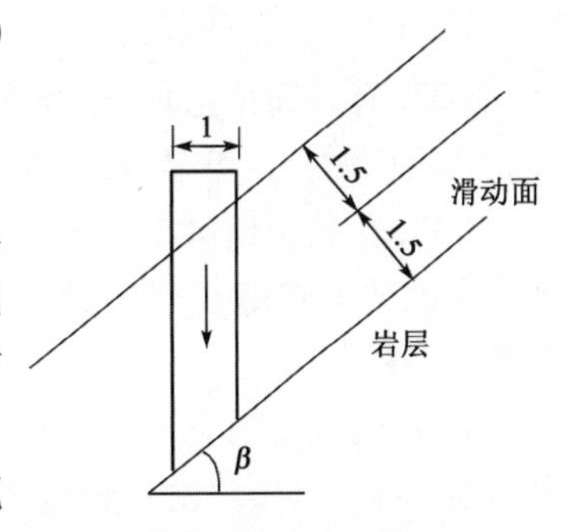

习题 8-23 图（尺寸单位：m）

8-24. 有一无黏性边坡，坡角 $\beta=23°$，水流沿坡面向下流动。若土的内摩擦角 $\varphi=30°$，土的饱和重度 $\gamma_{sat}=19$kN/m^3，有效重度 $\gamma'=9$kN/m^3。试求：(1) 土坡中任意两点之间的水头梯度；(2) 单位体积渗流力；并判别此时边坡是否安全。（$\gamma_w=10$kN/m^3）

8-25. 有一黏性土土坡，在坡顶出现一条深为 1.68m 的张拉裂缝。若最危险滑动圆心距坡顶垂直距离为 3m，当裂缝被水充满时，会产生多大的附加滑动力矩？（$\gamma_w=10$kN/m^3）

8-26. 有一黏性土土坡，在坡顶出现一条深为 1.68m 的张拉裂缝。若最危险滑动圆心距坡顶垂直距离为 3m，抗滑力矩为 4 278.56kN · m，滑动力矩为 3 536kN · m，当裂缝被水充满时，边坡的安全系数为多少？

8-27. 坡度 1∶1的情况下，土的内摩擦角 φ 与泰勒稳定因数 N_s 的关系如下表所示。

习题 8-27 表

φ(°)	N_s	φ(°)	N_s
5	7.35	15	12.04
10	9.26		

若边坡的坡角 $\beta=45°$，坡高 $H=6$m，土的 $\varphi=12.5°$，$c=15$kPa，$\gamma=17$kN/m^3。试求边坡黏聚力的安全系数。

8-28. 坡度 1∶1的情况下，内摩擦角 φ 与泰勒稳定因数 N_s 的关系如下表所示。

习题 8-28 表

φ(°)	N_s	φ(°)	N_s
5	7.35	15	12.04
10	9.26		

若现场土的 $\varphi=12.5°$，$c=12$kPa，$\gamma=17$kN/m^3，开挖 1∶1坡度的基坑，并要求满足安全系数 $K\geqslant1.3$。试求最大开挖深度。

8-29. 一均质河堤堤岸，坡度 1∶1，坡高 5.5m，土的性质为 $\varphi=12.5°$，$c=15$kPa，孔隙比$e=0.9$，土粒比重 $G_s=2.70$，查得泰勒稳定因数 $N_s=10.65$，试求当河水水位在堤顶时，岸坡的安

全系数为多少？（假定土的物理力学性质指标不随水位而变化）

8-30. 一均质河堤堤岸，坡度1∶1，坡高6.5m，土的性质为$\varphi = 12.5°$，$c = 15\text{kPa}$，孔隙比$e = 0.9$，土粒比重$G_s = 2.70$，查得泰勒稳定因数$N_s = 10.65$，试求当河水水位从堤顶骤降至堤底时，河堤安全系数为多少？（假定土的物理力学性质指标不随水位而变化）

8-31. 在$c = 15\text{kPa}$，$\varphi = 10°$，$\gamma = 18.2\text{kN/m}^3$的黏性土中，开挖6m深的基坑，要求边坡的安全系数为$K = 1.5$，试求边坡的坡角β。（已知$\varphi = 10°$时，$\beta = 15°$，$N_s = 43.48$；$\beta = 30°$，$N_s = 12.58$；$\beta = 45°$，$N_s = 9.26$）

8-32. 有一简单边坡，坡高为7m，坡角$\beta = 45°$，土的$\varphi = 10°$，$c = 18\text{kPa}$，$\gamma = 18\text{kN/m}^3$，查得泰勒稳定因数$N_s = 9.2$，若在坡度不变的情况下加高2m，试求土坡安全系数。

8-33. 在软土地区挖一深度为6m的基坑，已知土的$\varphi = 5°$，$c = 15\text{kPa}$，$\gamma = 17.5\text{kN/m}^3$，由泰勒稳定因数图查得$\beta = 50°$，$N_s = 7.0$；$\beta = 40°$，$N_s = 7.9$；$\beta = 30°$，$N_s = 9.2$；$\beta = 20°$，$N_s = 11.7$。试求基坑的极限坡度。

8-34. 已知土的$\varphi = 5°$，$c = 15\text{kPa}$，$\gamma = 17.5\text{kN/m}^3$。欲挖深度为6m的基坑，要求边坡的安全系数不小于1.3。由泰勒稳定因数图查得$\beta = 50°$，$N_s = 7.0$；$\beta = 40°$，$N_s = 7.9$；$\beta = 30°$，$N_s = 9.2$；$\beta = 20°$，$N_s = 11.7$。试求边坡的最大坡角。

8-35. 在$\varphi = 5°$，$c = 15\text{kPa}$，$\gamma = 18\text{kN/m}^3$的软土中，开挖深度为5.5m的基坑，原设计坡角$\beta = 35°$，但施工时实际坡角$\beta = 50°$，试求该边坡的安全度的变化。（$\beta = 50°$，$N_s = 7.0$；$\beta = 40°$，$N_s = 7.9$；$\beta = 30°$，$N_s = 9.2$）

8-36. 在$\varphi = 5°$，$c = 15\text{kPa}$，$\gamma = 18\text{kN/m}^3$的软土中，开挖深度为5.5m的基坑，设计坡角$\beta = 35°$，现坡顶卸土，将坡高减少0.5m，试求边坡的安全度提高大小。（$\beta = 35°$，$N_s = 8.5$）

8-37. 试求如图所示土条的滑动力矩。（土的重度$\gamma = 17\text{kN/m}^3$，$\varphi = 18°$，$c = 10\text{kPa}$）

8-38. 试求如图所示土条的滑动面上，由黏聚力产生的抗滑力矩。（土的重度$\gamma = 17\text{kN/m}^3$，$\varphi = 18°$，$c = 10\text{kPa}$）

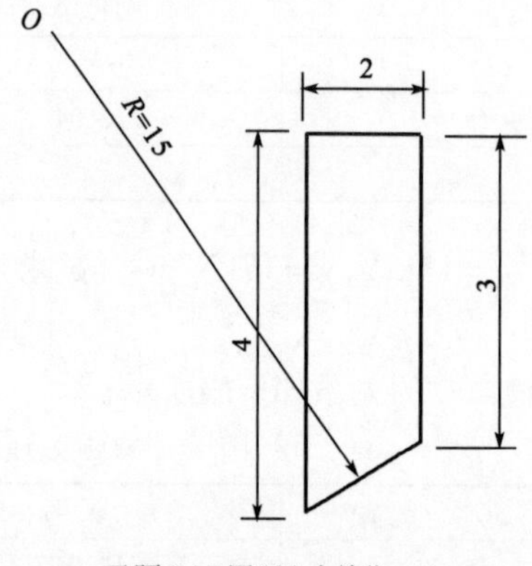

习题8-37图（尺寸单位：m）

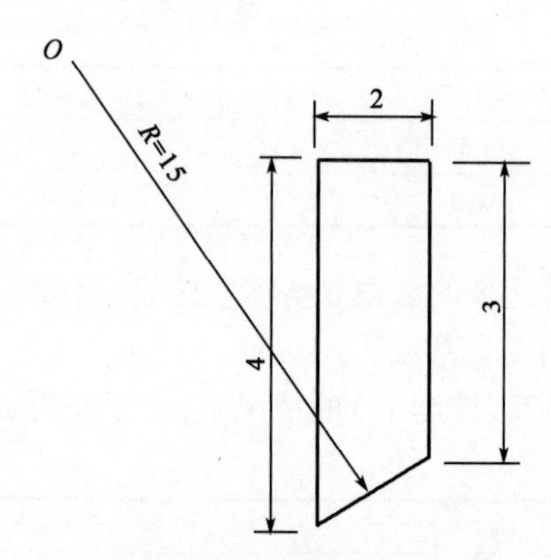

习题8-38图（尺寸单位：m）

8-39. 试求如图所示土条由摩擦阻力产生的抗滑力矩。（土的重度$\gamma = 17\text{kN/m}^3$，$\varphi = 18°$，$c = 10\text{kPa}$）

8-40. 试求如图所示土条的稳定安全系数。（土的重度$\gamma = 17\text{kN/m}^3$，$\varphi = 18°$，$c = 10\text{kPa}$）

8-41. 试求如图所示土条的稳定安全系数。（土的重度$\gamma = 17\text{kN/m}^3$，$\gamma_{sat} = 19\text{kN/m}^3$，$\varphi = 18°$，$c = 10\text{kPa}$，$\gamma_w = 10\text{kN/m}^3$）

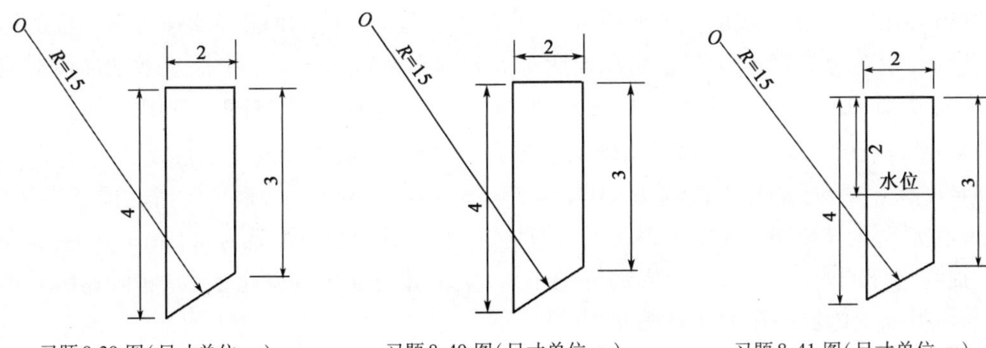

习题 8-39 图（尺寸单位：m）　习题 8-40 图（尺寸单位：m）　习题 8-41 图（尺寸单位：m）

8-42. 试求如图所示土条滑动面上有超孔隙水压力存在时的稳定安全系数。（土的重度 $\gamma = 18\text{kN/m}^3$，$c' = 5\text{kPa}$，$\varphi' = 24°$，$u = 5\text{kPa}$）

8-43. 如图所示边坡不考虑地下水渗流时，绕 O 点转动的抗滑力矩为 1 840.9kN · m，滑动力矩为 1 553.1kN · m，若水位骤降至图示状态，计算得到浸润线与滑动面之间的面积为 14.56m^2，面积形心至滑动面圆心距离 $r = 7.35\text{m}$，流线与水平线的夹角为 30°，试求有渗流发生时边坡的安全系数。

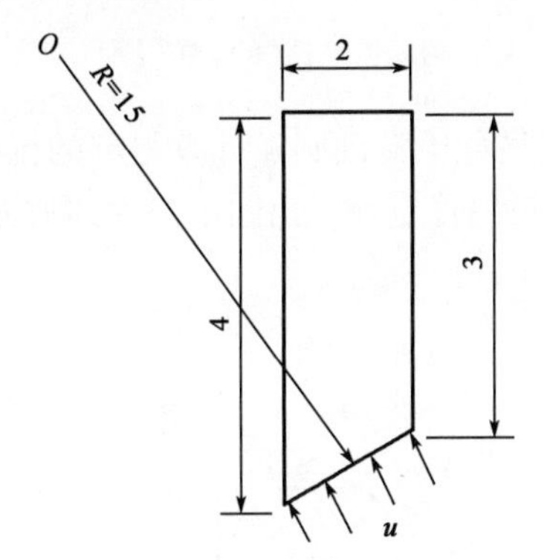

习题 8-42 图（尺寸单位：m）

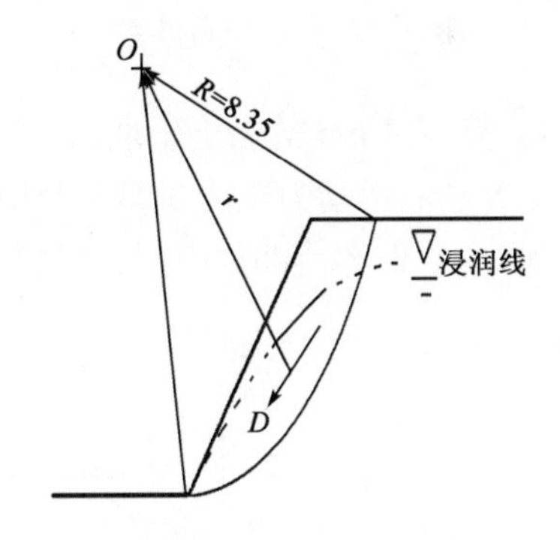

习题 8-43 图（尺寸单位：m）

8-44. 边坡中有地下水渗流时，浸润线位置如图所示，浸润线与滑动面之间的面积为 14.56m^2，试求渗流力（动水力）。

8-45. 一个黏土路堤剖面如图所示，试求半径为 11.75m 的圆形滑动面上的安全系数。（已知滑动土体的面积为 87m^2，滑动面的形心至滑动圆心之间距离为 2.75m，$\theta = 108.5°$，土的重度 $\gamma = 17.6\text{kN/m}^3$，$\varphi = 0°$，$c = 21.5\text{kPa}$）

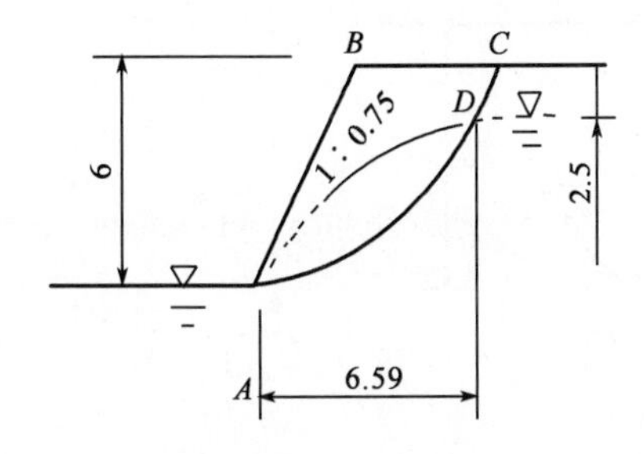

习题 8-44 图（尺寸单位：m）

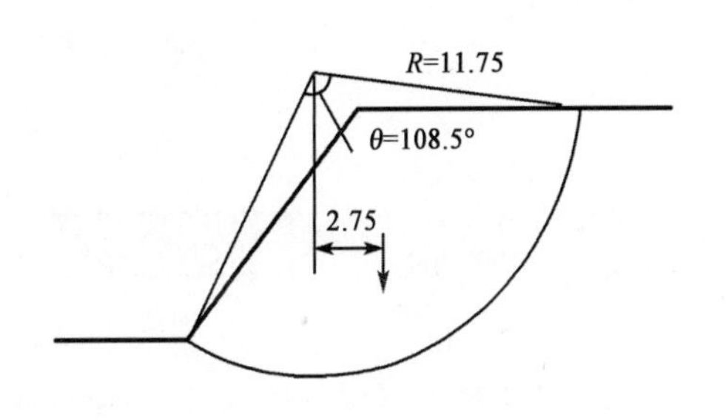

习题 8-45 图（尺寸单位：m）

8-46. 由两层黏土构成的土坡如图所示，已知两层滑动土体的面积为 87m^2，滑动面的形心至滑动圆心距离为 2.75m，上层土滑动面所对应的圆心夹角 $\theta_1 = 37°$，下层土滑动面所对应的圆心夹角 $\theta_2 = 71.5°$，上层土的重度 $\gamma = 17.6kN/m^3$，$\varphi = 0°$，$c = 25kPa$；下层土的重度 $\gamma = 17.6kN/m^3$，$\varphi = 0°$，$c = 15kPa$，试求滑动圆半径为 11.75m 的圆弧稳定安全系数。

8-47. 有一高 6m 的黏土边坡，$\varphi = 0°$，$c = 15kPa$，$\gamma = 17.5kN/m^3$，最危险滑动面圆半径 $R = 12m$，单位滑动土体重量为 1 487.5kN/m，滑动体形心至滑动圆心距离为 2.5m，$\theta = 95°$，如图所示，为提高边坡的安全度，卸去阴影部分的土体，试求卸荷前后的安全系数。（假定阴影部分形心与原滑动土体形心在一条直线上）

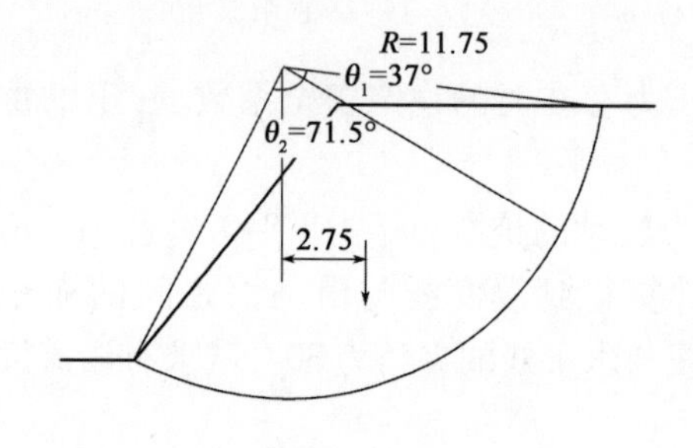

习题 8-46 图（尺寸单位：m）

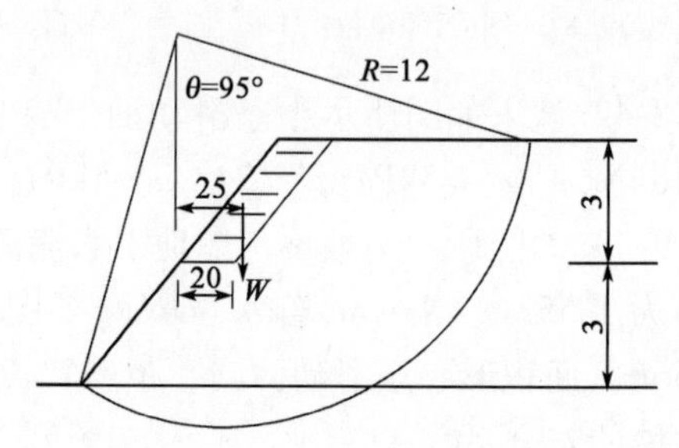

习题 8-47 图（尺寸单位：m）

8-48. 有一高 6m 的黏土土坡，$\gamma = 17.5kN/m^3$，根据最危险滑动圆弧计算得到的抗滑力矩为 3 582kN · m，滑动力矩为 3 718.75kN · m，为提高边坡的稳定性提出图示两种卸荷方案，卸荷土方量相同，但卸荷部位不同，试估算卸荷前后土坡的安全系数。

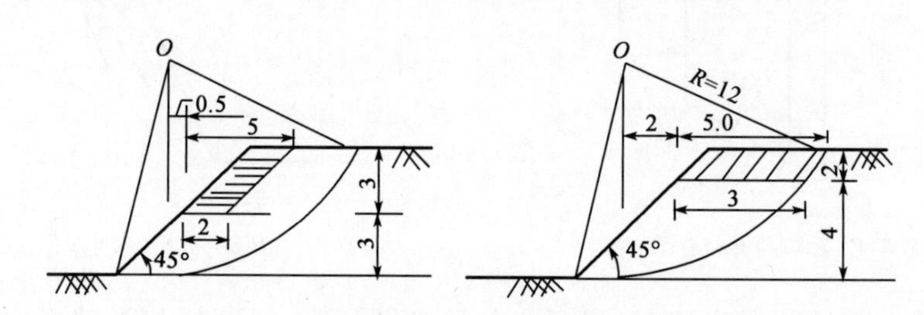

习题 8-48 图（尺寸单位：m）

8-49. 有一高 6m 的黏土边坡，根据最危险滑动面计算得到的抗滑力矩为 2 381.4kN · m，滑动力矩为 2 468.75kN · m，为提高边坡的稳定性采用底脚压载的办法，如图所示，压载重度 $\gamma = 18kN/m^3$，试求压载前后边坡的安全系数。

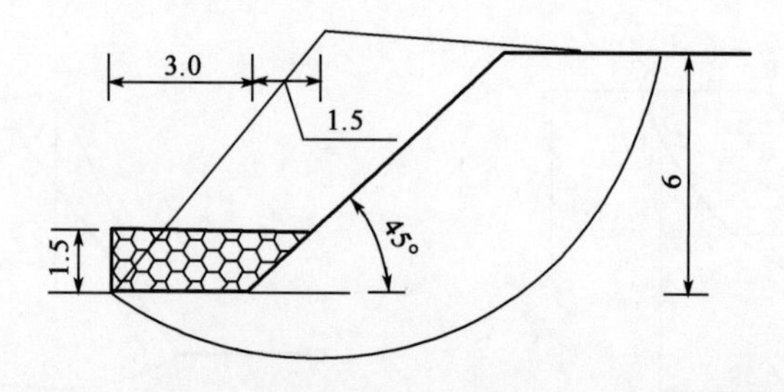

习题 8-49 图（尺寸单位：m）

第九章

地基承载力

一、选择题

9-1. 在黏性土地基上有一条形刚性基础，基础宽度为 B。在上部荷载作用下，基底持力层内最先出现塑性区的位置是？（ ）

A. 条形基础中心线下　　B. 离中心线 $B/3$ 处

C. 条形基础边缘处

9-2. 所谓临界荷载，是指（ ）。

A. 持力层将出现塑性区时的荷载

B. 持力层中将出现连续滑动面时的荷载

C. 持力层中出现某一允许大小塑性区时的荷载

9-3. 荷载试验的 p-s 曲线上，从线性关系开始变成非线性关系的界限荷载称为（ ）。

A. 允许荷载　　B. 临界荷载　　C. 临塑荷载

9-4. 一般的工程设计情况下，作用在地基上的平均总压力 p 应满足下列关系式（ ）。（p_{cr}——临塑荷载；$p_{1/4}$——临界承载力；p_u——极限承载力）

A. $p \leqslant p_{cr}$　　B. $p \leqslant p_{1/4}$　　C. $p \leqslant p_u$

9-5. 所谓地基极限承载力，是指（ ）。

A. 地基的变形达到上部结构极限状态时的承载力

B. 地基中形成连续滑动面时的承载力

C. 地基中开始出现塑性区时的承载力

9-6. 黏性土($c\neq0,\varphi\neq0°$)地基上,有两个宽度不同、埋置深度相同的条形基础,两个基础的临塑荷载哪个大?(　　)

A. 宽度大的临塑荷载大　　B. 宽度小的临塑荷载小

C. 两个基础的临塑荷载一样大

9-7. 在 $\varphi=0°$的黏土地基上,有两个埋置深度相同、宽度不同的条形基础,极限荷载大的基础是(　　)。

A. 基础宽度大的极限荷载大　　B. 基础宽度小的极限荷载大

C. 两个基础极限荷载一样大

9-8. 根据荷载试验确定地基承载力,当 p-s 曲线开始不再保持线性关系时,表示地基土处于(　　)。

A. 弹性状态　　B. 塑性状态　　C. 弹塑性状态

9-9. 地基的极限承载力公式是根据下列何种假设推导得到的?(　　)

A. 塑性区发展的大小　　B. 建筑物的变形要求

C. 地基中滑动面的形状

9-10. 假定条形均布荷载底面水平光滑,当达到极限荷载时,地基中的滑动土体可分成三个区,如右图所示,(　　)区是主动区。

A. Ⅰ　　B. Ⅱ　　C. Ⅲ

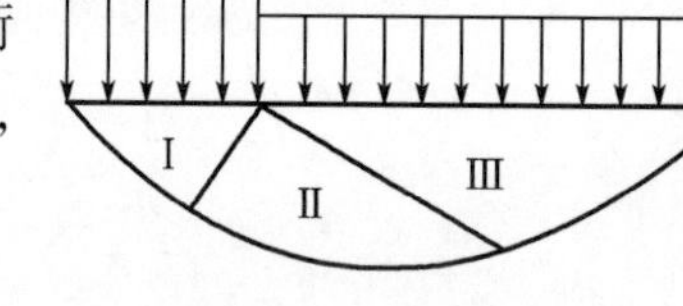

习题 9-10 图

二、判断题

9-11. 局部剪切破坏的特征是,随着荷载的增加,基础下的塑性区仅仅发生到某一范围。(　　)

9-12. 刺入剪切破坏的特征是,随着荷载的增加,基础周围附近土体发生竖向剪切破坏,且基础两边土体有扰动。(　　)

9-13. 太沙基提出了确定矩形浅基础的极限荷载公式,并假定基础底部是粗糙的。(　　)

9-14. 太沙基承载力公式适用于地基土是整体和局部剪切破坏的情况。(　　)

9-15. 设计的基础宽度或埋置深度超过一定范围时,地基容许承载力值予以修正提高。(　　)

9-16. 地基的临塑荷载大小与条形基础的埋深有关,而与基础宽度无关,因此只改变宽度,不能改变地基的临塑荷载。(　　)

三、计算题

9-17. 根据持力层的土性资料计算得到临界荷载 $p_{1/4}=128.6\text{kPa}$,临塑荷载 $p_{cr}=123\text{kPa}$,若允许地基中塑性区开展深度为 $b/2$,试求临界荷载 $p_{1/2}$。

9-18. 已知持力层临界荷载 $p_{1/4}=112.5\text{kPa}$,临塑荷载 $p_{cr}=101.3\text{kPa}$,而实际基底总压力为 $p=110.26\text{kPa}$,试求基底下持力层塑性区开展的最大深度。

9-19. 有一条形基础宽 3.2m,已知地基的临塑荷载 $p_{cr}=87.6\text{kPa}$,临界荷载 $p_{1/4}=91.3\text{kPa}$,若要求地基中塑性区最大深度不超过 1m,试求地基承载力。

9-20. 在半无限体表面有一条形均布荷载 $p=100\text{kPa}$，宽度 $b=3\text{m}$，试求基础边缘下深度 4m 处主应力增量 $\Delta\sigma_1$、$\Delta\sigma_3$ 的数值。

9-21. 在半无限体表面有一条形均布荷载 $p=100\text{kPa}$，宽度 $b=3\text{m}$，地基土的性质：$\gamma=18\text{kN/m}^3$，$K_0=0.65$，$\varphi=15°$，$c=10\text{kPa}$，试计算荷载中心线下 4m 深处的主应力 σ_1、σ_3；判断该处的土是否会发生剪切破坏。

9-22. 有一条形均布荷载 $p=100\text{kPa}$，宽度 $b=3\text{m}$，埋置深度 1.5m，土的性质：$\gamma=17\text{kN/m}^3$，$K_0=0.65$，$\varphi=15°$，$c=10\text{kPa}$，则条形荷载底面中心线下 4m 深处的土会不会发生剪切破坏？若地下水位在地表下 1.5m 处，该处的土会不会发生剪切破坏？

9-23. 根据塑性区开展概念，条形均布荷载地基承载力的表达式如下：

$$p=\pi\gamma z_{\max}/(\cot\varphi+\varphi-\pi/2)+(\cot\varphi+\varphi+\pi/2)\gamma_0 d/(\cot\varphi+\varphi-\pi/2)+\pi c\cot\varphi/(\cot\varphi+\varphi-\pi/2)$$

现有一条形基础宽 $b=3\text{m}$，埋置深度 1.5m，基底以下为砂层，$\gamma=18\text{kN/m}^3$，$\varphi=25°$，$c=0$；基底以上为黏土层，$\gamma=17\text{kN/m}^3$，$\varphi=0°$，$c=20\text{kPa}$，试求临界荷载 $p_{1/4}$。

9-24. 在 $\gamma=17\text{kN/m}^3$，$\varphi=0°$，$c=20\text{kPa}$ 的地基上有一宽度 $b=3\text{m}$、埋置深度 1.0m 的条形均布荷载，当地基中出现如图所示的圆弧滑动面时，试求地基极限荷载 p_j。（不考虑滑动土体的质量）

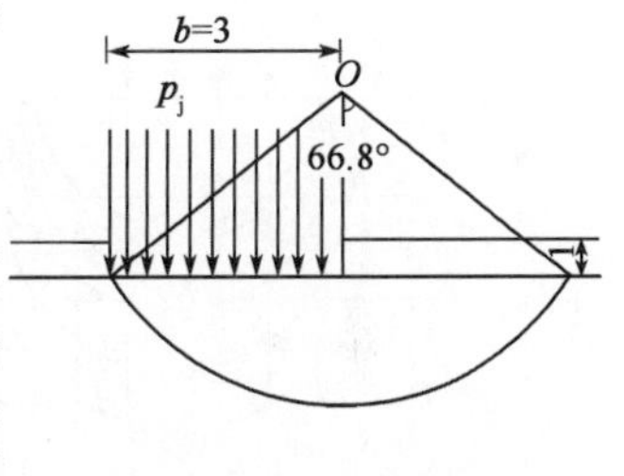

习题 9-24 图（尺寸单位：m）

9-25. 在 $\varphi=0°$，$c=25\text{kPa}$ 的黏性土地基表面快速堆一土堤，若填土重度 $\gamma=17\text{kN/m}^3$，并要求控制稳定安全系数 $K=1.25$，填土能堆高多少？

9-26. 在 $\varphi=0°$，$c=25\text{kPa}$ 的黏性土地基表面快速修筑一 8m 高的土堤，堤身填土重度 $\gamma=17\text{kN/m}^3$，地基会不会滑动？（$N_\gamma=0$，$N_q=1$，$N_c=5.14$）

9-27. 在 $\varphi=0°$，$c=25\text{kPa}$ 的黏性土地基表面快速修筑一 8m 高的土堤，堤身填土重度 $\gamma=17\text{kN/m}^3$，要求堤身安全系数达到 1.2，现土堤两侧采用反压马道确保安全，试求反压马道的最小高度。（$N_\gamma=0$，$N_q=1$，$N_c=5.14$）

9-28. 在 $\varphi=15°$，$c=15\text{kPa}$，$\gamma=18\text{kN/m}^3$ 的地基表面有一个宽度为 3m 的条形均布荷载，要求控制安全系数为 3，求条形荷载的数值。当地下水位在地表处时，试求此时条形均布荷载的值。（$N_\gamma=1.80$，$N_q=4.45$，$N_c=12.9$）

9-29. 有一条形均布荷载 $p=100\text{kPa}$，宽度为 3m，埋深1.5m，基础底面以上土的性质为 $\varphi=15°$，$c=15\text{kPa}$，$\gamma=17\text{kN/m}^3$，基础底面以下土的性质为 $\varphi=10°$，$c=20\text{kPa}$，$\gamma=18\text{kN/m}^3$，试求该基础的安全度。（$\varphi=10°$时，$N_\gamma=1.20$，$N_q=2.69$，$N_c=9.58$；$\varphi=15°$时，$N_\gamma=1.80$，$N_q=4.45$，$N_c=12.9$）

9-30. 有一条形均布荷载 $p=100\text{kPa}$，宽度为 3m，地基土的性质为 $\varphi=15°$，$c=15\text{kPa}$，$\gamma=18\text{kN/m}^3$，基础的埋置深度由地面改为 1.5m，试求地基的承载力安全系数的增加量。（$N_\gamma=1.80$，$N_q=4.45$，$N_c=12.9$）

9-31. 有一条形基础如图所示。基础宽度 $b=3\text{m}$，埋置深度 $d=2\text{m}$，作用在基础底面的均布荷载 $p=190\text{kPa}$。已知土的内摩擦角 $\varphi=15°$，黏聚力 $c=15\text{kPa}$，重度 $\gamma=18\text{kN/m}^3$，试求此时地基中的塑性区范围。

9-32. 试求习题 9-31 中条形基础的临塑荷载 p_{cr}及临界荷载 $p_{1/4}$。

9-33. 某路堤如图所示，验算路堤下地基承载力是否满足。采用太沙基公式计算地基极限荷载（取安全系数 $K=3$）。计算时要求按下述两种施工情况进行分析：

（1）路堤填土填筑速度很快，它比荷载在地基中所引起的超孔隙水压力的消散速率为快；

（2）路堤填土填筑速度很慢，地基中不引起超孔隙水压力。

已知路堤填土性质：$\gamma_1=18.8\text{kN/m}^3$，$c_1=33.4\text{kPa}$，$\varphi_1=20°$；地基土（饱和黏土）性质：$\gamma_2=15.7\text{kN/m}^3$；土的不排水抗剪强度指标为：$c_u=22\text{kPa}$，$\varphi_u=0°$；土的固结排水抗剪强度指标为：$c_d=4\text{kPa}$，$\varphi_d=22°$。

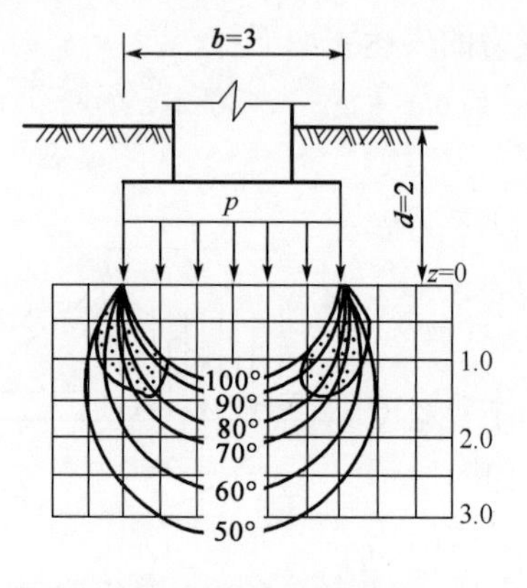

习题 9-31 图（尺寸单位：m）

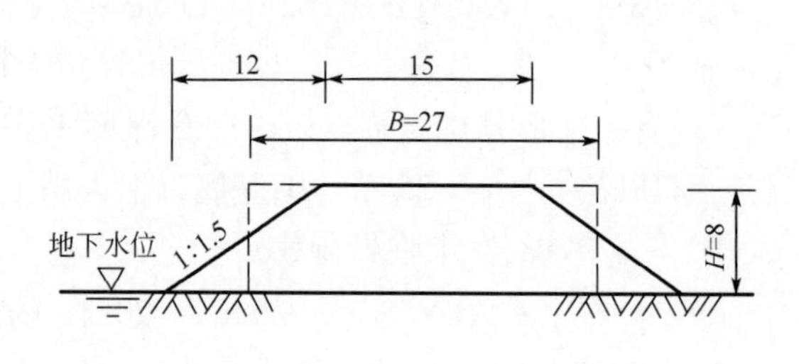

习题 9-33 图（尺寸单位：m）

9-34. 有一矩形基础如图所示。已知 $b=5\text{m}$，$l=15\text{m}$，埋置深度 $d=3\text{m}$；地基为饱和软黏土，饱和重度 $\gamma_{sat}=19\text{kN/m}^3$，土的抗剪强度指标为 $c=4\text{kPa}$，$\varphi=20°$；地下水位在地面下 2m 处；作用在基底的竖向荷载 $N=10\ 000\text{kN}$，其偏心距 $e_b=0.4\text{m}$，$e_l=0$，水平荷载 $H=200\text{kN}$。试求其极限荷载。

9-35. 某桥墩基础如图所示。已知基础底面宽度 $b=5\text{m}$，长度 $l=10\text{m}$，埋置深度 $h=4\text{m}$，作用在基底中心的竖直荷载 $N=8\ 000\text{kN}$，地基土的性质如图所示，验算地基强度是否满足要求。

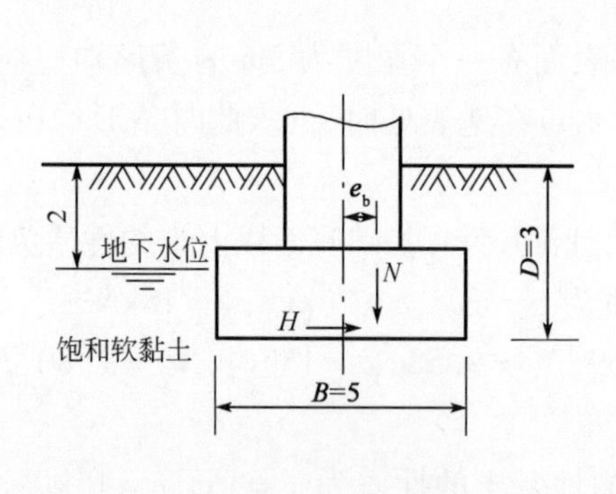

习题 9-34 图（尺寸单位：m）

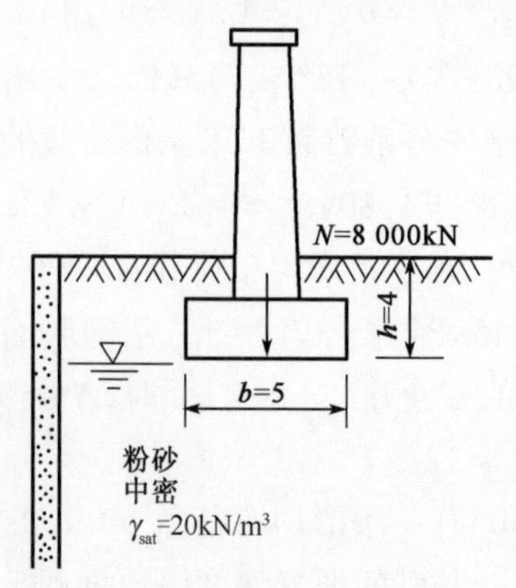

习题 9-35 图（尺寸单位：m）

9-36. 某基础宽度 $b=2\text{m}$，埋置深度 $d=3\text{m}$，地基土是老黏性土，其物理及力学性质指标列于表中。表中 p_{pr}为荷载试验的比例界限，抗剪强度指标系由直剪固结快剪试验求得。试用已介绍过的几种确定地基容许承载力的方法，进行分析比较并提出建议值。

土的物理及力学性质指标　　习题 9-36 表

G_s	γ (kN/m³)	w (%)	e	w_L (%)	w_P (%)	I_P	I_L	c (kPa)	φ (°)	p_{pr} (kPa)	E_s (MPa)
2.74	20.2	23.5	0.68	37	20	17	0.18	85	25	600	31.2

9-37. 某条形基础如图所示，试求临塑荷载 p_{cr}、临界荷载 $p_{1/4}$ 及用普朗特尔公式求极限荷载 p_u，并计算其地基承载力是否满足要求(取用安全系数 $K=3$)。(粉质黏土的重度 $\gamma=18\text{kN/m}^3$，黏土层 $\gamma=19.8\text{kN/m}^3$，$c=15\text{kPa}$，$\varphi=25°$，作用在基础底面的荷载 $p=250\text{kPa}$)

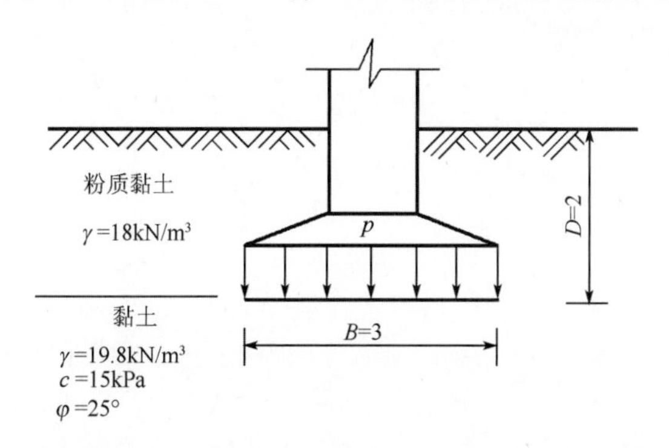

习题 9-37 图(尺寸单位:m)

9-38. 如图所示路堤，已知路堤填土 $\gamma=18.8\text{kN/m}^3$，地基土的 $\gamma=16.0\text{kN/m}^3$，$c=8.7\text{kPa}$，$\varphi=10°$。(1)试用太沙基公式验算路堤下地基承载力是否满足要求(取用安全系数 $K=3$)；(2)若在路堤两侧采用填土压重的方法提高地基承载力，试求填土厚度为多少才能满足要求(填土重度与路堤填土相同)，并求填土范围 L。

9-39. 某矩形基础如图所示。已知基础宽度 $b=4\text{m}$，长度 $l=12\text{m}$，埋置深度 $d=2\text{m}$；作用在基础底面中心的荷载 $N=5\ 000\text{kN}$，$M=1\ 500\text{kN}\cdot\text{m}$，偏心距 $e_1=0$；地下水位在地面下 4m 处；土的性质 $\gamma_{sat}=19.8\text{kN/m}^3$，$c=25\text{kPa}$，$\varphi=10°$。试用汉森公式验算地基承载力是否满足要求(取用安全系数 $K=3$)。

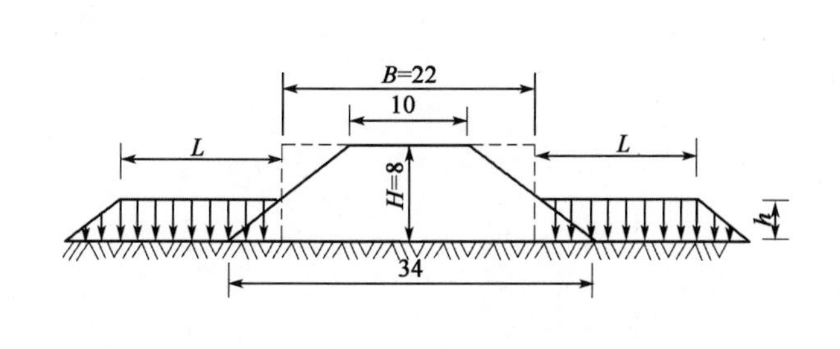

习题 9-38 图(尺寸单位:m)

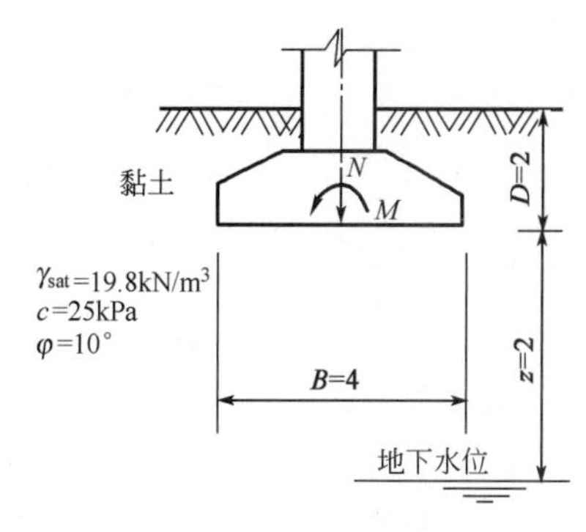

习题 9-39 图(尺寸单位:m)

9-40. 试用太沙基极限荷载公式确定地基承载力。

已知地基土为一般黏性土，$\gamma=19.1\text{kN/m}^3$，$e_0=0.90$，$I_L=0.56$，$c=45.1\text{kPa}$，$\varphi=15°$，方形基础的宽度 $b=2\text{m}$，埋置深度 $d=3\text{m}$；荷载试验的比例界限 $p_{pr}=127.5\text{kPa}$。

9-41. 某一条形基础宽为 1m，埋深为 2m，地基为砂土，其 $\gamma=19.5\text{kN/m}^3$，$\varphi=40°$，$c=0$，试

分别求相应于基底平均压力为 400kPa、500kPa、600kPa 时地基内塑性变形区的最大深度。

9-42. 已知均布荷载条形基础宽为 2m，埋深为 1.5m，地基为粉质黏土，其 $\varphi = 16°$，$c = 36kPa$，$\gamma = 19kN/m^3$，试求：地基的 p_{cr} 和 $p_{1/4}$ 以及当 $p = 300kPa$ 时，地基内塑性变形区的最大深度。

9-43. 某一条形基础宽为 1m，埋深为 1.0m，承受竖向均布荷载 250kPa，基底以上土的重度为 $18.5kN/m^3$，地下水在基底处，饱和重度为 $20kN/m^3$，地基土强度指标 $c = 10kPa$，$\varphi = 25°$，试用太沙基极限承载力公式（取用安全系数 $K = 2$）来判断地基是否稳定。

PART 3 第三部分 习题参考解答

第一章

土的物理性质及工程分类

一、选择题

1-1. B　1-2. B　1-3. C　1-4. A　1-5. C

1-6. A　1-7. C　1-8. C　1-9. C　1-10. B

提示：

$$e=\frac{G_s(1+w)\gamma_w}{\gamma}-1=\frac{2.70\times(1+0.3)\times10}{17}-1=1.06$$

1-11. C

提示：

$w_P=w_L-I_P=33\%-14\%=19\%$

$\gamma_d=\frac{\gamma}{1+w}$，$w=\frac{\gamma}{\gamma_d}-1=\frac{17}{14.5}-1=17.2\%$

$w<w_P=w_{OP}$

1-12. A

1-13. A

提示：

$$I_L=\frac{w-w_P}{w_L-w_P}=0.25, I_P=w_L-w_P=\frac{w-w_P}{0.25}$$

A. $I_P=20$　　B. $I_P=14$　　C. $I_P=12$

1-14. B　1-15. A　1-16. D　1-17. C

1-18. A

提示:

$e=\frac{G_s(1+w)\gamma_w}{\gamma}-1$, w 越大,则 e 越大。

1-19. C

1-20. C

1-21. C

提示:

$$w=\frac{\gamma(1+e)}{G_s\gamma_w}-1=\frac{18\times(1+1.2)}{2.74\times10}-1=44.5\%$$

1-22. A　1-23. D　1-24. C　1-25. C　1-26. C

1-27. C

提示:

$$I_L=\frac{w-w_P}{w_L-w_P}, I_P=\frac{w-w_P}{I_L}=\frac{35-22}{0.75}=17.3$$

1-28. C

提示:

$$I_L=\frac{w-w_P}{w_L-w_P}, w_P=\frac{w-I_Lw_L}{1-I_L}=\frac{30\%-0.3\times40\%}{1-0.3}=25.7\%$$

$$I_P=w_L-w_P=40-25.7=14.3$$

1-29. B

提示:

因为孔隙比 $e=\frac{n}{1-n}$,只与孔隙率 n 相关,与其他因素无关。

1-30. B

提示:

$$e=\frac{n}{1-n}=\frac{0.5}{1-0.5}=1, S_r=\frac{wG_s}{e}=\frac{0.37\times2.7}{1}\approx1.0$$

1-31. A　1-32. B　1-33. B

1-34. C

提示:

$I_P=w_L-w_P$　　$I_{PA}=18$　　$I_{PB}=3$

$e=\frac{wG_S}{S_r}$　　$e_A=0.411$　　$e_B=0.161$

$\gamma=\frac{G_s\gamma_w(1+w)}{1+e}$　　$\gamma_A=22.3\text{kN/m}^3$　　$\gamma_B=24.5\text{kN/m}^3$

$\gamma_d=\frac{\gamma}{1+w}$　　$\gamma_{dA}=19.4\text{kN/m}^3$　　$\gamma_{dB}=23.1\text{kN/m}^3$

二、判断题

1-35. × 1-36. × 1-37. × 1-38. × 1-39. √
1-40. × 1-41. × 1-42. √ 1-43. ×

三、计算题

1-44. **解：**

松土的孔隙比：

$$e_1=\frac{G_s(1+w_1)\gamma_w}{\gamma}-1=\frac{2.65\times(1+15\%)\times10}{15.5}-1=0.966$$

夯实后土的孔隙比：

$$e_2=\frac{G_s\gamma_w}{\gamma_d}-1=\frac{2.65\times10}{18.2}-1=0.456$$

夯实前后土粒体积不变：

$$V_{s1}=\frac{1}{1+e_1}V_1$$

$$V_{s2}=\frac{1}{1+e_2}V_2$$

共需松土：$V_1=\frac{1+e_1}{1+e_2}V_2=\frac{1+0.966}{1+0.456}\times2\times2\,000=5\,401.1(\mathrm{m}^3)$

1-45. **解：**

$$m_w=72.6\mathrm{g}-69\mathrm{g}=3.6\mathrm{g}$$

$$m=72.6\mathrm{g}-33\mathrm{g}=39.6\mathrm{g}$$

$$m_s=39.6\mathrm{g}-3.6\mathrm{g}=36\mathrm{g}$$

$$w=\frac{m_w}{m_s}\times100\%=\frac{3.6}{36}\times100\%=10\%$$

$$\rho=\frac{m}{V}=\frac{39.6}{22}=1.8(\mathrm{g/cm^3})$$

$$e=\frac{d_s(1+w)\rho_w}{\rho}-1=\frac{2.7\times(1+0.1)\times1}{1.8}-1=0.65$$

$$D_r=\frac{e_{max}-e}{e_{max}-e_{min}}=\frac{0.95-0.65}{0.95-0.47}=0.625$$

$$\rho_{sat}=\frac{d_s+e}{1+e}\rho_w=\frac{2.7+0.65}{1+0.65}\times1\mathrm{g/cm^3}=2.03\mathrm{g/cm^3}$$

1-46. **解：**

$$e=\frac{\gamma_s(1+w)}{\gamma}-1=\frac{27.2(1+0.2)}{19.2}-1=0.7$$

$$\gamma_d=\frac{\gamma_s}{1+e}=\frac{27.2}{1+0.7}=16(\mathrm{kN/m^3})$$

$$\gamma_{sat}=\frac{\gamma_s+\gamma_w e}{1+e}=\frac{27.2+10\times0.7}{1+0.7}=20.1(\mathrm{kN/m^3})$$

由题意有：$\gamma_d < \gamma < \gamma_{sat}$，这与土体各重度之间的关系一致；另外，测定的含水率、液限和塑限都符合常规土体的相应指标范围，故数据合理。

$I_P = w_L - w_P = 14$，即 $10 < I_P = 14 < 17$，故土体属于粉质黏土。

$I_L = \dfrac{w - w_P}{w_L - w_P} = \dfrac{20 - 18}{14} = 0.14$，即 $0 < I_L = 0.14 < 0.25$，故土体处于硬塑状态。

1-47. **解**：

$$e = \frac{n}{1-n} = \frac{0.5}{1-0.5} = 1.0$$

$\gamma = \gamma_s(1+w)/(1+e) = 17.55(\text{kN/m}^3)$

10kN 土重的体积 $n_v = 10/17.55 = 0.57(\text{m}^3)$

所以，孔隙体积 $V_v = 1/2n_v = 0.5 \times 0.57 = 0.285(\text{m}^3)$

1-48. **解**：

已知：

$$\gamma_{sat} = \frac{W_s + V_v\gamma_w}{V}, \gamma_d = \frac{W_s}{V}$$

可推导得：

因为 $\gamma_{sat} = \dfrac{W_s + V_v\gamma_w}{V} = \dfrac{W_s}{V} + \dfrac{V_v}{V}\gamma_w = \gamma_d + \dfrac{V_v}{V}\gamma_w$

所以$\dfrac{V_v}{V} = \dfrac{\gamma_{sat} - \gamma_d}{\gamma_w}$

有：

$$\frac{V_v}{V} = \frac{\gamma_{sat} - \gamma_d}{\gamma_w} = \frac{18.5 - 13.5}{10} = 0.5$$

$V_v = 0.5V = 0.5 \times 100 = 50(\text{m}^3)$

1-49. **解**：

(1)填土材料的重度，干密度和饱和度

$$\gamma_d = \frac{m_s}{V} \cdot g = \frac{G_s\gamma_w}{1+e} = \frac{2.75 \times 10}{1+0.65} = 16.7(\text{kN/m}^3)$$

$$\gamma = \frac{m}{V} \cdot g = \gamma_d(1+w) = 16.7 \times (1+0.18) = 19.7(\text{kN/m}^3)$$

$$S_r = \frac{V_w}{V_v} = \frac{m_w}{\rho_w e} = \frac{wG_s}{e} = \frac{0.18 \times 2.75}{0.65} = 76.2\%$$

(2)取土场地取土

填筑完成后填土的孔隙比为：

$$e_2 = \frac{G_s\gamma_w}{\gamma_d} - 1 = \frac{2.75 \times 10}{1.78 \times 10} - 1 = 0.545$$

填筑前后土粒体积不变：

$$V_s = \frac{V_1}{1+e_1} = \frac{V_2}{1+e_2}$$

$$V_1 = \frac{1+e_1}{1+e_2}V_2 = \frac{1+0.65}{1+0.545} \times 1\,800 = 1\,922(\text{m}^3)$$

1-50. **解:**

令 $V_s = 1m^3$

$W_s = \gamma_s V_s = \gamma_s = G_s\gamma_w = 27.1(kN)$

$W_w = wW_s = 34\% \times 27.1 = 9.214(kN)$

$W = W_s + W_w = 27.1 + 9.214 = 36.314(kN)$

$$V = \frac{W}{\gamma} = \frac{36.314}{18.5} = 1.963(m^3)$$

$V_v = V - V_s = 1.963 - 1 = 0.963(m^3)$

$$V_w = \frac{W_w}{\gamma_w} = \frac{9.214}{10} = 0.9214(m^3)$$

$$\gamma_{sat} = \frac{W_s + V_v\gamma_w}{V} = \frac{27.1 + 0.963 \times 10}{1.963} = 18.7(kN/m^3)$$

$\gamma' = \gamma_{sat} - \gamma_w = 18.7 - 10 = 8.7(kN/m^3)$

或:$\gamma' = \dfrac{W_s - V_s\gamma_w}{V} = \dfrac{27.1 - 1 \times 10}{1.963} = 8.7(kN/m^3)$

1-51. **解:**

(1)试样含水率

$$w = \frac{0.09 - 0.068}{0.068} \times 100\% = 32\%$$

塑性指数 $I_P = w_L + w_P = 12$,粉质黏土;

液性指数 $I_L = \dfrac{32 - 20}{31 - 20} = 1.09$,流塑。

(2)土粒体积

$$V_s = \frac{m_s}{\rho_s} = \frac{68}{2.69} = 25.28(cm^3)$$

压密前土的体积 $V_{前} = 50cm^3$,压密前土的体积 $V_{后} = \dfrac{m_s}{\rho_d} = 47.55cm^3$

压密前 $e_{前} = 0.98$,压密后 $e_{后} = 0.88$,$\Delta e = 0.1$。

1-52. **解:**

$$S_r = \frac{\gamma - \gamma_d}{\gamma_{sat} - \gamma_d} = \frac{17 - 13}{18.2 - 13} = 77\%$$

设单元体体积为 $V = 1$,则:

$$n = \frac{V_v}{V} = \frac{\gamma_{sat} - \gamma_d}{\gamma_w} = \frac{18.2 - 13}{10} = 52\%$$

$$e = \frac{n}{1 - n} = \frac{0.52}{1 - 0.52} = 1.08$$

$$w = \frac{\gamma}{\gamma_d} - 1 = \frac{17}{13} - 1 = 30.8\%$$

$100m^3$ 土中,孔隙体积为 $nV = 0.52 \times 100 = 52(m^3)$

1-53. **解:**

$$W_s = \frac{\gamma_d}{\gamma}W = \frac{13}{18} \times 100 = 72.2(\text{kN})$$

$$W_w = 100 - W_s = 100 - 72.2 = 27.8(\text{kN})$$

$$V_v - V_w = \frac{(\gamma_{sat} - \gamma)}{\gamma_w}V = \frac{(\gamma_{sat} - \gamma)}{\gamma_w}\frac{W}{\gamma}$$

需加水$(V_v - V_w)\gamma_w = \dfrac{(\gamma_{sat} - \gamma)}{\gamma}W = \dfrac{(20 - 18)}{18} \times 100 = 11.1(\text{kN})$

1-54. **解:**

$$w = \frac{\gamma - \gamma_d}{\gamma_d} = \frac{18 - 13}{13} = 38.5\%$$

由 $I_L = \dfrac{w - w_P}{w_L - w_P} = 1$，所以 $w_L = w = 38.5\%$

1-55. **解:**

$$w = \frac{\gamma - \gamma_d}{\gamma_d} = \frac{17 - 14.5}{14.5} = 17.2\%$$

由 $I_L = \dfrac{w - w_P}{w_L - w_P} = 0$，所以 $w_P = w = 17.2\%$

1-56. **解:**

$\gamma_d = \dfrac{G_s}{1 + e}\gamma_w$，所以 $e = \dfrac{G_s\gamma_w}{\gamma_d} - 1 = \dfrac{2.68 \times 10}{15} - 1 = 0.787$

1-57. **解:**

$$e = \frac{G_s(1 + e)\gamma_w}{\gamma} - 1 = \frac{2.70 \times (1 + 35\%) \times 10}{17.5} - 1 = 1.083$$

$$S_r = \frac{wG_s}{e} = \frac{35\% \times 2.70}{1.083} = 87\%$$

1-58. **解:**

$S_r = \dfrac{wG_s}{e}$，$e = \dfrac{wG_s}{S_r} = \dfrac{0.35 \times 2.70}{0.945} = 1$

$$n = \frac{e}{1 + e} = \frac{1}{1 + 1} = 0.5$$

1-59. **解:**

$$e = \frac{wG_s}{S_r} = \frac{0.35 \times 2.70}{0.9} = 1.05$$

$$\gamma = \frac{G_s\gamma_w(1 + w)}{1 + e} = \frac{2.70 \times 10 \times (1 + 35\%)}{1 + 1.05} = 17.8(\text{kN/m}^3)$$

$$\gamma_d = \frac{\gamma}{1 + w} = \frac{17.8}{1 + 35\%} = 13.2(\text{kN/m}^3)$$

$$W_s = \gamma_d V = 13.2 \times 85 = 1\,122(\text{kN})$$

1-60. **解:**

$$e = \frac{wG_s}{S_r} = \frac{34\% \times 2.70}{0.85} = 1.08$$

$$\gamma=\frac{G_s\gamma_w(1+w)}{1+e}=\frac{2.70\times10\times(1+35\%)}{1+1.08}=17.52(\text{kN/m}^3)$$

$$W=\gamma V=17.52\times75=1\ 314(\text{kN})$$

$$W_w=\frac{w}{1+w}W=\frac{34\%}{1+34\%}\times1\ 314=333.4(\text{kN})$$

$$W_s=W-W_w=1\ 314-333.4=980.6(\text{kN})$$

1-61. **解：**

$$e=\frac{n}{1-n}=1,\gamma_d=\frac{G_s\gamma_w}{1+e}=\frac{2.70\times10}{1+1}=13.5(\text{kN/m}^3)$$

$$\gamma=\frac{G_s\gamma_w(1+w)}{1+e}=\frac{2.70\times10\times(1+30\%)}{1+1}=17.55(\text{kN/m}^3)$$

1-62. **解：**

$$e=\frac{n}{1-n}=1,\gamma=\frac{G_s\gamma_w(1+w)}{1+e}=\frac{2.70\times10\times(1+30\%)}{1+1}=17.55(\text{kN/m}^3)$$

$$W=\gamma V=17.55\times2=35.1(\text{kN})$$

$$W_s=\frac{W}{1+w}=\frac{35.1}{1+30\%}=27(\text{kN})$$

1-63. **解：**

$$W_s=\frac{W}{1+w}=\frac{10}{1+30\%}=7.7(\text{kN})$$

$$W_w=10-7.7=2.3(\text{kN})$$

$$V_s=\frac{W_s}{G_s\gamma_w}=\frac{7.7}{2.70\times10}=0.285(\text{m}^3)$$

$$V_v=\frac{n}{1-n}\cdot V_s=\frac{50\%}{1-50\%}\times0.285=0.285(\text{m}^3)$$

1-64. **解：**

$$\gamma_d=\frac{\gamma}{1+w}=\frac{17.5}{1.3}=13.5(\text{kN/m}^3)$$

$$W_s=\gamma_d V=13.5\times1.5=20.25(\text{kN})$$

$$W_w=W_s w=20.25\times0.3=6.08(\text{kN})$$

1-65. **解：**

$$e=1.2$$

$$\gamma_d=\frac{G_s\gamma_w}{1+e}=\frac{2.70\times10}{1+1.2}=12.27(\text{kN/m}^3)$$

$$w=\frac{W_w}{W_s}=\frac{\gamma_w V_v}{G_s\gamma_w V_s}=\frac{V_v}{G_s V_S}=\frac{1.1}{2.70}=0.407=40.7\%$$

1-66. **解：**

$$\gamma_{sat}=G_s\gamma_w(1-n)+n\gamma_w=2.65\times10\times(1-0.4)+0.4\times10=19.9(\text{kN/m}^3)$$

$$e=\frac{n}{1-n}=\frac{0.4}{0.6}=0.67$$

$$\gamma=\frac{G_s\gamma_w(1+w)}{1+e}=\frac{2.65\times10\times(1+20\%)}{1+0.67}=19(\text{kN/m}^3)$$

1-67. **解:**

$$e=\frac{n}{1-n}=\frac{0.35}{0.65}=0.54$$

$$\gamma=\gamma_d(1+w)=16\times(1+15\%)=18.4(\text{kN/m}^3)$$

$$G_s=\frac{(1+e)\gamma}{(1+w)\gamma_w}=\frac{(1+0.54)\times18.4}{(1+0.15)\times10}=2.464$$

$$S_r=\frac{wG_s}{e}=\frac{0.15\times2.464}{0.54}=0.68$$

令 $V_s=1$

则 $V_w=eS_r=0.54\times0.68=0.37$

$V_a=V_v-V_w=e-V_w=0.54-0.37=0.17$

$$n_a=\frac{V_a}{1+e}=\frac{0.17}{1+0.54}=0.11=11\%$$

水的总体积 $V_w=S_r\cdot n\cdot1\,000=0.68\times35\%\times1\,000=238(\text{cm}^3)$

1-68. **解:**

总体积 $V=\frac{\pi}{4}\cdot d^2\cdot h=\frac{\pi}{4}\times25\times10=196.35(\text{cm}^3)$

空气体积 $V_a=0.18V=35.34(\text{cm}^3)$

水体积 $V_w=\frac{wV_sG_s\gamma_w}{\gamma_w}=(16\%\times2.67)V_s=0.427V_s$

$V_a+V_w+V_s=V$

$35.34+0.427V_s+V_s=196.35(\text{cm}^3)$

$$V_s=\frac{196.35-35.34}{1+0.427}=112.83(\text{cm}^3)$$

$V_w=0.427V_s=48.18\text{cm}^3$

$W_s=V_sG_s\gamma_w=112.83\times2.67\times10=3\,012.56(\text{kN})$

$W_w=wW_s=0.16\times3\,012.56=482.01(\text{kN})$

$$\gamma=\frac{3\,012.56+482.01}{196.35}=17.8(\text{kN/m}^3)$$

$$\gamma_d=\frac{3\,012.56}{196.35}=15.3(\text{kN/m}^3)$$

$$e=\frac{G_s\gamma_w(1+w)}{\gamma}-1=\frac{2.67\times10\times(1+16\%)}{17.8}-1=0.74$$

$$S_r=\frac{48.18}{48.18+35.34}\times100\%=57.7\%$$

1-69. **解:**

粒径大于 0.075mm 的颗粒含量为 5.6% + 17.5% + 27.4% = 50.5%，超过总质量的 50%，该土样定名为粉砂。

1-70. **解:**

筛上总质量为100g,从表中可见,粒径大于0.075mm的颗粒含量为0.2+14.8+23+30=68(g),占总质量的68%,超过总质量的50%,不超过总质量的85%,定名为粉砂。

1-71. **解:**

(1)甲土的空白指标

$$\rho_d=\frac{\rho}{1+w}=\frac{1.79}{1+33\%}=1.346(g/cm^3)$$

$$e=\frac{\rho_s(1+w)}{\rho}-1=\frac{2.72\times(1+33\%)}{1.79}-1=1.021$$

$$n=\frac{e}{1+e}=\frac{1.021}{1+1.021}=0.505$$

$$I_P=w_L-w_P=44.1-24.3=19.8$$

$$I_L=\frac{w-w_P}{w_L-w_P}=\frac{33-24.3}{44.1-24.3}=0.44$$

$$S_r=\frac{wG_s}{e}=\frac{33\%\times2.72}{1.021}=88\%$$

(2)乙土的颗粒级配曲线及空白部分指标

颗粒级配曲线如下图所示。

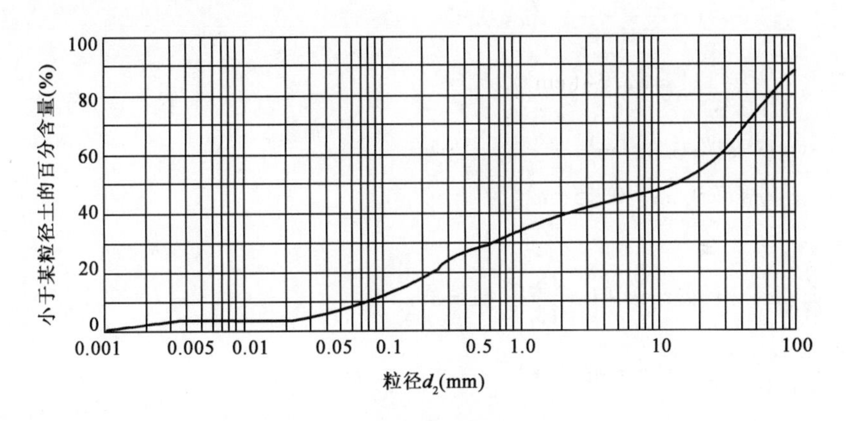

习题1-71解图

$$d_{60}=28mm\qquad d_{10}=0.1mm\qquad C_u=\frac{d_{60}}{d_{10}}=\frac{28}{0.1}=280$$

1-72. **解:**

干土质量 $m_s=99.2g$,湿土质量 $m=120.4g$

水的质量 $m=120.4-99.2=21.2(g)$

含水率 $w=\frac{m_w}{m_s}\times100\%=\frac{21.2}{99.2}\times100\%=21.4\%$

土的重度 $\gamma=\frac{120.4}{60}\times10=20.07(kN/m^3)$

孔隙比 $e=\frac{G_s\gamma_w(1+w)}{\gamma}-1=\frac{2.71\times10\times(1+0.214)}{20.07}-1=0.639$

1-73. **解：**

含水率 $w=\dfrac{17.48-15.03}{15.03}\times100\%=16.3\%$

天然重度 $\gamma=\dfrac{1.95\times10^{-3}\times10}{1\,000\times10^{-6}}=19.5(\mathrm{kN/m^3})$

由 $\gamma=\gamma_d(1+w)$ 得：

$\gamma_d=\dfrac{\gamma}{1+w}=\dfrac{19.5}{1+16.3\%}=16.8(\mathrm{kN/m^3})$

1-74. **解：**

孔隙比 $e=\dfrac{G_s\gamma_w(1+w)}{\gamma}-1=\dfrac{2.71\times10\times(1+15\%)}{21}-1=0.484$

1-75. **解：**

孔隙比 $e=\dfrac{G_s\gamma_w(1+w)}{\gamma}-1=\dfrac{2.66\times10\times(1+8.6\%)}{17.6}-1=0.641$

相对密实度 $D_r=\dfrac{e_{max}-e}{e_{max}-e_{min}}=\dfrac{0.710-0.641}{0.710-0.462}=0.278$

1-76. **解：**

孔隙比 $e=\dfrac{G_s\gamma_w}{\gamma_d}-1=\dfrac{2.69\times10}{16.6}-1=0.62$

$n=\dfrac{e}{1+e}=\dfrac{0.62}{1+0.62}=0.38=38\%$

$V_v=nV=0.38\times1=0.38(\mathrm{m^3})$

$V_w=S_rV_v=40\%\times0.38=0.15(\mathrm{m^3})$

1-77. **解：**

(1) $\gamma=\gamma_d(1+w)$，$w=\dfrac{\gamma}{\gamma_d}-1=\dfrac{18.4}{13.2}-1=39.4\%$

$w_L=\dfrac{14.5-10.3}{10.3}\times100\%=40.8\%$

$w_P=\dfrac{5.2-4.1}{4.1}\times100\%=26.8\%$

$I_P=w_L-w_P=40.8\%-26.8\%=14$

$I_L=\dfrac{w-w_P}{w_L-w_P}=\dfrac{39.4\%-26.8\%}{14}=0.9$

(2)该土 $I_P=14<17$，应定名为粉质黏土，处于软塑状态。

1-78. **解：**

土的重度 $\gamma=\gamma_d(1+w)=15.4\times(1+19.3\%)=18.4(\mathrm{kN/m^3})$

孔隙比 $e=\dfrac{G_s\gamma_w(1+w)}{\gamma}-1=\dfrac{2.73\times10\times(1+19.3\%)}{18.4}-1=0.77$

饱和度 $S_r=\dfrac{wG_s}{e}=\dfrac{19.3\%\times2.73}{0.77}=68.4\%$

1-79. **解：**

$I_P = w_L - w_P = 32 - 18 = 14 < 17$,应定名为粉质黏土。

$I_L = \dfrac{w - w_P}{w_L - w_P} = \dfrac{20 - 18}{14} = 0.14 < 0.25$,处于硬塑状态。

1-80. **解:**

饱和土样 $S_r = 100\%$

$$S_r = \frac{wG_s}{e}$$

$$\gamma = \frac{G_s\gamma_w(1 + w)}{1 + e}$$

联立求解得:

孔隙比 $e = 1.08$

土粒比重 $G_s = 2.71$

液性指数 $I_L = \dfrac{w - w_P}{w_L - w_P} = \dfrac{40 - 20}{42 - 20} = 0.91$

1-81. **解:**

令土样在高度为 h_1 时对应的孔隙比为 e_1,土样在高度为 h_2 时对应的孔隙比为 e_2,由三相比例图可知:

$$\frac{h_1}{1 + e_1} = \frac{h_2}{1 + e_2}$$

土样压缩量 $\Delta s = h_1 - h_2 = h_1 - \dfrac{1 + e_2}{1 + e_1} \cdot h_1 = \dfrac{e_1 - e_2}{1 + e_1} \cdot h_1$

1-82. **解:**

土的天然密度 $\rho = \dfrac{m}{V} = \dfrac{90}{50} = 1.8(\text{g/cm}^3)$

土的含水率 $w = \dfrac{m_w}{m_s} = \dfrac{90 - 68}{68} \times 100\% = 32.4\%$

孔隙比 $e = \dfrac{G_s\rho_w(1 + w)}{\rho} - 1 = \dfrac{2.69 \times 1.0 \times (1 + 32.4\%)}{1.8} - 1 = 0.979$

由 $\rho_d = \dfrac{G_s\rho_w}{1 + e_2}$,得 $e_2 = \dfrac{G_s\rho_w}{\rho_d} - 1 = \dfrac{2.69 \times 1.0}{1.61} - 1 = 0.671$

孔隙比减小值 $\Delta e = e - e_2 = 0.979 - 0.671 = 0.308$

1-83. **解:**

由 $S_r = \dfrac{wG_s}{e}$,得 $e = \dfrac{wG_s}{S_r}$

$$e_A = \frac{w_A G_{sA}}{S_{rA}} = \frac{18\% \times 2.74}{52\%} = 0.948$$

$$e_B = \frac{w_B G_{sB}}{S_{rB}} = \frac{7\% \times 2.67}{31\%} = 0.603$$

$$\rho_A = \frac{G_{sA}\rho_w(1 + w_A)}{1 + e_A} = \frac{2.74 \times 1.0 \times (1 + 18\%)}{1 + 0.948} = 1.66(\text{g/cm}^3)$$

$$\rho_B=\frac{G_{sB}\rho_w(1+w_B)}{1+e_B}=\frac{2.67\times1.0\times(1+7\%)}{1+0.603}=1.78(g/cm^3)$$

$\rho_A<\rho_B$

所以土样 B 的密度比土样 A 的大。

1-84. **解:**

(1)由 $I_{PA}>I_{PB}$ 可知 A 土样的黏土成分较多。

(2)$e_A=\frac{w_A G_{sA}}{S_{rA}}=\frac{53\%\times2.76}{100\%}=1.463$ $\quad e_B=\frac{w_B G_{sB}}{S_{rB}}=\frac{26\%\times2.72}{100\%}=0.707$

$$\gamma_A=\frac{G_{sA}\gamma_w(1+w_A)}{1+e_A}=\frac{2.76\times10\times(1+53\%)}{1+1.463}=17.14(kN/m^3)$$

$$\gamma_B=\frac{G_{sB}\gamma_w(1+w_B)}{1+e_B}=\frac{2.72\times10\times(1+26\%)}{1+0.707}=20.08(kN/m^3)>\gamma_A$$

所以 B 土样的单位重量较大。

(3)$\rho_{dA}=\frac{G_{sA}\rho_w}{1+e_A}=\frac{2.76\times1.0}{1+1.463}=1.12(g/cm^3)$

$$\rho_{dB}=\frac{G_{sB}\rho_w}{1+e_B}=\frac{2.72\times1.0}{1+0.707}=1.59(g/cm^3)$$

所以 B 土样的干密度较大。

(4)由(2)可知土样 A 的孔隙比较大。

1-85. **解:**

土的天然重度 $\gamma=\frac{W}{V}=\frac{95.15\times10^{-5}}{50\times10^{-6}}=19.03(kN/m^3)$

土的干重度 $\gamma_d=\frac{W_s}{V}=\frac{75.05\times10^{-5}}{50\times10^{-6}}=15.01(kN/m^3)$

土的含水率 $w=\frac{W-W_s}{W_s}\times100\%=\frac{95.15-75.05}{75.05}\times100\%=26.78\%$

土的饱和重度 $\gamma_{sat}=\frac{\gamma(G_s-1)}{G_s(1+w)}+\gamma_w=\frac{19.03\times(2.67-1)}{2.67\times(1+26.87\%)}+10=19.39(kN/m^3)$

土的浮重度 $\gamma'=\gamma_{sat}-\gamma_w=19.39-10=9.39(kN/m^3)$

土的孔隙比 $e=\frac{G_s\gamma_w}{\gamma_d}-1=\frac{2.67\times10}{15.01}-1=0.779$

土的孔隙率 $n=\frac{e}{1+e}=\frac{0.779}{1+0.779}=0.438$

土的饱和度 $S_r=\frac{WG_s}{e}=\frac{26.78\%\times2.67}{0.779}=91.8\%$

各种不同重度之间的关系为:$\gamma_{sat}>\gamma>\gamma_d>\gamma'$

1-86. **解:**

当土的干重度为 $0.98\gamma_{dmax}=0.98\times17.35=17(kN/m^3)$ 时:

$$\gamma_d=\frac{G_s\rho_w}{1+e}$$

$17=\frac{2.7\times10}{1+e}$

$e=0.588$

$S_r=\frac{wG_s}{e}=\frac{0.2\times2.7}{0.588}=0.92>0.85$

所以不适用。

1-87. 略

1-88. **解:**

土的天然重度 $\gamma=\gamma_d(1+w)=12.7\times(1+10\%)=13.97(\text{kN/m}^3)$

当土的干重度达到 16.8kN/m^3 时,填筑坝体 $5\,000\text{m}^3$ 中的干土重量为:

$W_s=\gamma_{d1}V_1=16.8\times5\,000=84\,000(\text{kN})$

现已知虚土的干重度为 12.7kN/m^3,因此,填筑坝体 $5\,000\text{m}^3$ 需要虚土的体积为:

$V_0=\frac{W_s}{r_{d0}}=\frac{84\,000}{12.7}=6\,614(\text{m}^3)$

碾压后土的饱和度达到 95%,干重度达到 16.8kN/m^3,则:

$S_r=\frac{\gamma_d G_s W}{G_s\gamma_w-\gamma_d},w=\frac{S_r(G_s\gamma_w-\gamma_d)}{\gamma_d G_s}$

因此碾压后土的含水率为 $w_1=\frac{95\%\times(2.70\times10-16.8)}{16.8\times2.70}=21.4\%$

需要加水 $\Delta W_w=(W_1-W_0)W_s=(21.4\%-10\%)\times84\,000=9\,576(\text{kN})$

1-89. **解:**

$V=V_s(1+e),V_s=\frac{V}{1+e}=\frac{V_1}{1+e_1}=\frac{V_2}{1+e_2}=1\text{m}^3$

$V_1=1+e_1=1+0.5=1.5(\text{m}^3)$

$V_2=1+e_2=1+0.6=1.6(\text{m}^3)$

1-90. **解:**

$I_{LA}=\frac{w_A-w_{PA}}{w_{LA}-w_{PA}}=\frac{45\%-30\%}{45\%-30\%}=1.0$,流塑

$I_{LB}=\frac{w_B-w_{PB}}{w_{LB}-w_{PB}}=\frac{25\%-30\%}{45\%-30\%}<0$,坚硬

所以 B 地基土比较好。

1-91. **解:**

$\gamma_d=\frac{\gamma}{1+w}=\frac{17}{1+10\%}=15.45(\text{kN/m}^3)$

$e=\frac{G_s\gamma_w}{\gamma_d}-1=\frac{2.72\times10}{15.45}-1=0.761$

$S_r=\frac{wG_s}{e}=\frac{10\%\times2.72}{0.761}=35.7\%$

1-92. **解:**

$I_P=w_L-w_P=29-17=12<17$,粉质黏土

$I_L = \dfrac{w - w_P}{w_L - w_P} = \dfrac{30 - 17}{29 - 17} > 1$，流塑状态

1-93. **证明：**

(1) $\gamma_d = \dfrac{G_s}{1+e}\gamma_w$

假定土的颗粒体积 $V_s = 1$

则孔隙体积 $V_v = e$，总体积 $V = 1 + e$

颗粒重量 $W_s = V_s G_s \gamma_w = G_s \gamma_w$，水的重量 $W_w = wW_s = wG_s\gamma_w$

总重量 $W = G_s(1+w)\gamma_w$

于是根据干重度的定义有：$\gamma_d = \dfrac{W_s}{V} = \dfrac{G_s\gamma_w}{1+e}$

(2) $S_r = \dfrac{wG_s(1-n)}{n}$

由 $n = \dfrac{V_v}{V} = \dfrac{e}{1+e}$，可得 $e = \dfrac{n}{1-n}$

根据饱和度的定义有：

$$S_r = \frac{V_w}{V_v} = \frac{\frac{W_w}{\gamma_w}}{e} = \frac{\frac{wG_s\gamma_w}{\gamma_w}}{e} = \frac{wG_s}{e} = \frac{wG_s(1-n)}{n}$$

1-94. **解：**

湿土质量 $m = 156.6 - 45.0 = 111.6(g)$，干土质量 $m_s = 82.3(g)$

水的质量 $m_w = 111.6 - 82.3 = 29.3(g)$

含水率 $w = \dfrac{m_w}{m_s} \times 100\% = \dfrac{29.3}{82.3} \times 100\% = 35.6\%$

土的重度 $\gamma = \rho g = \dfrac{111.6}{60} \times 10 = 18.6(kN/m^3)$

孔隙比 $e = \dfrac{G_s\gamma_w(1+w)}{\gamma} - 1 = \dfrac{2.73 \times 10 \times (1 + 35.6\%)}{18.6} - 1 = 0.990$

孔隙率 $n = \dfrac{e}{1+e} = \dfrac{0.990}{1+0.990} = 49.7\%$

饱和度 $S_r = \dfrac{wG_s}{e} = \dfrac{35.6\% \times 2.73}{0.990} = 98.2\%$

干重度 $\gamma_d = \dfrac{\gamma}{1+w} = \dfrac{18.6}{1+35.6\%} = 13.7(kN/m^3)$

饱和重度 $\gamma_{sat} = \dfrac{G_s + e}{1+e}\gamma_w = \dfrac{2.73 + 0.990}{1 + 0.990} \times 10 = 18.7(kN/m^3)$

有效重度 $\gamma' = \gamma_{sat} - \gamma_w = 18.7 - 10 = 8.7(kN/m^3)$

1-95. **解：**

1 号土样　$e = \dfrac{n}{1-n} = \dfrac{0.48}{1-0.48} = 0.923$

$$\gamma_d=\frac{G_s\gamma_w}{1+e}=\frac{2.65\times10}{1+0.923}=13.78(\mathrm{kN/m^3})$$

$$\gamma=\gamma_d(1+w)=13.78\times(1+34\%)=18.47(\mathrm{kN/m^3})$$

$$S_r=\frac{wG_s}{e}=\frac{34\%\times2.65}{0.923}=0.976$$

2 号土样 $\gamma_d=\dfrac{G_s\gamma_w}{1+e}=\dfrac{2.71\times10}{1+0.73}=15.66(\mathrm{kN/m^3})$

$$w=\left(\frac{\gamma}{\gamma_d}-1\right)\times100\%=\left(\frac{17.3}{15.66}-1\right)\times100\%=10.47\%$$

$$n=\frac{e}{1+e}=\frac{0.73}{1+0.73}=0.422$$

$$S_r=\frac{wG_s}{e}=\frac{10.47\%\times2.71}{0.73}=0.389$$

3 号土样 $w=\left(\dfrac{\gamma}{\gamma_d}-1\right)\times100\%=\left(\dfrac{19}{14.5}-1\right)\times100\%=31.03\%$

$$e=\frac{G_s\gamma_w}{\gamma_d}-1=\frac{2.71\times10}{14.5}-1=0.869$$

$$n=\frac{e}{1+e}=\frac{0.869}{1+0.869}=0.465$$

$$S_r=\frac{wG_s}{e}=\frac{31.03\%\times2.71}{0.869}=0.968$$

$$V=\frac{W_s}{\gamma_d}=\frac{0.145\times10^{-3}}{14.5}=10^{-5}(\mathrm{m^3})=10(\mathrm{cm^3})$$

4 号土样 $\gamma=\dfrac{W}{V}=\dfrac{1.62\times10^{-3}}{85.4\times10^{-6}}=18.97(\mathrm{kN/m^3})$

$$S_r=\frac{wG_s}{e}\tag{1}$$

$$e=\frac{G_s\gamma_w(1+w)}{\gamma}-1\tag{2}$$

联立式(1)和式(2),求解得 $e=\dfrac{G_s\gamma_w-\gamma}{\gamma-S_r\gamma_w}=\dfrac{2.65\times10-18.97}{18.97-1.00\times10}=0.839$

$$w=\frac{S_re}{G_s}=\frac{1.00\times0.839}{2.65}\times100\%=31.7\%$$

$$n=\frac{e}{1+e}=\frac{0.839}{1+0.839}=0.456$$

$$\gamma_d=\frac{G_s\gamma_w}{1+e}=\frac{2.65\times10}{1+0.839}=14.41(\mathrm{kN/m^3})$$

$$W_s=\frac{W}{1+w}=\frac{1.62}{1+31.7\%}=1.23(\mathrm{N})$$

1-96. **解:**

根据题 1-83 中 4 个土样的含水率数据以及本题中的液限和塑限数据,其土的定名及状态列于表中。

习题 1-96 解表

土样号	w_L(%)	w_P(%)	I_P	w(%)	I_L	土的类别	土的状态
1	31	17	14	34	1.21	粉质黏土	流塑
2	38	19	19	9.22	-0.51	黏土	坚硬
3	39	20	19	31.03	0.58	黏土	可塑
4	33	18	15	35.46	1.16	粉质黏土	流塑

1-97. 解:

$$e=\frac{G_s\rho_w(1+w)}{\rho}-1=\frac{2.68\times1\times(1+10.5\%)}{1.75}-1=0.692$$

$$D_r=\frac{e_{max}-e}{e_{max}-e_{min}}=\frac{0.941-0.692}{0.941-0.460}=0.518$$，中密

1-98. 解:

根据塑性图对四种土样的定名列于下表中。

习题 1-98 解表

土 样 号	w_L(%)	w_P(%)	I_P	土 的 定 名
1	35	20	15	低塑性黏土 CL
2	12	5	7	低塑性黏土 CL
3	65	42	23	高塑性粉土 MH
4	75	30	45	高塑性黏土 CH

第二章

黏性土的物理化学性质

一、选择题

2-1. A　2-2. A　2-3. C　2-4. A　2-5. B
2-6. B　2-7. B　2-8. B　2-9. A　2-10. C
2-11. B　2-12. B

二、判断题

2-13. √　2-14. √　2-15. ×　2-16. ×　2-17. √
2-18. ×　2-19. ×　2-20. √　2-21. √　2-22. √
2-23. ×　2-24. √

第三章 土中水的运动规律

一、选择题

3-1. B　3-2. A　3-3. B　3-4. B　3-5. C

3-6. C　3-7. C　3-8. C　3-9. A　3-10. B

3-11. B

3-12. A

提示：

三种土的等效渗透系数为：

$$k_{ABC}=\frac{\sum l_i}{\sum \frac{l_i}{k_i}}=\frac{50+30+10}{\frac{50}{1\times10^{-2}}+\frac{30}{3\times10^{-3}}+\frac{10}{5\times10^{-3}}}=\frac{9}{3\ 500}(\text{cm/s})$$

因为流量相同,则有：

$$k_A\frac{\Delta h}{l_A}=k_{ABC}\frac{\Delta h_C}{l_{ABC}}$$

$$\Delta h=\frac{9}{3\ 500}\times\frac{35}{50+30+10}\times\frac{50}{1\times10^{-2}}=5(\text{cm})$$

3-13. B

提示：

B 点测压管水头即 B 点总水头，黏土层水力梯度 $I=\frac{7.5-(2+4)}{4}=0.375$

砂层顶面至 B 点水头损失为：$\Delta H=IL=0.375\times2=0.75(\text{m})$

所以 B 点水头 $H=7.5-0.75=6.75(\text{m})$

二、判断题

3-14. × 3-15. √ 3-16. × 3-17. √ 3-18. √

三、计算题

3-19. **解**：

临界水力坡降：

$i_{cr}=\frac{\gamma'}{\gamma_w}=\frac{9.5}{10}=0.95$

水头损失：

$\frac{\Delta h}{L}\leqslant i_{cr}$

$\Delta h\leqslant3\times0.95=2.85(\text{m})$

水深：

$h_w\geqslant h_2-\Delta h-z$

$h_w\geqslant8-2.85-3=2.15(\text{m})$ 或 $\gamma_w=9.8\text{kN/m}^3$，$h_w\geqslant8-2.97-3=2.03(\text{m})$

3-20. **解**：

等效竖向渗透系数 $k_z=\frac{\sum_{i=1}^{3}h_i}{\sum_{i=1}^{3}\frac{h_i}{k_i}}=\frac{1+1+1}{\frac{1}{1}+\frac{1}{2}+\frac{1}{10}}=1.987(\text{m/d})$

3-21. **解**：

$k=\frac{q\cdot L}{A\cdot\Delta h}=\frac{Q\cdot L}{A\cdot\Delta h\cdot t}$

3-22. **解**：

$I_{cr}=\frac{\gamma'}{\gamma_w}=\frac{\gamma_{sat}-\gamma_w}{\gamma_w}=\frac{1.9\times10-10}{10}=0.9$

$I=\frac{7.5-(9-6)-h}{9-6}=\frac{4.5-h}{3}$

为了不发生流土现象，$I\leqslant I_{cr}$，故 $h\geqslant1.8\text{m}$。

3-23. **解**：

$k=\frac{q\cdot l}{A\cdot\Delta h}$

$q=\frac{k\cdot A\cdot\Delta h}{l}=\frac{1.5\times10^{-6}\times20\times10\times(7.5-2.0-2.0-1.0)}{4}\times10^4=1.875(\text{cm}^3/\text{s})$

3-24. **解**：

$k_{25}=\frac{al}{Ft}\ln\frac{h_1}{h_2}=\frac{1.2\times4.0}{32.2\times1}\times\ln\frac{320.5}{290.3}=1.475\times10^{-2}(\text{cm/h})=4.098\times10^{-8}(\text{m/s})$

查表 3-3 可知，$\frac{\eta_{25}}{\eta_{20}}=\frac{0.910+0.870}{2}=0.890$

$k_{20}=k_{25}\frac{\eta_{25}}{\eta_{20}}=4.098\times10^{-8}\times0.890=3.647\times10^{-8}(\mathrm{m/s})$

该土样为黏土。

3-25. **解：**

两个观测的水头分别为：

$r_1=15\mathrm{m}$ 处，$h=10-2.35-1.93=5.72(\mathrm{m})$

$r_2=60\mathrm{m}$ 处，$h=10-2.35-0.52=7.13(\mathrm{m})$

渗透系数：

$$k=\frac{q}{\pi}\cdot\frac{\ln\left(\frac{r_2}{r_1}\right)}{h_2^2-h_1^2}=\frac{5.47\times10^{-3}}{\pi}\times\frac{\ln\left(\frac{60}{15}\right)}{7.13^2-5.72^2}=1.33\times10^{-4}(\mathrm{m/s})$$

3-26. **解：**

(1)水头梯度

$I=\frac{H_1-H_2}{l}=\frac{h}{l}=\frac{0.2}{0.4}=0.5$

作用在土样上的动水力为：

$G_D=\gamma_w I=9.8\times0.5=4.9(\mathrm{kN/m^3})$

动水力的方向与土体重力方向相反。

(2)土的饱和重度

$\gamma_{sat}=\frac{G_s+e}{1+e}\gamma_w=\frac{2.69+0.800}{1+0.800}\times9.8=19.0(\mathrm{kN/m^3})$

土的有效重度 $\gamma'=\gamma_{sat}-\gamma_w=19.0-9.8=9.2(\mathrm{kN/m^3})$

若土样发生流砂现象，则临界水头梯度为 $I_{cr}=\frac{\gamma'}{\gamma_w}=\frac{9.2}{9.8}=0.939$

其水头差应至少为 $h=I_{cr}\cdot l=0.939\times0.4=0.376(\mathrm{m})$

第四章 土中应力计算

一、选择题

4-1. D　4-2. B　4-3. A　4-4. C　4-5. B
4-6. A　4-7. A　4-8. A

提示:

$$e=\frac{M}{F}=\frac{100}{240}=0.42(\mathrm{m})<\frac{3}{6}=0.5(\mathrm{m})$$

4-9. C　4-10. C　4-11. C　4-12. B　4-13. A
4-14. B　4-15. B　4-16. C　4-17. B　4-18. B

二、判断题

4-19. ×　4-20. ×　4-21. √

三、计算题

4-22. 解:

第一层土为细砂,地下水位以下的细砂受到水的浮力作用,其浮重度 γ' 为:

$$\gamma'=\frac{(G_s-1)\gamma}{G_s(1+w)}=\frac{(2.59-1)\times 19}{2.59\times(1+0.18)}=9.88(\mathrm{kN/m^3})$$

第二层黏土层的液性指数 $I_L = \frac{w - w_P}{w_L - w_P} = \frac{50 - 25}{48 - 25} = 1.09 > 1$，故认为黏土层受到水的浮力作用，其浮重度为：

$\gamma' = \frac{(2.68 - 1) \times 16.8}{2.68 \times (1 + 0.50)} = 7.02(\text{kN/m}^3)$

a 点：$z = 0, \sigma_{cz} = \gamma z = 0$；

b 点：$z = 2\text{m}, \sigma_{cz} = 19 \times 2 = 38(\text{kPa})$；

c 点：$z = 5\text{m}, \sigma_{cz} = \sum \gamma_i h_i = 19 \times 2 + 9.88 \times 3 = 67.64(\text{kPa})$；

d 点：$z = 9\text{m}, \sigma_{cz} = 19 \times 2 + 9.88 \times 3 + 7.02 \times 4 = 95.72(\text{kPa})$。

4-23. **解：**

水下的粗砂受到水的浮力作用，其浮重度为：

$\gamma' = \gamma_{sat} - \gamma_w = 19.5 - 10 = 9.5(\text{kN/m}^3)$

黏土层因为 $w = 20\% < w_P = 24\%$，$I_L < 0$，故认为土层不受水的浮力作用，且土层面上还受到上面的静水压力作用，土中各点的自重应力计算如下：

a 点：$z = 0, \sigma_{cz} = \gamma z = 0$；

$b_上$点：$z = 10\text{m}$，但该点位于粗砂层中，故 $\sigma_{cz} = \gamma' z = 9.5 \times 10 = 95(\text{kPa})$；

$b_下$点：$z = 10\text{m}$，但该点位于黏土层中，故 $\sigma_{cz} = \gamma' z + \gamma_w h_w = 9.5 \times 10 + 10 \times 13 = 225.0(\text{kPa})$；

c 点：$z = 15\text{m}, \sigma_{cz} = 225.0 + 19.3 \times 5 = 321.5(\text{kPa})$。

4-24. **解：**

$z = 3.0\text{m}: \sigma_c = 17 \times 3 = 51(\text{kPa})$

$z = 4.0\text{m}: \sigma_c = 51 + (20.5 - 10) \times 1 = 61.5(\text{kPa})$

$z = 6.0\text{m}: \sigma_c = 61.5 + (18.5 - 10) \times 2 = 78.5(\text{kPa})$

$z = 9.0\text{m}: \sigma_c = 78.5 + (20 - 10) \times 3 = 108.5(\text{kPa})$

不透水层面：$\sigma_c = 108.5 + 10 \times 6 = 168.5(\text{kPa})$

4-25. **解：**

由 $\gamma_d = \frac{G_s}{1 + e}\gamma_w$，得：

$e = \frac{G_s}{\gamma_d}\gamma_w - 1 = \frac{2.73}{15.4} \times 10 - 1 = 0.773$

重度 $\gamma = \gamma_d(1 + w) = 15.4 \times (1 + 24\%) = 19.1(\text{kN/m}^3)$

饱和重度 $\gamma_{sat} = \frac{G_s + e}{1 + e} \cdot \gamma_w = \frac{2.73 + 0.773}{1 + 0.773} \times 10 = 19.8(\text{kN/m}^3)$

现在的自重应力 $\sigma_c = 19.1 \times 5 + (19.8 - 10) \times 5 = 144.5(\text{kPa})$

汛期时的自重应力 $\sigma_c = (19.8 - 10) \times 10 = 98(\text{kPa})$

地下水下降后 $\sigma_c = 19.8 \times 5 + (19.8 - 10) \times 5 = 148(\text{kPa})$

4-26. **解：**

$16 \times 2 + (18 - 10) \times 5 = 72(\text{kPa})$

4-27. **解：**

加载瞬时,有效应力不变。

$(17.5-10.0)\times 5=37.5(\mathrm{kPa})$

4-28. **解:**

$$e=\frac{M}{N}=\frac{2\,800}{4\,000}=0.7(\mathrm{m})>\frac{4}{6}=0.67(\mathrm{m})$$

$$p'_{\max}=\frac{2N}{3\left(\frac{b}{2}-e\right)l}=\frac{2\times 4\,000}{3\times\left(\frac{4}{2}-0.7\right)\times 10}=205.1(\mathrm{kPa})$$

4-29. **解:**

设基础及台阶上回填土的重度为 $20\mathrm{kN/m^3}$。

$N=G+\sum F=20\times 4\times 2\times 2+680=1\,000(\mathrm{kN})$

$M=(\sum F)\times 0.35=680\times 0.35=238(\mathrm{kN\cdot m})$

$$e=\frac{M}{N}=\frac{238}{1\,000}=0.24(\mathrm{m})<\frac{4}{6}=0.67(\mathrm{m})$$

$$\bar{P}=\frac{N}{A}=\frac{1\,000}{2\times 4}=125(\mathrm{kPa})$$

$$p_{\max}=\frac{N}{A}+\frac{M}{W}=\frac{1\,000}{2\times 4}+\frac{238}{\frac{1}{6}\times 2\times 4^2}=125+44.63=169.63(\mathrm{kPa})$$

$$p_{\min}=\frac{N}{A}-\frac{M}{W}=\frac{1\,000}{2\times 4}-\frac{238}{\frac{1}{6}\times 2\times 4^2}=125-44.63=80.37(\mathrm{kPa})$$

基底压力分布如下图所示。

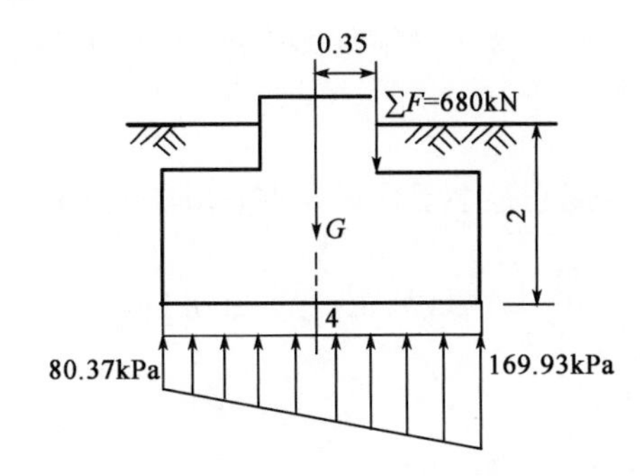

习题 4-29 解图(尺寸单位:m)

4-30. **解:**

$$p_{\min}=\frac{F+G}{A}-\frac{M}{W}=\frac{240}{3}-\frac{M}{\frac{1}{6}\times 1\times 3^2}=0$$

$M=120\mathrm{kN\cdot m}$

4-31. **解:**

各点的竖向应力 σ_z 可按布西奈斯克公式计算,并列于表中,绘出 σ_z 的分布图示于图中。

$z=3$m 处水平面上竖应力 σ_z 的计算 习题 4-31 解表 1

r(m)	0	1	2	3	4	5
r/z	0	0.33	0.67	1	1.33	1.67
α	0.478	0.369	0.189	0.084	0.038	0.017
σ_z(kPa)	10.6	8.2	4.2	1.9	0.8	0.4

$r=1$m 处竖直面上竖应力 σ_z 的计算 习题 4-31 解表 2

z(m)	0	1	2	3	4	5	6
r/z	∞	1	0.5	0.33	0.25	0.20	0.17
α	0	0.084	0.273	0.369	0.410	0.433	0.444
σ_z(kPa)	0	16.8	13.7	8.2	5.1	3.5	2.5

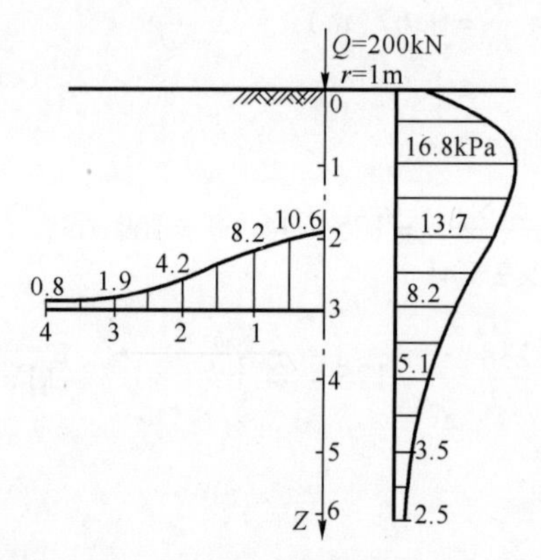

习题 4-31 解图 竖向集中力作用下土中应力分布

4-32. **解:**

$e=\dfrac{l}{6}=\dfrac{4}{6}=0.67(\text{m})$,当偏心距小于 0.67m 时,基底不会出现拉应力。

当 $p_{\min}=0$ 时,$p_{\max}\times4\times3\times\dfrac{1}{2}=1\,200\text{kPa}$,$p_{\max}=200\text{kPa}$

4-33. **解:**

因 $e=0.7\text{m}>\dfrac{l}{6}=\dfrac{4}{6}=0.67(\text{m})$

故 $p_{\max}=\dfrac{2(F+G)}{3\left(\dfrac{l}{2}-e\right)b}=\dfrac{2\times1\,440}{3\times\left(\dfrac{4}{2}-0.7\right)\times2}=369.2(\text{kPa})$

4-34. **解:**

当地下水位在基底处:

$p_0=p-\sigma_c=100-18\times1.5=73(\text{kPa})$

当地下水位在地表处:

$p_0=p-\sigma_c=100-(19-10)\times1.5=86.5(\text{kPa})$

4-35. **解:**

基础角点下 6m 处附加应力系数 $\alpha=\dfrac{12.95}{80}=0.162$

另一基础中心线下 6m 处:$\sigma_z=4\alpha\times90=4\times0.162\times90=58.32(\text{kPa})$

4-36. **解:**

基础中心线下 6m 处附加应力系数 $\alpha_0=\dfrac{58.28}{90}=0.648$

$\dfrac{l}{b}=2$,$\dfrac{z}{b}=3$, $\alpha_e=\dfrac{1}{4}\alpha_0=0.162$

另一基础角点下 6m 处:$\sigma_z=\alpha_e\cdot p_0=0.162\times100=16.2(\text{kPa})$

4-37. **解:**

$p_0=150+16.5\times2=183(\text{kPa})$

4-38. **解:**

(1)已知$\dfrac{l}{b}=\dfrac{6}{4}=1.5$,$\dfrac{z}{b}=\dfrac{8}{4}=2$,查得应力系数 $\alpha_0=0.153$。

$\sigma_z=\alpha_0 p=0.153\times100=15.3(\text{kPa})$

(2)通过查得的应力系数,则:

$$\sigma_z=100\times(0.131+0.015-0.084-0.035)$$
$$=100\times0.063=6.3(\text{kPa})$$

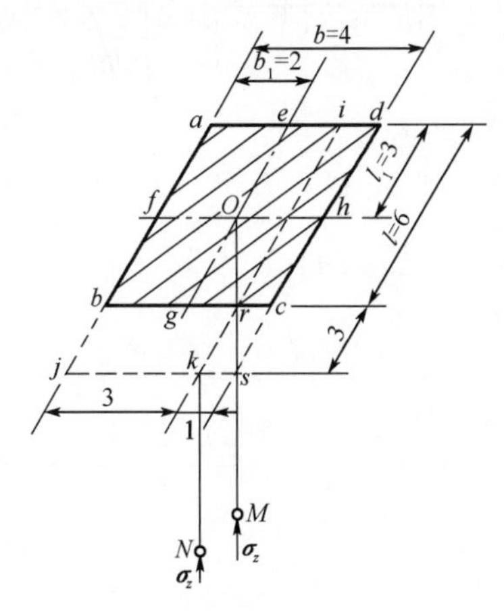

习题 4-38 解图(尺寸单位:m)

4-39. **解:**

本题求解时要通过两次叠加法计算,第一次是荷载作用面积的叠加,第二次是荷载分布图形的叠加。分别计算如下:

(1)荷载作用面积叠加计算

因为 O 点在矩形面积 $abcd$ 内,故可用角点法计算划分。如图 a)、b)所示,通过 O 点将矩形面积划分为 4 块,假定其上作用着均布荷载 q(见图中荷载 $DABE$),则 M 点产生的竖向应力 σ_{z1} 可用角点法计算,即:

$$\sigma_{z1}=\sigma_{z1(aeOh)}+\sigma_{z1(ebfO)}+\sigma_{z1(Ofcg)}+\sigma_{z1(hOgd)}=q(\alpha_{a1}+\alpha_{a2}+\alpha_{a3}+\alpha_{a4})$$

各块面积的应力系数列于表中。

应力系数 α_{ai} 计算结果　　习题 4-39 解表 1

编　号	荷载作用面积	$n=\frac{l}{b}$	$m=\frac{z}{b}$	α_{ai}
1	*aeOh*	$\frac{1}{1}=1$	$\frac{3}{1}=3$	0.045
2	*ebfO*	$\frac{4}{1}=4$	$\frac{3}{1}=3$	0.093
3	*Ofcg*	$\frac{4}{2}=2$	$\frac{3}{2}=1.5$	0.156
4	*hOgd*	$\frac{2}{1}=2$	$\frac{3}{1}=3$	0.073

$$\sigma_{z1}=q\sum\alpha_{ai}=\frac{100}{3}\times(0.045+0.093+0.156+0.073)=12.2(\text{kPa})$$

(2)荷载分布图形叠加计算

上述角点法求得的应力 σ_{z1} 是由均布荷载 q 引起的,但实际作用的荷载是三角形分布,因此可以将图所示的三角形分布荷载 *ABC* 分割成 3 块:均布荷载 *DABE*、三角形荷载 *AFD* 及 *CFE*。三角形荷载 *ABC* 等于均布荷载 *DABE* 减去三角形荷载 *AFD*,加上三角形荷载 *CFE*。故可将此三块分布荷载产生的应力叠加计算。

①三角形分布荷载 *AFD*,其最大值为 $q=100/3=33.33(\text{kPa})$,作用在矩形面积 *aeOh* 及 *ebfO* 上,并且 *O* 点在荷载为零处。因此它对 *M* 点引起的竖向应力 σ_{z2} 是两块矩形面积三角形分布荷载引起的应力之和。即:

$$\sigma_{z2}=\sigma_{z2(aeOh)}+\sigma_{z2(ebfO)}=q(\alpha_{t1}+\alpha_{t2})$$

式中的应力系数 α_{t1}、α_{t2} 计算列于表中。

$$\sigma_{z2}=\frac{100}{3}\times(0.021+0.045)=2.2(\text{kPa})$$

应力系数 α_{ti} 计算结果　　习题 4-39 解表 2

编　号	荷载作用面积	$n=\frac{l}{b}$	$m=\frac{z}{b}$	α_{ti}
1	*aeOh*	$\frac{1}{1}=1$	$\frac{3}{1}=3$	0.021
2	*ebfO*	$\frac{4}{1}=4$	$\frac{3}{1}=3$	0.045
3	*Ofcg*	$\frac{4}{2}=2$	$\frac{3}{2}=1.5$	0.069
4	*hOgd*	$\frac{1}{2}=0.5$	$\frac{3}{2}=1.5$	0.032

②三角形分布荷载 *CFE*,其最大值为 $(p-q)$,作用在矩形面积 *Ofcg* 及 *hOgd* 上,同样 *O* 点也在荷载零点处。因此,它对 *M* 点产生的竖向应力 σ_{z3} 是这两块矩形面积三角形分布荷载引起的应力之和。即:

$$\sigma_{z3}=\sigma_{z3(Ofcg)}+\sigma_{z3(hOgd)}=(p-q)(\alpha_{t3}+\alpha_{t4})$$

$$=\left(100-\frac{100}{3}\right)\times(0.069+0.032)=6.7(\text{kPa})$$

最后叠加求得三角形分布荷载 ABC 对 M 点产生的竖向应力 σ_z 为：

$\sigma_z=\sigma_{z1}-\sigma_{z2}+\sigma_{z3}=12.2-2.2+6.7=16.7(\mathrm{kPa})$

4-40. **解：**

应力系数 α_{ai} 计算结果 习题4-40解表

编　号	荷载作用面积	$n=\frac{l}{b}$	$m=\frac{z}{b}$	α_{ai}
1	*aehg*	$\frac{12}{8}=1.5$	$\frac{6}{8}=0.75$	0.218
2	*ibeg*	$\frac{8}{2}=4$	$\frac{6}{2}=3$	0.093
3	*fdhg*	$\frac{12}{3}=4$	$\frac{6}{3}=2$	0.135
4	*icfg*	$\frac{3}{2}=1.5$	$\frac{6}{2}=3$	0.061

$$\sigma_z=\sigma_{z(aehg)}-\sigma_{z(ibeg)}-\sigma_{z(fdhg)}+\sigma_{z(icfg)}=p(\alpha_{a1}-\alpha_{a2}-\alpha_{a3}+\alpha_{a4})$$
$$=100\times(0.218-0.093-0.135+0.061)=5.1(\mathrm{kPa})$$

4-41. **解：**

路堤填土的重力产生的荷载为梯形分布，如图所示，其最大强度 $p=\gamma h=20\times5=100(\mathrm{kPa})$。将梯形荷载 $abcd$ 分解为两个三角形荷载 ebc 及 ead 之差进行叠加计算。

$$\sigma_z=2[\sigma_{z(ebO)}-\sigma_{z(eaf)}]=2[\alpha_{s1}(p+q)-\alpha_{s2}q]$$

其中 q 为三角形荷载 eaf 的最大强度，可按三角形比例关系求得：

$q=p=100\mathrm{kPa}$

应力系数 α_{s1}、α_{s2} 计算列于表中。

应力系数 α_{si} 计算结果 习题4-41解表

编　号	荷载分布面积	$\frac{x}{b}$	O 点($z=0$)		M 点($z=10\mathrm{m}$)	
			$\frac{z}{b}$	α_{si}	$\frac{z}{b}$	α_{si}
1	*ebO*	$\frac{10}{10}=1$	0	0.500	$\frac{10}{10}=1$	0.241
2	*eaf*	$\frac{5}{5}=1$	0	0.500	$\frac{10}{5}=2$	0.153

故得 O 点的竖向应力 σ_z 为：

$$\sigma_z=2[\sigma_{z(ebO)}-\sigma_{z(eaf)}]$$
$$=2\times[0.5\times(100+100)-0.5\times100]=100(\mathrm{kPa})$$

M 点的竖向应力 σ_z 为：

$$\sigma_z=2\times[0.241\times(100+100)-0.153\times100]=65.8(\mathrm{kPa})$$

4-42. **解：**

应力系数 α_{si} 计算结果 习题 4-42 解表

编　号	荷载分布面积	$m=\frac{z}{b}$	$n'=\frac{x}{b}$	α_{si}
1	*agc*	1.0	0	0.159
2	*abdc*	1.5	2	0.060

故得 G 点下深度 3m 处的竖向应力 σ_z 为：

$\sigma_z=p(\alpha_{s1}+\alpha_{s2})=150\times(0.159+0.060)=32.85(\text{kPa})$

4-43. 解：

在基础底面中心轴线上取几个计算点 0、1、2、3，它们都位于土层分界面上，如图所示。

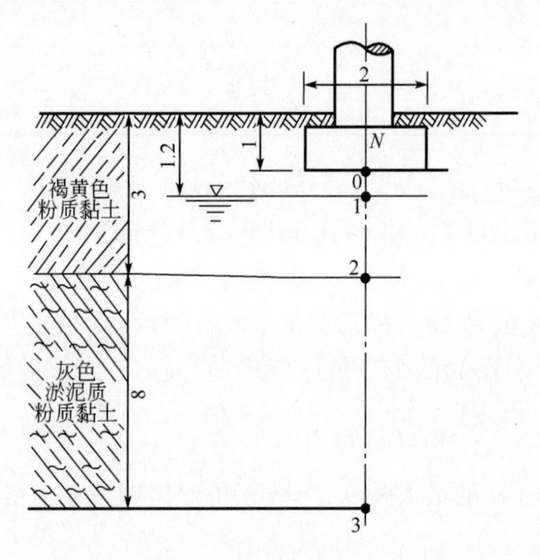

习题 4-43 解图(尺寸单位：m)

(1)自重应力计算

$\sigma_{cz}=\sum h_i\gamma_i$，将各点的自重应力计算结果列于下表中。

自重应力计算结果 习题 4-43 解表 1

计　算　点	土层厚度 h_i (m)	重度 γ_i (kN/m^3)	$\gamma_i h_i$ (kPa)	$\sigma_{cz}=\sum h_i\gamma_i$ (kPa)
0	1.0	18.7	18.7	18.7
1	0.2	18.7	3.74	22.4
2	1.8	8.9	16.02	38.5
3	8.0	8.4	67.2	105.7

(2)附加应力计算

基底压力 $p=\frac{N}{F}=\frac{1\,120}{2\times8}=70(\text{kPa})$

基底处的附加应力 $p_0=p-\gamma D=70-18.7\times1=51.3(\text{kPa})$

由式 $\sigma_z=\alpha_0 p_0$ 计算土中各点附加应力,其结果列于表中,并在图中绘出地基自重应力及附加应力分布图。

附加应力计算结果　　习题 4-43 解表 2

计算点	z (m)	$m=\frac{z}{b}$	$n=\frac{l}{b}$	α_0	$\sigma_z=\alpha_0 p_0$ (kPa)
0	0	0	4	1.000	51.3
1	0.2	0.1	4	0.989	50.7
2	2.0	1.0	4	0.540	27.7
3	10.0	5.0	4	0.067	3.4

4-44. 解:

在土中取几个计算点 0、1、2、3,它们都位于土层分界面上,如图所示。

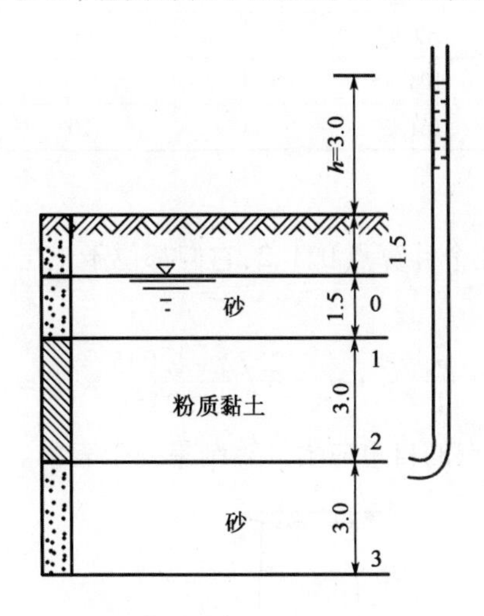

习题 4-44 解图(尺寸单位:m)

(1)土中总应力

$\sigma_z=\sum h_i\gamma_i$,将各点的自重应力计算结果列于下表中。

土中总应力计算结果　　习题 4-44 解表 1

计算点	土层厚度 h_i (m)	重度 γ_i (kN/m^3)	$\gamma_i h_i$ (kPa)	$\sigma_z=\sum h_i\gamma_i$ (kPa)
0	1.5	16.5	24.75	24.75
1	1.5	18.8	28.2	52.95
2	3.0	17.3	51.9	104.85
3	3.0	18.8	56.4	161.25

(2)孔隙水压力

将各点的孔隙水压力计算结果列于下表中。

孔隙水压力计算结果　　　习题 4-44 解表 2

计算点	水头高 h_i (m)	$u_i = h_i\gamma_w$ (kPa)
0	0	0
1	1.5	15
2	9.0	90
3	12.0	120

(3)有效应力

有效应力 $\sigma_z' = \sigma_z - u$,将各点的有效应力计算结果列于下表中。

有效应力计算结果　　　习题 4-44 解表 3

计算点	总应力 σ_z (kPa)	孔隙水压力 u (kPa)	有效应力 σ_z' (kPa)
0	24.75	0	24.75
1	52.95	15	37.95
2	104.85	90	14.85
3	161.25	120	41.25

4-45. **解:**

在基础底面中心轴线取几个计算点 0、1、2,它们都位于土层分界面上,如图所示。

(1)自重应力计算

粉质黏土的饱和重度 $\gamma_{sat} = \dfrac{G_s + e}{1 + e} \cdot \gamma_2 = \dfrac{2.72 + 1.045}{1 + 1.045} \times 10 = 18.4(\mathrm{kN/m^3})$

按公式 $\sigma_{cz} = \sum h_i\gamma_i$,将各点的自重应力计算结果列于表中。

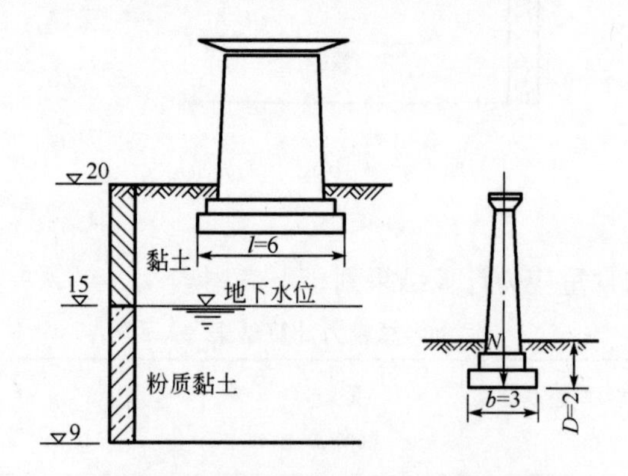

习题 4-45 解图(尺寸单位:m;高程单位:m)

自重应力计算结果　　　习题 4-45 解表 1

计算点	土层厚度 h_i (m)	重度 γ_i (kN/m³)	$\gamma_i h_i$ (kPa)	$\sigma_{cz} = \sum h_i\gamma_i$ (kPa)
0	2	20	40	40
1	3	20	60	100
2	6	8.41	50.46	150.46

(2)附加应力计算

基底压力 $p=\dfrac{N}{F}=\dfrac{2\,520}{6\times 3}=140(\text{kPa})$

基底处的附加应力 $p_0=p-\gamma D=140-20\times 2=100(\text{kPa})$

由式 $\sigma_z=\alpha_0 p_0$ 计算土中各点附加应力,其结果列于表中,在图中绘出地基自重应力及附加应力分布图(略)。

附加应力计算结果 习题 4-45 解表 2

计 算 点	z (m)	$m=\dfrac{z}{b}$	$n=\dfrac{l}{b}$	α_0	$\sigma_z=\alpha_0 p_0$ (kPa)
0	0	0	2	1.000	100
1	3	1	2	0.481	48.1
2	9	3	2	0.095	9.5

4-46. **解:**

A 点附加应力为 4 个 $n=\dfrac{l}{b}=\dfrac{25}{2}=12.5$,$m=\dfrac{z}{b}=\dfrac{4}{2}=2$ 的条形基础叠加,此附加应力系数为:

$$\alpha_A=\frac{1}{4}\times\frac{\sigma_{zA}}{p_0}=\frac{1}{4}\times\frac{54.9}{100}=0.137$$

对于 C、D 两点,$n=\dfrac{1}{b}=\dfrac{50}{4}=12.5$,$m=\dfrac{z}{b}=\dfrac{8}{4}-2$

所以 C、D 两点的附加应力系数为:

$\alpha_C=\alpha_D=0.137$

$\sigma_{zC}=\sigma_{zD}=0.137\times 100=13.7(\text{kPa})$

4-47. **解:**

桶底孔隙水压力 $u=\sigma_z-\sigma_z'=\gamma_{\text{sat}}H-0=\gamma_{\text{sat}}H$

因为砂土液化前后,有效应力为 0,作用在桶底上的总压力均为孔隙水压力。

4-48. **解:**

(1)自重应力分布如图。

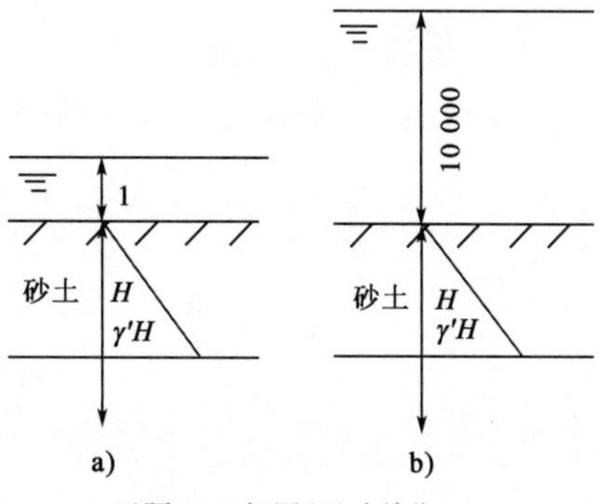

习题 4-48 解图(尺寸单位:m)

(2)土的强度与土的有效应力有关,10 000m 深度处土的有效应力与 1m 深度处相同,其有效应力均为0,因此不会破坏。

4-49. **解:**

基底压力 $p=\frac{F+G}{A}=\frac{760+4\times2\times2\times20}{4\times2}=135(\text{kPa})$

基底附加压力 $p_0=p-\gamma_0 d=135-(1\times17.8+1\times18.5)=98.7(\text{kPa})$

角点 A 下方4m处 M 点的附加应力系数 $k_1=f(m,n)=f\left(\frac{z}{b},\frac{l}{b}\right)=f\left(\frac{4}{2},\frac{4}{2}\right)=f(2,2)$

根据 M 点处的附加应力,有:$\sigma_{z1}=k_1p_0=f(2,2)\times98.7=11.8\Rightarrow f(2,2)=0.12$

将基础沿中心对称分为4个相同的小矩形,中心点 O(小矩形角点)下方2m处 N 点的附加应力系数为:$k_2=f(m,n)=f\left(\frac{z}{b},\frac{l}{b}\right)=f\left(\frac{2}{1},\frac{2}{1}\right)=f(2,2)=0.12$

则基础中心 O 点下2m深处 N 点的附加应力为:

$\sigma_{z2}=4k_2p_0=4f(2,2)\times98.7=47.4(\text{kPa})$

4-50. **解:**

(1)水力梯度 $I=\frac{\Delta b}{L}=0.4$

(2)动水力 $G_\text{D}=l\gamma_\text{w}=3.92\text{kN/m}^3$

(3)有效应力 $\sigma_z'=\sigma_{cz}-G_\text{D}z=\gamma'z-G_\text{D}z=(9.8-3.92)\times0.15=0.882(\text{kPa})$

4-51. **解:**

习题4-51解表

位　　置	总 应 力	孔隙水压力	有 效 应 力
黏土层顶	0	0	0
黏土层底	76kPa	60kPa	16kPa

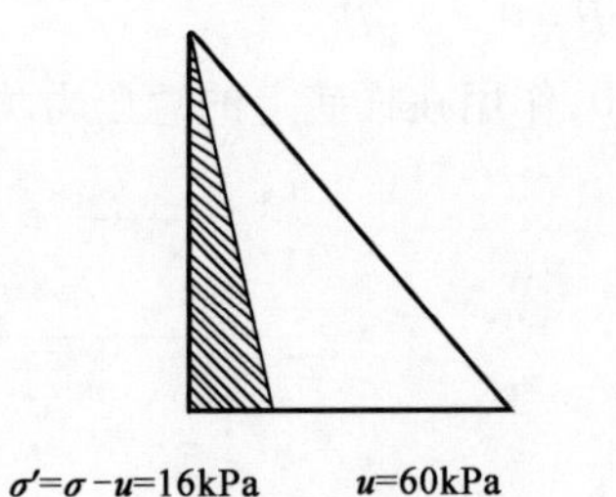

习题4-51解图

第五章

土的压缩性与地基沉降计算

一、选择题

5-1. A　5-2. B　5-3. A　5-4. A　5-5. C
5-6. B　5-7. C　5-8. B　5-9. A　5-10. C
5-11. A　5-12. B　5-13. C　5-14. B　5-15. A
5-16. B　5-17. A　5-18. B　5-19. C
5-20. A

提示：

基础埋深1.5m，则基底下15m处的自重应力为：

$\sigma_{cz} = (18-10) \times (1.5+15) = 132(\text{kPa})$

由 $z/b = 15/3 = 5$，查表5-20可得 $\alpha = 0.13$，则基底下15m处的附加应力为：

$\sigma_z = \alpha p_0 = 0.13 \times 100 = 13(\text{kPa})$

$$\frac{\sigma_z}{\sigma_{cz}} = \frac{13}{132} = 0.098 < 0.1$$

故压缩层深度取基底下15m处。

5-21. C

提示：

$e_1 = 1.15 - 0.0014 \times (17 \times 7 + 55) = 0.906$

$\Delta e = 0.0014 \times 10 = 0.014$

$S = \frac{\Delta e}{1+e} H = \frac{0.014}{1+0.906} \times 200 = 0.147(\text{cm}) = 1.47(\text{mm})$

5-22. B　5-23. A　5-24. B　5-25. A　5-26. C

5-27. B　5-28. A　5-29. C　5-30. C　5-31. B

5-32. A　5-33. B　5-34. B　5-35. B　5-36. A

5-37. C　5-38. C　5-39. C　5-40. B　5-41. C

5-42. A　5-43. A

5-44. B

提示：

$\frac{t_1}{t_2} = \frac{H_1^2}{H_2^2} = \frac{(0.5H_2)^2}{H_2^2} = \frac{1}{4}$　　$t_2 = 4t_1$

5-45. C

提示：

$T_v = \frac{c_v}{H^2} t$　$T_{v2} = 4T_{v1}$　故 $U_1 = 2U_2$

5-46. C　5-47. A　5-48. C　5-49. A

5-50. C

提示：

$\gamma_d = \frac{\gamma}{1+w}$　　$w = \frac{\gamma - \gamma_d}{\gamma_d}$

A. $w = 40.7\%$　B. $w = 32.1\%$　C. $w = 24.1\%$

5-51. B

提示：

$e = \frac{wG_s}{S_r}$，S_r 越大，则 e 越小。

二、判断题

5-52. ×　5-53. ×　5-54. √　5-55. ×　5-56. ×

三、计算题

5-57. 解：

$e = e_0 - \Delta e = e_0 - \frac{\Delta H}{H_0}(1+e_0) = 1.25 - \frac{1.2}{20} \times (1+1.25) = 1.25 - 0.135 = 1.115$

5-58. 解：

$\frac{H_0}{1+e_0} = \frac{H_1}{1+e_1}$

$H_1 = \frac{1+e_1}{1+e_0} H_0 = \frac{1+1.05}{1+1.25} \times 2 = 1.82(\text{cm})$

$\Delta V = 60 - \frac{60}{2} \times 1.82 = 5.4(\text{cm}^3)$

5-59. **解：**

$$S_r=\frac{WG_s}{e}\quad \frac{e_1}{e_2}=\frac{S_{r2}}{S_{r1}}$$

$$e_2=\frac{S_{r1}}{S_{r2}}e_1=\frac{0.8}{0.95}\times 1=0.842$$

$$\frac{\gamma_1}{\gamma_2}=\frac{1+e_2}{1+e_1}$$

$$\gamma_2=\frac{1+e_1}{1+e_2}\gamma_1=\frac{1+1}{1+0.842}\gamma_1=1.086\gamma_1$$

由此可见，土样压缩后土的重度增大，是原来的1.086倍。

5-60. **解：**

$$e_2=\frac{S_{r1}}{S_{r2}}e_1=\frac{0.8}{0.9}\times 1=0.89$$

压缩系数 $\alpha=\frac{e_1-e_2}{p_2-p_1}=\frac{1-0.89}{100}=0.11\times 10^{-2}=1.1(\mathrm{MPa}^{-1})$

压缩模量 $E_s=\frac{1+e_1}{\alpha}=\frac{1+1}{1.1}=1.82(\mathrm{MPa})$

5-61. **解：**

$$\Delta e=\frac{\Delta H}{H_0}(1+e)=\frac{0.89}{20}\times(1+1.15)=0.0957$$

$$\Delta m_w=(\Delta V_v)\rho_w=(\Delta e)V_s\rho_w$$

$$\Delta w=\frac{\Delta m_w}{m_s}=\frac{(\Delta e)V_r\rho_w}{G_s\rho_w V_s}=\frac{\Delta e}{G_s}=\frac{0.0957}{2.70}=3.5\%$$

5-62. **解：**

$$e_0=\frac{G_s\gamma_w(1+w)}{\gamma}-1=\frac{2.7\times 10\times(1+0.4)}{18}-1=1.1$$

$$\Delta e=\frac{\Delta H}{H_0}(1+e_0)=\frac{0.95}{20}\times(1+1.1)=0.0998$$

$$\alpha=\frac{\Delta e}{\Delta p}=\frac{0.0998}{100\times 10^{-3}}=0.998(\mathrm{MPa}^{-1})$$

$$E_s=\frac{\Delta p}{\Delta e}(1+e_0)=\frac{100\times 10^{-3}}{0.0998}\times(1+1.1)=2.20(\mathrm{MPa})$$

5-63. **解：**

$$e_0=\frac{wG_r}{S_r}=\frac{0.4\times 2.7}{100\%}=1.08$$

$$\gamma_0=\frac{G_s(1+w)\gamma_w}{1+e_0}=\frac{2.7\times(1+0.4)\times 10}{1+1.08}=18.17(\mathrm{kN/m^3})$$

$$e_1=\frac{wG_s}{S_r}=\frac{0.34\times 2.7}{100\%}=0.918$$

$$\alpha=\frac{\Delta e}{\Delta p}=\frac{1.08-0.918}{100\times 10^{-3}}=1.62(\mathrm{MPa}^{-1})$$

$$E_s=\frac{\Delta p}{\Delta e}(1+e_0)=\frac{100\times10^{-3}}{1.08-0.918}\times(1+1.08)=1.284(\text{MPa})$$

$$\Delta H=\frac{\Delta e}{1+e_0}H=\frac{(1.08-0.918)}{1+1.08}\times20=1.55(\text{mm})$$

$$\gamma_1=\frac{G_s(1+w)\gamma_w}{1+e_1}=\frac{2.7\times(1+0.34)\times10}{1+0.918}=18.86(\text{kN/m}^3)$$

5-64. 解：

$$e_0=\frac{G_s\gamma_w(1+w)}{\gamma}-1=\frac{2.7\times10\times(1+0.4)}{18}-1=1.1$$

$$\alpha=\frac{\Delta e}{\Delta p},\Delta e=\alpha\Delta p=1.35\times100\times10^{-3}=0.135$$

$$e=e_0-\Delta e=1.1-0.135=0.965$$

$$\Delta H\ \frac{\Delta e}{1+e_0}H=\frac{0.135}{1+1.1}\times20=1.29(\text{mm})$$

5-65. 解：

$$e_0=\frac{G_s\gamma_w(1+w)}{\gamma}-1=\frac{2.7\times10\times(1+0.4)}{18}-1=1.1$$

$$\Delta e=\frac{1+e_0}{E_s}\Delta p=\frac{1+1.1}{1.27}\times100\times10^{-3}=0.173$$

$$\Delta H=\frac{\Delta e}{1+e_0}H=\frac{0.173}{1+1.1}\times20=1.57(\text{mm})$$

5-66. 解：

$E_0=E_s\left(1-\frac{2u^2}{1-u}\right),E_0<E_s$。其中，$u$ 为泊松比。

5-67. 解：

$$e_0=\frac{G_s\gamma_w(1+w)}{\gamma}-1=\frac{2.7\times10\times(1+0.42)}{17.5}-1=1.19$$

$$\Delta e=a\Delta p=1.23\times100\times10^{-3}=0.123$$

$$s=\frac{\Delta e}{1+e_0}H=\frac{0.123}{1+1.19}\times400=22.48(\text{cm})$$

5-68. 解：

$$s=\frac{e_1-e_2}{1+e_1}H=\frac{1.25-1.12}{1+1.25}\times400=23.1(\text{cm})$$

5-69. 解：

$$s=\frac{e_1-e_2}{1+e_1}H$$

所以 $e_1=\frac{s+e_2H}{H-s}=\frac{20+1.1\times400}{400-20}=1.21$

5-70. 解：

基底下 5m 处土的自重应力为：$p=(18-10)\times(1+5)=48(\text{kPa})$

$e_1=1.15-0.00125p=1.15-0.00125\times48=1.09$

$e_2 = 1.15 - 0.00125p = 1.15 - 0.00125 \times (48 + 75) = 0.996$

$$s = \frac{e_1 - e_2}{1 + e_1}H = \frac{1.09 - 0.996}{1 + 1.09} \times 200 = 9(\text{cm})$$

5-71. **解：**

(1)降水区为地表下0～3m，以地表下1.5m处应力变化为基准，计算降水区沉降量。

降水前：$p_1 = (18 - 10) \times 1.5 = 12(\text{kPa})$　$e_1 = 1.25 - 0.00125 \times 12 = 1.235$

降水后：$p_2 = 17 \times 1.5 = 25.5(\text{kPa})$　$e_2 = 1.25 - 0.00125 \times 25.5 = 1.218$

$\Delta e = e_1 - e_2 = 1.235 - 1.218 = 0.017$

$$s = \frac{\Delta e}{1 + e_1}H = \frac{0.017}{1 + 1.235} \times 300 = 2.28(\text{mm})$$

(2)以地表下4m处应力变化为基准，计算3～5m压缩量。

$p_1 = (18 - 10) \times 4 = 32(\text{kPa})$　$e_1 = 1.25 - 0.00125 \times 32 = 1.21$

$p_2 = 17 \times 3 + 18 \times 1 = 59(\text{kPa})$　$e_2 = 1.25 - 0.00125 \times 59 = 1.176$

$\Delta e = e_1 - e_2 = 1.21 - 1.176 = 0.034$

$$s = \frac{\Delta e}{1 + e_1}H = \frac{0.034}{1 + 1.21} \times 200 = 3.08(\text{mm})$$

5-72. **解：**

5～7m平均附加应力 $\Delta p = \frac{65 + 43}{2} = 54(\text{kPa})$

$$s = \frac{\Delta p}{E_s}H = \frac{54}{1800} \times 200 = 6(\text{cm})$$

5-73. **解：**

$$\Delta s = \frac{p}{E_s}(\alpha_i z_i - \alpha_{i-1} z_{i-1}) = \frac{100}{1800} \times (0.762 \times 7.5 - 0.878 \times 5) = 0.0736(\text{m}) = 7.36(\text{cm})$$

5-74. **解：**

$p_0 = p - \sigma_c = p - \gamma d = 0$

$$d = \frac{p}{\gamma} = \frac{80}{18} = 4.4(\text{m})$$

5-75 **解：**

$$\frac{c_v t_1}{H_1^2} = \frac{c_v t_2}{H_2^2},\ t_2 = \frac{H_2^2}{H_1^2}t_1 = \frac{200^2}{l^2} \times 7 = 280000(\text{min}) = 194.4(\text{d})$$

5-76. **解：**

$$T_v = \frac{c_v t}{H^2} = \frac{2.96 \times 10^{-3} \times 100 \times 24 \times 60 \times 60}{200^2} = 0.64$$

$$U = 1.128(T_v)^{1/2} = 1.128 \times (0.64)^{1/2} = 0.90$$

黏土层的最终沉降量 $s_\infty = \frac{s_t}{U} = \frac{12.8}{0.9} = 14.2(\text{cm})$

当单面排水时：$T_v = \frac{c_v t}{H^2} = \frac{2.96 \times 10^{-3} \times 100 \times 24 \times 60 \times 60}{400^2} = 0.16$

$U=1.128\times0.16^{1/2}=0.45$

最终沉降量 $s_{\infty}=\dfrac{s_t}{U}=\dfrac{12.8}{0.45}=28.4(\text{cm})$

5-77. **解：**

$U=\dfrac{18.5}{28}=0.66, T_v=\left(\dfrac{U}{1.128}\right)^2=\left(\dfrac{0.66}{1.128}\right)^2=0.342$

$c_v=\dfrac{T_v H^2}{t}=\dfrac{0.342\times400^2}{100\times24\times60\times60}=6.33\times10^{-3}(\text{cm}^2/\text{s})$

5-78. **解：**

以地面下 3m 处应力变化为基准，自重应力 $p_1=(18-10)\times3=24(\text{kPa})$

$e_1=1.25-0.0016\times24=1.212$

$e_2=1.25-0.0016\times(24+100)=1.052$

$\Delta e=e_1-e_2=0.16$

$s_{\infty}=\dfrac{\Delta e}{1+e_1}H=\dfrac{0.16}{1+1.212}\times600=43.4(\text{cm})$

$U_t=\dfrac{14.5}{43.4}=33.4\%$

5-79. **解：**

孔隙水压力面积：$0.5\times4\times80=160(\text{kPa}\cdot\text{m})$

总应力面积：$4\times100=400(\text{kPa}\cdot\text{m})$

$U_t=\dfrac{400-160}{400}=60\%$

5-80. **解：**

$s_t=\dfrac{e_0-e}{1+e_0}H=\dfrac{1.25-1.19}{1+1.25}\times600=16(\text{cm})$

$U=\dfrac{16}{25}=64\%$

5-81. **解：**

$s_t=0.64\times25=16(\text{cm})$

$s_t=\dfrac{\Delta e}{1+e_0}H, \Delta e=\dfrac{(1+e_0)s_t}{H}=\dfrac{(1+1.25)\times16}{600}=0.06$

$e=e_0-\Delta e=1.25-0.06=1.19$

5-82. **解：**

$e_0=\dfrac{G_s\gamma_w(1+w)}{\gamma}-1=\dfrac{2.7\times10\times(1+0.45)}{17.6}-1=1.2244$

$e=\dfrac{w}{w_0}e_0=\dfrac{0.40}{0.45}\times1.2244=1.0884$

$$s=\frac{e_0-e}{1+e_0}H=\frac{1.2244-1.0884}{1+1.2244}\times600=36.68(\text{cm})$$

$$s_t=\frac{s}{U}=\frac{36.68}{0.9}=40.8(\text{cm})$$

5-83. **解：**

$\sigma=(18-10)\times5=40(\text{kPa})$

$u=10\times5+50=100(\text{kPa})$

5-84. **解：**

$$T_v=\frac{c_v t}{H^2}=\frac{4.54\times10^{-3}\times100\times24\times60\times60}{500^2}=0.1569$$

荷载引起的超孔隙水压力为：

$$u_z=\frac{4p}{\pi}e^{-\frac{\pi^2}{4}T_v}\cdot\sin\left(\frac{\pi z}{2H}\right)$$

$$=\frac{4\times50}{\pi}\times e^{-\frac{\pi^2}{4}\times0.1569}\times\sin\left(\frac{\pi\times500}{2\times500}\right)=43.23(\text{kPa})$$

总的孔隙水压力 $u=u_z+\gamma_w z=43.23+10\times5=93.23(\text{kPa})$

总的有效应力 $\sigma'=(p-u)+\gamma' z=(50-43.23)+(18-10)\times5=46.77(\text{kPa})$

5-85. **解：**

$\frac{t_1}{t_2}=\frac{H_1^2}{H_2^2}$，$H_2=2H_1$，所示 $t_2=4t_1=4\times2=8$（年）

5-86. **解：**

$t_2=\frac{t_1}{4}=\frac{1}{4}\times2=0.5$（年）

5-87. **解：**

（1）地基分层

考虑分层厚度不超过 $0.4b=0.8\text{m}$ 以及地下水位，基底以下厚 1.2m 的黏土层分成两层，层厚均为 0.6m，其下粉质黏土层分层厚度均取为 0.8m。

（2）计算自重应力

计算分层处的自重应力，地下水位以下取有效重度进行计算。

如第 2 点自重应力为：$1.8\times17.6+0.6\times(17.6-9.8)=36.36(\text{kPa})$

计算各分层上下界面处自重应力的平均值，作为该分层受压前所受侧限竖向应力 p_{1i}，各分层点的自重应力值及各分层的平均自重应力值列于表中。

（3）计算竖向附加应力

基底平均附加应力 $p_0=\frac{300+3.0\times2.0\times1.2\times20}{3.0\times2.0}-1.2\times17.6=52.9(\text{kPa})$

利用应力系数 α_c 计算各分层点的竖向附加应力，如第 1 点的附加应力为：

$4\alpha_c\times52.9=4\times0.231\times52.9=48.9(\text{kPa})$

计算各分层上下界面处附加应力的平均值：

各分层点的附加应力值及各分层的平均附加应力值列于表中。

(4)各分层自重应力平均值和附加应力平均值之和作为该分层受压后所受总应力 p_{2i}

(5)确定压缩层深度

按 $\sigma_z=0.1\sigma_{cz}$ 来确定压缩层深度，$z=4.4$m 处，$\sigma_z=7.02>0.1\sigma_c=6.23$kPa；$z=5.2$m 处，$\sigma_z=5.08<0.1\sigma_c=6.88$kPa，所以压缩层深度为基底以下 5.2m。

(6)计算各分层的压缩量

如第 3 层 $\Delta s_3=\dfrac{e_{1i}-e_{2i}}{1+e_{1i}}H_i=\dfrac{0.901-0.876}{1+0.901}\times 800=10.5(\text{mm})$，各分层的压缩量列于表中。

分层总和法计算地基最终沉降 习题 5-87 解表

分层点	深度 z_i (m)	自重应力 σ_c (kPa)	附加应力 σ (kPa)	层号	层厚 H_i (m)	自重应力平均值 $\dfrac{\sigma_{c(i-1)}+\sigma_{ci}}{2}$ (即 p_{1i}) (kPa)	附加应力平均值 $\dfrac{\sigma_{z(i-1)}+\sigma_{zi}}{2}$ (即 Δp_i) (kPa)	总应力平均值 $p_{1i}+\Delta p_i$ (即 p_{2i}) (kPa)	受压前孔隙比 e_{1i} (对应 p_{1i})	受压后孔隙比 e_{2i} (对应 p_{2i})	分层压缩量 $\Delta s_i=\dfrac{e_{1i}-e_{2i}}{1+e_{1i}}H_i$ (mm)
0	0	21.1	52.9	—	—	—	—	—	—	—	—
1	0.6	31.7	48.9	①	0.6	26.4	50.9	77.3	0.637	0.616	7.7
2	1.2	36.4	36.8	②	0.6	34.1	42.9	77.0	0.633	0.617	5.9
3	2.0	42.9	22.6	③	0.8	39.7	29.7	69.4	0.901	0.876	10.5
4	2.8	49.5	14.6	④	0.8	46.2	18.6	64.8	0.896	0.879	7.2
5	3.6	56.0	9.90	⑤	0.8	52.8	12.3	65.1	0.887	0.879	3.4
6	4.4	62.3	7.02	⑥	0.8	59.2	8.46	67.7	0.883	0.877	2.5
7	5.2	68.8	5.08	⑦	0.8	65.6	6.05	71.7	0.878	0.874	1.7

(7)计算基础平均最终沉降量

$s=\Delta s_i=7.7+5.9+10.5+7.2+3.4+2.5+1.7=38.9(\text{mm})$

5-88. **解：**

(1)基底附加压力

$$p_0=\frac{1\,800+4.8\times 3.2\times 1.5\times 20}{4.8\times 3.2}-18\times 1.5=120(\text{kPa})$$

(2)计算过程

应力面积法计算地基最终沉降 习题 5-88 解表

z (m)	l/b	z/b	$\bar{\alpha}$	$z\bar{\alpha}$	$z_i\bar{\alpha}_i-z_{i-1}\bar{\alpha}_{i-1}$	E_{si} (MPa)	$\Delta s_i'$ (mm)	$\sum\Delta s_i'$ (mm)
0.0	2.4/1.6 =1.5	0/1.6 =0.0	4 ×0.250 0 = 1.000 0	0.000				
2.4	1.5	2.4/1.6 =1.5	4 ×0.210 8 = 0.843 2	2.024	2.024	3.66	66.3	66.3
5.6	1.5	5.6/1.6 =3.5	4 ×0.139 2 = 0.556 8	3.118	1.094	2.60	50.5	116.8

续上表

z (m)	l/b	z/b	$\overline{\alpha}$	$z\overline{\alpha}$	$z_i\overline{\alpha}_i - z_{i-1}\overline{\alpha}_{i-1}$	E_{si} (MPa)	$\Delta s'_i$ (mm)	$\sum\Delta s'_i$ (mm)
7.4	1.5	7.4/1.6 = 4.6	4 × 0.114 5 = 0.458 0	3.389	0.271	6.20	5.3	122.1
8.0	1.5	8.0/1.6 = 5.0	4 × 0.108 0 = 0.432 0	3.456	0.067	6.20	1.3 ≤ 0.025 × 123.4 = 3.1	123.4

(3)确定沉降计算深度 z_n

上表中 $z=8\text{m}$ 深度范围内的计算沉降量为123.4mm,相应于7.4～8.0m深度范围(往上取 $\Delta z=0.6\text{m}$)土层计算沉降量为1.3mm≤0.025×123.4mm=3.1mm,满足要求,故沉降计算深度 $z_n=8.0\text{m}$。

(4)确定修正系数 ψ_s

$$\overline{E}_s=\frac{\sum_1^n A_i}{\sum_1^n A_i/E_{si}}$$

$$=\frac{p_0(z_n\overline{\alpha}_n-0\cdot\overline{\alpha}_0)}{p_0\left[\frac{(z_1\overline{\alpha}_1-0\cdot\overline{\alpha}_0)}{E_{s1}}+\frac{(z_2\overline{\alpha}_2-z_1\cdot\overline{\alpha}_1)}{E_{s2}}+\frac{(z_3\overline{\alpha}_3-z_2\cdot\overline{\alpha}_2)}{E_{s3}}+\frac{(z_4\overline{\alpha}_4-z_3\cdot\overline{\alpha}_3)}{E_{s4}}\right]}$$

$$=\frac{p_0\cdot 3.456}{p_0\left(\frac{2.024}{3.66}+\frac{1.094}{2.60}+\frac{0.271}{6.20}+\frac{0.067}{6.20}\right)}=3.36(\text{MPa})$$

由规范表(当 $p_0\leqslant0.75f_k$)得:$\psi_s=1.04$

(5)计算基础中点最终沉降量

$$s=\psi_s s'=\psi_s\sum_1^4\frac{p_0}{E_{si}}(z_i\overline{\alpha}_i-z_{i-1}\overline{\alpha}_{i-1})=1.04\times123.4=128.3(\text{mm})$$

5-89. **解:**

(1)用测压管测得的孔隙水压力值包括静止孔隙水压力和超孔隙水压力,扣除静止孔隙水压力后,A、B、C、D、E 五点的超孔隙水压力分别为32.0kPa、55.0kPa、75.0kPa、92.0kPa、100.0kPa,计算此超孔隙水压力图的面积近似为608kPa·m,起始超孔隙水压力(或最终有效附加应力)图的面积为150×10=1 500kPa·m,则此时固结度 $U_i=1-\frac{608}{1\,500}=59.5\%$,$\alpha=1$,查表得 $T_v=0.29$。

黏土层的竖向固结系数:

$$c_v=\frac{k(1+e)}{\alpha\gamma_w}=\frac{kE_s}{\gamma_w}=\frac{5.14\times10^{-8}\times550}{0.009\,8}=2.88\times10^{-3}(\text{cm}^2/\text{s})=0.9\times10^{-5}(\text{cm}^2/\text{a})$$

由于是单面排水,则竖向固结时间因数 $T_v=\frac{c_v\cdot t}{H^2}=\frac{0.9\times10^5\times t}{1\,000^2}=0.29$,得 $t=3.22\text{a}$,即此黏土层已固结了3.22年。

(2)再经过5年,则竖向固结时间因数 $T_v=\frac{c_v\cdot t}{H^2}=\frac{0.9\times10^5\times(3.22+5)}{1\,000^2}=0.74$

查表得 $U_t=0.861$，即该黏土层的固结度达到86.1%，在整个固结过程中，黏土层的最终压缩量为 $\frac{p_0H}{E_s}=\frac{150\times1\,000}{5\,500}=27.3(\text{cm})$，因此这五年间黏土层产生 $(86.1-59.5)\%\times27.3=7.26(\text{cm})$ 的压缩量。

5-90. **解：**

(1)孔隙比

$$\rho=\frac{175.6-58.6}{2\times30}=19.5(\text{kN/m}^3)$$

含水率 $w=\frac{175.6-58.6-91.0}{91.0}\times100\%=28.6\%$

初始孔隙比 $e_0=\frac{G_s\rho_w(1+w)}{\rho}-1=\frac{2.70\times1\times(1+28.6\%)}{1.95}-1=0.781$

p_1 对应的孔隙比 $e_1=\frac{1+e_0}{H_0}H_1-1=\frac{1+0.781}{20}\times19.31-1=0.720$

p_2 对应的孔隙比 $e_2=\frac{1+e_0}{H_0}H_2-1=\frac{1+0.781}{20}\times18.76-1=0.671$

(2)压缩系数和压缩模量

$$\alpha_{1-2}=\frac{e_1-e_2}{p_2-p_1}=\frac{0.720-0.671}{200-100}=0.49\times10^{-3}(\text{kPa}^{-1})=0.49(\text{MPa}^{-1})$$

压缩模量：$E_{s(1-2)}=\frac{1+e_1}{\alpha_{1-2}}=\frac{1+0.720}{0.49}=3.51(\text{MPa})$

因 $\alpha_{1-2}=0.49\text{MPa}^{-1}<0.5\text{MPa}^{-1}$，所以该土属于中压缩性土。

5-91. **解：**

(1)基础是柔性时的沉降计算

基底附加压力

$$p_0=\frac{F+G}{A}-\gamma d=\frac{1\,200+3.2\times4.0\times1.6\times20}{3.2\times4.0}-19.8=105.95(\text{kPa})$$

由 $\frac{l}{b}=\frac{4.0}{3.2}=1.25$ 查表得：

角点 B 沉降系数 $\omega_{cB}=0.62$

中点 A 沉降系数 $\omega_{0A}=1.24$

平均沉降系数 $\omega_m=1.05$

由 $\frac{l}{b}=\frac{3.2}{2.0}=1.6$ 查表得：

角点 C 的沉降系数 $\omega_{cC}=0.698$

中点 A 的沉降：

$$s_{0A}=\frac{1-\nu^2}{E}\omega_{0A}\cdot b\cdot p_0=\frac{1-0.4^2}{5.6\times10^3}\times1.24\times3.2\times105.95=63.06\times10^{-3}(\text{m})=63.06(\text{mm})$$

角点 B 的沉降：

$$s_{cB}=\frac{1-\nu^2}{E}\omega_{cB}\cdot b\cdot p_0=\frac{1-0.4^2}{5.6\times10^3}\times0.62\times3.2\times105.95=31.53\times10^{-3}(\text{m})=31.53(\text{mm})$$

角点 C 的沉降：

$$s_{cC} = \sum \frac{1-\nu^2}{E}\omega_{cC} \cdot b \cdot p_0 = \frac{1-0.4^2}{5.6\times10^3}\times0.698\times2.0\times105.95\times2 = 44.37\times10^{-3}(\text{m}) = 44.37(\text{mm})$$

基底平均沉降：

$$s_m = \frac{1-\nu^2}{E}\omega_m \cdot b \cdot p_0 = \frac{1-0.4^2}{5.6\times10^3}\times1.05\times3.2\times105.95 = 53.40\times10^{-3}(\text{m}) = 53.40(\text{mm})$$

（2）基础是刚性时的沉降计算

由 $\frac{l}{b} = \frac{4.0}{3.2} = 1.25$ 查表得：

沉降系数 $\omega_r = 0.98$

各点沉降

$$s = \frac{1-\nu^2}{E}\omega_r \cdot b \cdot p_0 = \frac{1-0.4^2}{5.6\times10^3}\times0.98\times3.2\times105.95 = 49.84\times10^{-3}(\text{m}) = 49.84(\text{mm})$$

5-92. **解**：

（1）地基分层

考虑分层厚度不超过 $0.4b = 0.4\times2.5 = 1.0(\text{m})$ 以及地下水位，基底以下土层分层厚度取为1.0m。

（2）计算自重应力

根据已知条件得到粉质黏土和淤泥质黏土的饱和重度如下：

粉质黏土 $\gamma_{sat} = \frac{\gamma(G_s-1)}{G_s(1+w)} + \gamma_w = \frac{19.1\times(2.72-1)}{2.72\times(1+31\%)} + 10 = 19.22(\text{kN/m}^3)$

淤泥质黏土 $\gamma_{sat} = \frac{\gamma(G_s-1)}{G_s(1+w)} + \gamma_w = \frac{18.2\times(2.74-1)}{2.74\times(1+40\%)} + 10 = 18.26(\text{kN/m}^3)$

计算分层处的自重应力，地下水位以下取有效重度进行计算。

计算各分层上下界面处自重应力的平均值，作为该分层受压前所受侧限竖向应力 p_{1i}，各分层点的自重应力值及各分层的平均自重应力值列于表中。

（3）计算竖向附加应力

基底平均附加应力 $p_0 = \frac{920+4.0\times2.5\times1.0\times20}{4.0\times2.5} - 1.0\times18 = 94(\text{kPa})$

查表得应力系数 α_0，计算各分层点的附加应力并列于下表中。

分层点的附加应力 习题5-92解表1

分层点	$\frac{l}{b}$	$\frac{z}{b}$	α_0	$\sigma_{zi}=\alpha_0 p_0$ (kPa)
0	1.6	0	1.000	94.00
1	1.6	0.4	0.859	80.75
2	1.6	0.8	0.558	52.45
3	1.6	1.2	0.352	33.09
4	1.6	1.6	0.232	21.81
5	1.6	2.0	0.161	15.13
6	1.6	2.4	0.119	11.19

计算各分层点上下界面处附加应力的平均值，并列于表中。

(4)分层自重应力平均值和附加应力平均值之和作为该分层受压后所受总应力 p_{zi}

(5)确定压缩层厚度

一般按 $\sigma_z = 0.2\sigma_{cz}$ 来确定压缩层深度。

$z = 6.0\text{m}$ 处 $\sigma_z = 11.19 < 0.2\sigma_c = 0.2 \times 70.26 = 14.05(\text{kPa})$

所以压缩层深度为基底以下 6.0m。

(6)计算各分层压缩量

由式 $\Delta s_i = \dfrac{e_{1i} - e_{2i}}{1 + e_{1i}}H_i$ 计算各分层的压缩量列于表中。

(7)计算基础平均最终沉降量

$s = \sum s_i = 35.45 + 27.25 + 16.86 + 10.38 + 6.77 + 4.70 = 101.41(\text{mm})$

分层总和法计算地基最终沉降 习题 5-92 解表 2

分层点	深度 z_i (m)	自重应力 σ_c (kPa)	附加应力 σ_z (kPa)	层号	层厚 H_i (m)	自重应力平均值 $\frac{\sigma_{c(i-1)}+\sigma_{ci}}{2}$ (即 p_{1i}) (kPa)	附加应力平均值 $\frac{\sigma_{z(i-1)}+\sigma_{zi}}{2}$ (即 Δp_i) (kPa)	总应力平均值 $p_{1i}+\Delta p_i$ (即 p_{2i}) (kPa)	受压前孔隙比 e_{1i} (对应 p_{1i})	受压后孔隙比 e_{2i} (对应 p_{2i})	分层压缩量 $\Delta s_i = \frac{e_{1i}-e_{2i}}{1+e_{1i}}H_i$ (mm)
0	0	18	94	—	—	—	—	—	—	—	—
1	1	27.22	80.75	①	1	22.61	87.38	109.99	0.918	0.850	35.45
2	2	36.44	52.45	②	1	31.83	66.60	98.43	0.908	0.856	27.25
3	3	45.66	33.09	③	1	41.05	42.77	83.82	0.898	0.866	16.86
4	4	53.86	21.81	④	1	49.76	27.45	77.21	0.926	0.906	10.38
5	5	62.06	15.13	⑤	1	57.96	18.47	76.43	0.920	0.907	6.77
6	6	70.26	11.19	⑥	1	66.16	13.16	79.32	0.914	0.905	4.70

5-93. **解：**

(1)基底附加应力

$$p_0 = \frac{F+G}{A} - \gamma d = \frac{920 + 4.0 \times 2.5 \times 20}{4.0 \times 2.5} - 18.0 \times 1.0 = 94(\text{kPa})$$

(2)计算过程

应力面积法计算地基最终沉降 习题 5-93 解表

z (m)	$\frac{l}{b}$	$\frac{z}{b}$	$\bar{\alpha}$	$z_i\bar{\alpha}_i$	$z_i\bar{\alpha}_i - z_{i-1}\bar{\alpha}_{i-1}$	E_{si} (MPa)	$\Delta s_i'$ (mm)	$\sum \Delta s_i'$ (mm)
0	1.6	0.0	4×0.250 0 = 1.000 0	0.000 0				
3	1.6	2.4	4×0.175 7 = 0.702 8	2.108 4	2.108 4	2.78	71.29	71.29
6	1.6	4.8	4×0.113 6 = 0.454 4	2.726 4	0.618 0	2.83	20.53	91.82
6.6	1.6	5.3	4×0.105 5 = 0.421 8	2.783 9	0.057 5	2.83	1.91	93.73

(3)确定沉降计算深度 z_n

上表中6.6m深度范围内的计算沉降量为93.73mm,相应于6.0~6.6m深度范围土层计算沉降量为1.91(mm) $\leqslant 0.025\sum\Delta s_i' = 0.025\times 93.73 = 2.34$(mm),满足要求,故沉降计算深度 $z_n = 6.6$m。

(4)确定 ψ_s

$$\overline{E}_s = \frac{\sum_{i=1}^{n} A_i}{\sum_{i=1}^{n} A_i/E_{si}} = \frac{p_0 \times 2.7839}{p_0\left(\frac{2.1084}{2.78} + \frac{0.6180}{2.83} + \frac{0.0575}{2.83}\right)} = 2.792(\text{MPa})$$

当 $p_0 \leqslant 0.75 f_k$ 时,查表得 $\psi_s = 1.081$

(5)计算基础中点最终沉降量

$$s = \psi_s s' = \psi_s \sum_{i=1}^{3} \frac{p_0}{E_{si}}(z_i\overline{\alpha}_i - z_{i-1}\overline{\alpha}_{i-1}) = 1.081\times 93.73 = 101.32(\text{mm})$$

5-94. **解:**

(1)前期固结压力

将表中 e-p 值换算为 e-lg$p$ 后,列于表中。以 lg$p$ 为横坐标、e 为纵坐标作图,得前期固结压力所对应的点为 $e = 1.079$,$\lg p_c = 2.238$,还原为压力为 $p_c = 173$kPa。

习题5-94解表

lg$p$	1.544	1.940	2.238	2.539	2.841	3.142	3.443	3.744	4.045
e	1.024	0.989	1.079	0.952	0.913	0.835	0.725	0.617	0.501

(2)压缩指数 C_c

由 e-lg$p$ 曲线的直线段,当 $\Delta e = 0.11$ 时,$\Delta \lg p = 0.301$,则:

$$C_c = \frac{\Delta e}{\Delta \lg p} = \frac{0.11}{0.301} = 0.3564$$

(3)黏土层最终压缩量

黏土层厚4m,土层中点处的自重应力为:

$p_0 = 18.5\times 3 + (19.8-10)\times 6 + (17.8-10)\times 2 = 129.9$(kPa)

因 $p_0 = 129.9\text{kPa} < p_c = 173\text{kPa}$,所以该土层属于超固结土。

回弹指数 $C_e = \frac{\Delta e}{\Delta \lg p} = \frac{0.035}{0.396} = 0.088$

初始孔隙比 $e_0 = 1.060$

黏土层压缩量为:

$$s = \frac{H}{1+e_0}\left(C_e \lg\frac{p_c}{p_0} + C_c \lg\frac{p_0+\Delta p_i}{p_c}\right)$$

$$= \frac{400}{1+1.060}\left(0.088\times\lg\frac{173}{129.9} + 0.356\times\lg\frac{129.9+100}{173}\right) = 10.68(\text{cm})$$

5-95. **解:**

(1)加荷前地基的沉降

$$c_v = \frac{k(1+e_0)}{\alpha\gamma_w} = \frac{6.3\times 10^{-8}(1+0.8)\times 10^5}{0.25\times 10} = 4.536\times 10^{-3}(\text{cm}^2/\text{s})$$

$$T_v = \frac{c_v t}{H^2} = \frac{4.536 \times 10^{-3} \times 0.5 \times 365 \times 24 \times 60 \times 60}{400^2} = 0.447$$

$$U_t = 1 - \frac{8}{\pi^2} e^{-\frac{\pi^2}{4}T_v} = 1 - \frac{8}{\pi^2} e^{-\frac{\pi^2}{4} \times 0.447} = 0.731$$

黏土层的最终沉降量为：

$$s_\infty = \frac{p_0 H}{E_s} = \frac{p_0 H_\alpha}{1 + e_0} = \frac{180 \times 8.0 \times 0.25 \times 10^{-3}}{1 + 0.8} = 0.2(\text{m}) = 20(\text{cm})$$

半年后的沉降为：

$$s = U_t s_\infty = 0.731 \times 20 = 14.6(\text{mm})$$

(2)黏土层达到50%固结度所需时间

由 $U_t = 1 - \frac{8}{\pi^2} e^{-\frac{\pi^2}{4}T_v} = 0.5$ 得：

$T_v = 0.1964$

由 $T_v = \frac{c_v t}{H^2}$得：

$$t = \frac{T_v H^2}{c_v} = \frac{0.1964 \times 400^2}{4.536 \times 10^{-3}} \times \frac{1}{60 \times 60 \times 24} = 80.2(\text{d})$$

5-96. **解**：

(1)黏土已经在自重作用下完全固结，固结度为50%时所需的时间

由 $U_t = 1 - \frac{8}{\pi^2} e^{-\frac{\pi^2}{4}T_v} = 0.5$ 得：

$T_v = 0.1964$

由 $T_v = \frac{c_v t}{H^2}$得：

$$t = \frac{T_v H^2}{c_v} = \frac{0.1964 \times 600^2}{4.5 \times 10^{-3}} \times \frac{1}{60 \times 60 \times 24} = 181.9(\text{d}) = 0.50(\text{a})$$

(2)黏土在自重作用下未固结，施加荷载后，固结度达到50%时所需的时间 $\alpha = \frac{p_a}{p_b} = \frac{120}{120 + 16.8 \times 6} = 0.543$，按类型0－1查表得 $T_v = 0.2257$

由 $T_v = \frac{c_v t}{H^2}$得：

$$t = \frac{T_v H^2}{c_v} = \frac{0.2257 \times 600^2}{4.5 \times 10^{-3}} \times \frac{1}{60 \times 60 \times 24} = 209(\text{d}) = 0.58(\text{a})$$

5-97. **解**：

黏土层最终压缩量：

$$s_\infty = H\varepsilon_z = H\frac{\sigma_z}{E_s} = 6000 \times \frac{120}{6.67 \times 1000} = 108(\text{mm})$$

(1)设假设经历的时间为 t，则此时土层平均固结度为：

$$U_t = \frac{s_t}{s_\infty} = \frac{84 - 30}{108} = 0.5$$

代入公式 $U_t = 1 - \frac{8}{\pi^2} \cdot e^{-\frac{\pi^2}{4}T_v}$,得 $T_v = 0.196$

$$c_v = \frac{kE_s}{\gamma_w} = \frac{0.018 \times 6.67 \times 1\ 000}{10} = 12(m^2/a) = 328.77(cm^2/d) = 3.805 \times 10^{-3}(cm^2/s)$$

$$T_v = \frac{c_v t}{\left(\frac{H}{2}\right)^2} \Rightarrow t = \frac{T_v \frac{H^2}{4}}{c_v} = 0.147(a) = 53.655(d)$$

(2)若黏土层以下改为不透水的软岩层,则:

由 $T_v = \frac{c_v t}{\left(\frac{H}{2}\right)^2} = \frac{c_v t'}{H^2}$,得 $t' = 4t = 0.588(a) = 214.62(d)$

5-98. 解:

(1)软黏土层底面处自重应力:$\sigma_c = 18 \times 5 = 90(kPa)$

软黏土层最终沉降:$s_\infty = \Delta P \cdot h/E_s = 45 \times 5/1.5 = 150(mm) = 15(cm)$

填土 0.5 年后沉降:$T_v = c_v \cdot t/h^2 = 1.9 \times 10^5 \times 0.5/500^2 = 0.38$

查表(线性内插)得 $U_t = 0.58$

$s_t = 15 \times 0.58 = 8.7(cm)$

(2)黏土层自重引起的沉降:$T_v = 1.9 \times 10^5 \times (0.5 + 0.75)/500^2 = 0.95$

查表(线性内插)得 $U_t = 0.91$

$s_t = 15 \times 0.91 = 13.65(cm)$

路堤引起的沉降:$s_\infty = 120 \times (5 - 0.087)/1.5 = 393(mm) = 39.3(cm)$

$T_v = 1.9 \times 10^5 \times 0.75/500^2 = 0.57$

查表(线性内插)得 $U_t = 0.805$

$s_t = 39.3 \times 0.805 = 31.64\ (cm)$

路堤填筑后 0.75 年黏土层总沉降:

$s_t = 13.65 + 31.64 = 45.3(cm)$

5-99. 解:

基底附加应力为:

$$p_0 = \frac{N}{A} - \gamma D = \frac{4\ 000}{5 \times 5} - 20 \times 1 = 140(kPa)$$

黏土层中点的附加应力为:

$$\Delta\sigma = \frac{1}{2}(p_1 + p_2) = 0.50 \times (140 + 0.8 \times 140) = 126(kPa)$$

加载后引起最终的竖向压缩量为:

$$s_\infty = \frac{\bar{p}}{E_s}H = \frac{126}{4\ 000} \times 2 = 0.063(m) = 6.30(cm)$$

3 年后的固结度为:

$$U_t = \frac{s_t}{s_\infty} = \frac{3.2}{6.30} = 0.508$$

$\alpha=\frac{1}{\alpha_0}=\frac{1}{0.8}=1.25$

代入公式得固结因子为：

$T_v=0.190$

经历4年的固结因子为：

$T_{v1}=T_v\frac{t_1}{t}=0.190\times\frac{4}{3}=0.253$

经历4年的固结度为：

$U_{t1}=0.579$

第4年期间的压缩量为：

$\Delta s_1=(u_{t1}-U_t)s_\infty=(0.579-0.508)\times6.30=0.45(\text{cm})$

5-100. **解：**

由于室内固结试验的试样高度为2cm，因此初始试样固结高度为2cm。

根据单向固结度公式 $U=1-\frac{8}{\pi^2}\cdot e^{-\frac{\pi^2}{4}T_v}$ 得：

$T_v=-\frac{4}{\pi^2}\ln\frac{\pi^2(1-U)}{8}=-\frac{4}{\pi^2}\ln\frac{\pi^2(1-0.9)}{8}=0.848$

又因 $T_v=\frac{c_v t}{H^2}$，得：$c_v=\frac{T_v H^2}{t}=\frac{0.848\times2^2}{9\times60}=6.28\times10^{-3}(\text{cm}^2/\text{s})$

5-101. **解：**

(1)加荷前

土层表面处：总应力 $\sigma=0$，孔隙水压力 $u=0$，有效应力 $\sigma'=0$

地面下10m处：$\sigma=17\times10=170(\text{kPa})$，$u=10\times10=100(\text{kPa})$，$\sigma'=\sigma-u=70\text{kPa}$

(2)加荷瞬时，外荷载全部由孔隙水承担

土层表面处：总应力 $\sigma=50\text{kPa}$，孔隙水压力 $u=50\text{kPa}$，有效应力 $\sigma'=0$

地面下10m处：$\sigma=17\times10+50=220(\text{kPa})$，$u=10\times10+50=150(\text{kPa})$，$\sigma'=\sigma-u=70\text{kPa}$

(3)完全固结后，外荷载全部转化为有效应力

土层表面处：总应力 $\sigma=50\text{kPa}$，孔隙水压力 $u=0$，有效应力 $\sigma'=50\text{kPa}$

地面下10m处：$\sigma=17\times10+50=220(\text{kPa})$，$u=10\times10=100(\text{kPa})$，$\sigma'=\sigma-u=120\text{kPa}$

5-102. **解：**

总应力面积为：$A=4\times100=400(\text{kN/m}^2)$

2个月后超孔隙水压力面积为：$A_u=1/2\times80\times4=160(\text{kN/m}^2)$

固结度为：$U=1-A_u/A=1-160/400=60\%$

5-103. **解：**

(1)建筑物荷载作用下黏土层的压缩量

①求基底附加压力

$P_0=\frac{5\,000}{4\times4}=312.5(\text{kPa})$，$\sigma_{cd}=18\times1+17.5\times1=35.5(\text{kPa})$，$p_0=277\text{kPa}$

②求加荷前黏土层中的平均应力 p_1——平均自重应力

$\sigma_{c顶}=18\times1+17.5\times1+8.0\times2=51.5(\text{kPa})$，$\sigma_{c底}=51.5+8.5\times1.6=65.1(\text{kPa})$

$p_1=\overline{\sigma}_c=58.3\text{kPa}$

③求加荷后黏土层的平均应力 p_2——平均自重应力加平均附加应力

$\sigma_{z顶}=4kP_0=4\times0.1752\times277=194.12(\text{kPa})$

$\sigma_{z底}=4kP_0=4\times0.0996\times277=110.36(\text{kPa})$

$$\overline{\sigma}_z=\frac{194.12+110.36}{2}=152.2(\text{kPa})$$

$p_2=\overline{\sigma}_c+\overline{\sigma}_z=58.3+152.2=210.5(\text{kPa})$

④求黏土层压缩量 s

$p_1=58.3\Rightarrow e_1=0.950$

$p_2=210.5\Rightarrow e_2=0.828$

$$s=\frac{e_1-e_2}{1+e_1}h=\frac{0.950-0.828}{1+0.950}\times1.6=0.4(\text{m})$$

(2)求降水引起的黏土层压缩量

①降水前黏土层中的平均应力

$p_1=210.5\text{kPa}$

②求降水后黏土层的平均应力 p_2——增加了降水引起的平均自重应力

$\sigma_{c顶}=18\times1+17.5\times3=70.5(\text{kPa})$

$\sigma_{c底}=70.5+8.5\times1.6=84.1(\text{kPa})$

$\overline{\sigma}_c=77.3\text{kPa}$

$\Delta\overline{\sigma}_c=77.3-58.3=19(\text{kPa})$

$p_2=p_1+\Delta\overline{\sigma}_c=210.5+19=229.5(\text{kPa})$

③求降水引起的黏土层压缩量 Δs

$p_1=210.5\Rightarrow e_1=0.828$

$p_2=229.5\Rightarrow e_2=0.816$

$$\Delta s=\frac{e_1-e_2}{1+e_1}h=\frac{0.828-0.816}{1+0.828}\times(1.6-0.1)=0.0098(\text{m})$$

5-104. **解：**

(1)填土完成瞬时

习题 5-104 解表 1

应　　力	砾石层顶	砾石层底	黏土层顶	黏土层底
总应力	90	200	200	300
孔隙水压力	0	50	140	190
有效应力	90	150	60	110

填土后土层变形稳定时

习题 5-104 解表 2

应　力	砾石层顶	砾石层底	黏土层顶	黏土层底
总应力	90	200	200	300
孔隙水压力	0	50	50	100
有效应力	90	150	150	200

(2)黏土层中点处的初始有效自重应力

$\sigma_c=\gamma_1'h_1+\gamma_2'h_2=12\times5+10\times2.5=85(\text{kPa})$

对应的孔隙比 $e_1=0.98-\dfrac{35}{50}\times0.08=0.924$

填土后新增附加应力 $\sigma_z=\gamma_0h_0=18\times5=90(\text{kPa})$

终应力为 $\sigma=\sigma_c+\sigma_z=85+90=175(\text{kPa})$

对应的孔隙比 $e_2=0.90-\dfrac{75}{100}\times0.06=0.855$

则软黏土层的最终压缩变形量为:

$$s=\frac{e_1-e_2}{1+e_1}h_2=\frac{0.924-0.855}{1+0.924}\times5=0.18(\text{m})$$

5-105. **解:**

(1)求基底附加压力

$$p_0=p-\sigma_{cd}=\frac{5\,700}{6\times4}-17.5\times2=202.5(\text{kPa})$$

(2)求黏土层压缩量

$\sigma_{z(顶)}=4ap_0=4\times0.193\,5\times202.5=156.7(\text{kPa})$

$\sigma_{z(底)}=4ap_0=4\times0.106\,5\times202.5=86.3(\text{kPa})$

$$s_\infty=\frac{a}{1+e_0}\frac{\sigma_{z(顶)}+\sigma_{z(底)}}{2}h=\frac{1}{1+1.1}\times\frac{156.7+86.3}{2}\times2=115.7(\text{mm})$$

(3)求固结度

$$T_v=\frac{c_vt}{H^2}=\frac{1\times10^{-4}\times180\times24\times3\,600}{1\times10^4}=0.155\,2$$

$$U_t=1-\frac{8}{\pi^2}\cdot e^{-\frac{\pi^2}{4}T_v}=1-\frac{8}{3.14^2}e^{-\frac{3.14^2}{4}\times0.155\,2}=0.445\,6=44.65\%$$

(4)求 180d 后黏土层的压缩量

$s=U_ts_\infty=0.446\,5\times115.7=51.7(\text{mm})$

5-106. **解:**

(1) $\Delta p'=10\times3=30(\text{kPa})$

$$s=\frac{a\Delta p'}{1+e_0}\times2=\frac{0.4\times30}{1+0.9}\times2=12.6(\text{mm})$$

$U_t=6.3/12.6=0.5$

(2) $T_v = 1 - \frac{8}{\pi^2}\ln\frac{(1-U_t)\pi^2}{8}$

当 $U_{t1} = 50\%$，$T_{v1} = 0.196$

由 $\frac{T_{v1}}{T_{v2}} = \frac{t_1}{t_2}$ 得到，$T_{v2} = 2 \times 0.196 = 0.392$，则 $U_{t2} = 1 - \frac{8}{\pi^2} \cdot e^{-\frac{\pi^2}{4}T_{v2}} = 69\%$

沉降量 $s_t = 12.6 \times 69\% = 8.7$(mm)

第六章

土的抗剪强度

一、选择题

6-1. D　6-2. A　6-3. C　6-4. A　6-5. C

6-6. B　6-7. C　6-8. C　6-9. A　6-10. A

6-11. C　6-12. B　6-13. C　6-14. C　6-15. C

6-16. C　6-17. B　6-18. C　6-19. C

6-20. C

提示：

$$\sigma_1 = \sigma_3 \tan^2\left(45° + \frac{\varphi}{2}\right) = 100 \times \tan^2\left(45° + \frac{30°}{2}\right) = 300(\text{kPa})$$

$$\alpha = 45° + \frac{\varphi}{2} = 45° + \frac{30°}{2} = 60°$$

$$\sigma = \frac{1}{2}(\sigma_1 + \sigma_3) + \frac{1}{2}(\sigma_1 - \sigma_3)\cos 2\alpha = 150(\text{kPa})$$

6-21. A

6-22. B

提示：松砂剪缩性，故孔隙水压力大。

6-23. B

二、判断题

6-24. × 6-25. √ 6-26. √ 6-27. × 6-28. ×
6-29. √ 6-30. √ 6-31. √ 6-32. ×

三、计算题

6-33. **解：**

$$\tau = p\tan\varphi, \tan\varphi = \frac{\tau}{p}, \varphi = \arctan\left(\frac{\tau}{p}\right) = \arctan\left(\frac{57.7}{100}\right) = 30°$$

$$\tau = \frac{\sigma_1 - \sigma_3}{2}\cos\varphi\ ,\ \frac{\sigma_1 - \sigma_3}{2} = \frac{\tau}{\cos\varphi}$$

$$\sigma_3 = \sigma_1\tan^2\left(45° - \frac{\varphi}{2}\right)$$

(1) $\sigma_1 - \sigma_1\tan^2\left(45° + \frac{\varphi}{2}\right) = \frac{2\tau}{\cos\varphi}$

$$\sigma_1 = \frac{\frac{2\tau}{\cos\varphi}}{1 - \tan^2\left(45° + \frac{\varphi}{2}\right)} = \frac{\frac{2\tau}{\cos 30}}{1 - \tan^2\left(45° + \frac{30°}{2}\right)} = 200(\text{kPa})$$

$$\sigma_3 = \sigma_1\tan^2\left(45° - \frac{\varphi}{2}\right) = 200 \times \tan^2\left(45° - \frac{30°}{2}\right) = 66.67(\text{kPa})$$

(2) $\alpha = 45° + \frac{\varphi}{2} = 45° + \frac{30°}{2} = 60°$

大主应力轴的方向是：p 轴顺向转动60°

小主应力轴的方向是：剪切面顺向转动 60°

6-34. **解：**

$$\tau = \frac{q_u}{2} = 19\text{kPa}$$

6-35. **解：**

$$u = B[\sigma_3 + A(\sigma_1 - \sigma_3)] = 1 \times [0 + 0.35 \times (42 - 0)] = 14.7(\text{kPa})$$

6-36. **解：**

$$u = B[\sigma_3 + A(\sigma_1 - \sigma_3)] = 1 \times [0 + 0.35 \times (38 - 0)] = 13.3(\text{kPa})$$

$$\sigma_1' = \sigma_1 - u = 38 - 13.3 = 24.7(\text{kPa})$$

6-37. **解：**

$$u = B[\sigma_3 + A(\sigma_1 - \sigma_3)] = 1 \times [0 + 0.25 \times (34 - 0)] = 8.5(\text{kPa})$$

$$\sigma_3' = \sigma_3 - u = 0 - 8.5 = -8.5(\text{kPa})$$

6-38. **解：**

发生剪切破坏时：

$$\varphi = \arctan\left(\frac{\tau}{p}\right) = \arctan\left(\frac{43.3}{75}\right) = 30°$$

$$\frac{1}{2}(\sigma_1 - \sigma_3)\sin 2\varphi = \tau$$

$$\sigma_1 - \sigma_3 = 100\text{kPa}$$

又 $\sigma_1 = \sigma_3 \tan^2\left(45° + \frac{30°}{2}\right) = 3\sigma_3$

联立解得:$\sigma_3 = 50\text{kPa}, \sigma_1 = 150\text{kPa}$

静止土压力系数 $K_0 = 1, \sigma_{10} = \sigma_{30} = K_0 P = 75\text{kPa}$

应力增量 $\Delta\sigma_1 = \sigma_1 - \sigma_{10} = 75\text{kPa}, \Delta\sigma_3 = \sigma_3 - \sigma_{30} = -25\text{kPa}$

破坏时孔隙水压力增量表达为:

$$u = B[\Delta\sigma_3 + A(\Delta\sigma_1 - \Delta\sigma_3)] = 10\text{kPa}$$

有效大小主应力分别为:

$$\sigma_1' = \sigma_1 - u = 140\text{kPa}, \sigma_3' = \sigma_3 - u = 40\text{kPa}$$

又 $\sigma_1' = \sigma_3' \tan^2\left(45° + \frac{\varphi'}{2}\right)$

$$\tan\left(45° + \frac{\varphi'}{2}\right) = \sqrt{\frac{\sigma_1'}{\sigma_3'}} = 1.87$$

$$\varphi' = 33.75°$$

即有效内摩擦角为 33.75°。

6-39. **解:**

$$\sigma_3' = 210 - 140 = 70(\text{kPa})$$

$$\sigma_1' = \sigma_3' \tan^2\left(45° + \frac{\varphi'}{2}\right) = 70 \times \tan^2 55° = 142.77(\text{kPa})$$

$$\tau = \frac{\sigma_1' - \sigma_3'}{2}\cos\varphi' = \frac{142.77 - 70}{2}\cos 20° = 34.2(\text{kPa})$$

$$\sigma_1' - \sigma_3' = 142.77 - 70 = 72.77(\text{kPa})$$

$$\sigma_1 = \sigma_1' + u = 142.77 + 140 = 282.77(\text{kPa})$$

$$\sigma_1 = \sigma_3 \tan^2\left(45° + \frac{\varphi}{2}\right), \tan\left(45° + \frac{\varphi}{2}\right) = \sqrt{\frac{\sigma_1}{\sigma_3}} = 1.16$$

所以有 $45° + \frac{\varphi}{2} = 49.25°, \varphi = 2 \times (49.25 - 45) = 8.5°$

6-40. **解:**

$\sigma_1 - \sigma_3 = 175\text{kPa}, \sigma_3 = 210\text{kPa}$,所以有 $\sigma_1 = 385\text{kPa}$

$$\sigma_1 - u = (\sigma_3 - u)\tan^2\left(45° + \frac{\varphi}{2}\right) = 2.04(\sigma_3 - u)$$

所以 $1.04u = 2.04\sigma_3 - \sigma_1 = 2.04 \times 210 - 385 = 43.4(\text{kPa})$,有 $u = 42\text{kPa}$

$$\sigma_3' = 210 - 42 = 168(\text{kPa}), \sigma_1' = 385 - 42 = 343(\text{kPa})$$

$$\tan\left(45° + \frac{\varphi}{2}\right) = \sqrt{\frac{\sigma_1}{\sigma_3}} = 1.35$$

$$45° + \frac{\varphi}{2} = 53.55°, \varphi = 2 \times (53.55° - 45°) = 17.1°$$

6-41. **解:**

$\sigma_1 - \sigma_3 = 175\text{kPa}, \sigma_3 = 210\text{kPa}$

所以有 $\sigma_1 = 385\text{kPa}$

$\sigma_3' = 210 - 42 = 168(\text{kPa}), \sigma_1' = 385 - 42 = 343(\text{kPa})$

$$\sin\varphi' = \frac{343 - 168}{343 + 168} = \frac{175}{511} = 0.342$$

$\varphi' = 20°$

6-42. **解:**

$\sigma_3' = 210 - 50 = 160(\text{kPa})$

$$\sigma_1' = \sigma_3'\tan^2\left(45° + \frac{\varphi}{2}\right) = 160 \times \tan^2 55° = 326.3(\text{kPa})$$

$\sigma_1' - \sigma_3' = 326.3 - 160 = 166.3(\text{kPa})$

6-43. **解:**

固结排水剪力 $\sigma_3' = \sigma_3 = 70\text{kPa}$

$$\sigma_1' = \sigma_3'\tan^2\left(45° + \frac{\varphi'}{2}\right) + 2c\tan\left(45° + \frac{\varphi'}{2}\right)$$
$$= 70\tan^2 54° + 2 \times 14 \times \tan 54°$$
$$= 132.6 + 38.54 = 171.15(\text{kPa})$$

6-44. **解:**

$$\sigma_1' - \sigma_3' = 101\text{kPa} \tag{1}$$

$$\sigma_1' = \sigma_3'\tan^2\left(45° + \frac{\varphi'}{2}\right) + 2c\tan\left(45° + \frac{\varphi'}{2}\right) \tag{2}$$

由式(1)、式(2)联立解得:$\sigma_3' = 70\text{kPa}$

6-45. **解:**

$$\sin\varphi = \frac{423 - 138}{423 + 138} = \frac{285}{561} = 0.5\text{,所以 } \varphi = 30°$$

$$\sigma_n = \frac{\sigma_1 + \sigma_3}{2} - \frac{\sigma_1 - \sigma_3}{2}\sin\varphi = 280.5 - 142.5 \times 0.5 = 209.3(\text{kPa})$$

$$\alpha = 45° + \frac{30°}{2} = 60°$$

6-46. **解:**

$\tau = \sigma_n'\tan\varphi' + c'$

$$\sigma_n' = \frac{\tau - c'}{\tan\varphi'} = \frac{50 - 10}{\tan 28°} = 75.23(\text{kPa})$$

$u = \sigma_n - \sigma_n' = 80 - 75.23 = 4.77(\text{kPa})$

6-47. **解:**

$\Delta\sigma_3 = 140 - 70 = 70(\text{kPa}), u_1 = B\Delta\sigma_3 = 70(\text{kPa})$

$\Delta\sigma_1 - \Delta\sigma_3 = 105(\text{kPa}), u_2 = 0.2 \times 105 = 21(\text{kPa})$

$u = u_1 + u_2 = 91\text{kPa}$

$\sigma_3' = \sigma_3 - u = 140 - 91 = 49(\text{kPa})$

$\sigma_1 = 105 + 140 = 245(\text{kPa})$，$\sigma'_1 = 245 - 91 = 154(\text{kPa})$

$\sin\varphi' = \dfrac{154 - 49}{154 + 49} = \dfrac{105}{203} = 0.517$，所以有 $\varphi' = 31.15°$

6-48. **解：**

$u = \Delta\sigma_1 A = 50 \times 0.2 = 10(\text{kPa})$

$\sigma'_3 = \sigma_3 - u = 70 - 10 = 60(\text{kPa})$

$\sigma'_1 - \sigma'_3 = 50\text{kPa}$，所以有 $\sigma'_1 = 110\text{kPa}$

$\sin\varphi' = \dfrac{\sigma'_1 - \sigma'_3}{\sigma'_1 + \sigma'_3} = \dfrac{110 - 60}{110 + 60} = 0.294$

所以 $\varphi' = 17.1°$

6-49. **解：**

不排水条件下，有效应力不增加，$\Delta\sigma_1 = 50\text{kPa}$ 不变，所以土样破坏时的轴力为 50kPa。

总大主应力 $\sigma_1 = \Delta\sigma_1 + \sigma_3 = 50 + 140 = 190(\text{kPa})$

$\Delta u = \Delta\sigma_3 B = 70\text{kPa}$

$\sigma'_3 = \sigma_3 - u = 140 - 70 = 70(\text{kPa})$

$\sigma'_1 = \sigma_1 - u = 140 + 50 - 70 = 120(\text{kPa})$

$\sigma_1 - \sigma_3 = 50\text{kPa}$

6-50. **解：**

$A = 0$，所以 $u = 0$

$\sigma'_1 = \Delta\sigma_1 + \sigma'_3 = 50 + 70 = 120(\text{kPa})$

$\sin\varphi' = \dfrac{\sigma'_1 - \sigma'_3}{\sigma'_1 + \sigma'_3} = \dfrac{120 - 70}{120 + 70} = 0.263$

$\varphi' = 15.25°$

6-51. **解：**

(1)因为 $u = \Delta\sigma_1 \text{A}$，所以 $A = 0$ 时强度最大。

(2)破坏时轴向压力相同，则总应力圆相同，$A = 1.0$ 的土样，u 大，故有效应力圆向左移动距离大，故 φ'大，所以 $A = 1.0$ 时的 φ'大。

6-52. **解：**

OCR = 3，土样剪胀，孔隙压力小。

6-53. **解：**

由 $\Delta u = \Delta\sigma_1$，有 $\sigma'_1 = \sigma_3$，$\sigma'_3 = \sigma_3 - \Delta\sigma_1$

6-54. **解：**

因为 $\Delta u = A\Delta\sigma_1 = \Delta\sigma_1$

所以 $\sigma'_1 = \sigma_1 - \Delta u = \sigma_3 + \Delta\sigma_1 - \Delta\sigma_1 = \sigma_3$

$\sigma'_3 = \sigma_3 - \Delta u = \sigma_3 - \Delta\sigma_1$

$\sin\varphi' = \dfrac{\sigma'_1 - \sigma'_3}{\sigma'_1 + \sigma'_3} = \dfrac{\Delta\sigma_1}{2\sigma_3 - \Delta\sigma_1}$

$2\sigma_3 \cdot \sin\varphi' - \Delta\sigma_1 \cdot \sin\varphi' = \Delta\sigma_1$

$2\sigma_3 \cdot \sin\varphi' = \Delta\sigma_1(1 + \sin\varphi')$

$\Delta\sigma_1=\dfrac{2\sigma_3\sin\varphi'}{1+\sin\varphi'}=\dfrac{2\sigma_3\sin20°}{1+\sin20°}=0.51\sigma_3$，即为土样破坏时的应力圆直径。

$u=A\cdot\Delta\sigma_1=0.51\sigma_3$，所以 $\sigma_3'=\sigma_3-u=0.49\sigma_3$

6-55. **解：**

剪切前：

$u_1=0.8\times(400-200)=160(\text{kPa})$

$\sigma_3'=\sigma_3-u_1=400-160=240(\text{kPa})$

剪坏时：

$u_2=AB\Delta\sigma_1=0.361\times0.8\Delta\sigma_1=0.288\Delta\sigma_1$

$\sigma_3'=\sigma_3-u_1-u_2=400-160-0.288\Delta\sigma_1=240-0.288\Delta\sigma_1$

$\sigma_1'=240+\Delta\sigma_1-0.288\Delta\sigma_1=240+0.712\Delta\sigma_1$

$\sigma_3'=\sigma_1'\tan^2\left(45°-\dfrac{\varphi'}{2}\right)-2c\tan\left(45°-\dfrac{\varphi'}{2}\right)$

$240-0.288\Delta\sigma_1=(240+0.712\Delta\sigma_1)\times\tan^2 35.5°-2\times15\times\tan35.5°$

$=122.1+0.361\Delta\sigma_1-21.4=100.7-0.361\Delta\sigma_1$

$0.649\Delta\sigma_1=139.3$，$\Delta\sigma_1=214.6\text{kPa}$

所以 $\sigma_3'=240-0.288\Delta\sigma_1=240-0.288\times214.6=178(\text{kPa})$

$\sigma_1'=240+0.712\Delta\sigma_1=392\text{kPa}$

$u_1=0.8\times(400-200)=160(\text{kPa})$

$u_2=0.288\Delta\sigma_1=0.288\times214.6=61.8(\text{kPa})$

$u=160+61.8=221.8(\text{kPa})$

6-56. **解：**

$B=\dfrac{u_1}{\Delta\sigma_3}=\dfrac{160}{400-200}=0.8$

$\sigma_3'=400-222=178(\text{kPa})$

$\sigma_1'=\sigma_3'\tan^2\left(45°+\dfrac{\varphi'}{2}\right)+2c'\tan\left(45°+\dfrac{\varphi'}{2}\right)$

$=178\times\tan^2 54.5°+2\times10\times\tan54.5°=349.9+42=391.9(\text{kPa})$

$u_2=AB(\sigma_1'-\sigma_3')=222-160=62(\text{kPa})$

$A\times0.8\times(391.9-178)=62$

$A=\dfrac{62}{171.12}=0.36$

$\sigma_1=\sigma_1'+u_1+u_2=392+160+62=614(\text{kPa})$

6-57. **解：**

$\sigma_1'-\sigma_3'=141$

$\sigma_1'=\sigma_3'\tan^2\left(45°+\dfrac{\varphi'}{2}\right)+2c\tan\left(45°+\dfrac{\varphi'}{2}\right)=2.04\sigma_3'+20$

所以 $\sigma_1'=2.04\times(\sigma_1'-141)+20=2.04\sigma_1'-287.6+20=2.04\sigma_1'-267.6$

$1.04\sigma_1'=267.6$

所以 $\sigma'_1=257.3\text{kPa},\sigma'_3=257.3-141=116.3\text{kPa}$

破坏时 $\sigma_1=141\text{kPa}$

故破坏时总孔隙水压力：$\sigma_1-\sigma'_1=141-257.3=-116.3(\text{kPa})$

剪切时产生的孔隙水压力：$\Delta u=A\cdot\Delta\sigma_1=-0.2\times141=-28.2(\text{kPa})$

所以初始孔压 $=-116.3-(-28.2)=-88.1(\text{kPa})$

$$\frac{\sigma'_1+\sigma'_3}{2}=186.8\text{kPa}$$

6-58. **解：**

$u_0=-44\text{kPa}$

$\Delta u_1=B\cdot\Delta\sigma_3=1\times70=70(\text{kPa})$

$u_1=u_0+\Delta u_1=-44+70=26(\text{kPa})$

$\Delta u_2=AB\cdot\Delta\sigma_1=-0.2\Delta\sigma_1$

$\sigma'_3=\sigma_3-u_1=70-26=44(\text{kPa}),\sigma'_{3f}=\sigma'_3-\Delta u_2=44+0.2\Delta\sigma_1$

$\sigma'_{1f}=\sigma'_{3f}+\Delta\sigma_1=44+1.2\Delta\sigma_1$

$$\sin\varphi'=\frac{\sigma'_1-\sigma'_3}{\sigma'_1+\sigma'_3}=\frac{\Delta\sigma_1}{88+1.4\Delta\sigma_1}=\sin25^\circ=0.423$$

$37.2+0.59\Delta\sigma_1=\Delta\sigma_1$

所以 $\Delta\sigma_1=90.73\text{kPa}$

$\Delta u_2=-0.2\times90.73=-18.15(\text{kPa})$

$u=26-18.15=7.85(\text{kPa})$

6-59. **解：**

$$\frac{500+200}{2}=350(\text{kPa})$$

6-60. **解：**

$\sigma'_1=\sigma_1-u_1=500-50=450(\text{kPa})$

$$\sigma'_3=\sigma'_1\tan^2\left(45^\circ-\frac{\varphi'}{2}\right)-2c'\tan\left(45^\circ-\frac{\varphi'}{2}\right)$$

$$=450\times\tan^2\left(45^\circ-\frac{26^\circ}{2}\right)-2c'\tan\left(45^\circ-\frac{26^\circ}{2}\right)=150(\text{kPa})<220-50=170(\text{kPa})$$

所以没有达到平衡状态。

6-61. **解：**

$$灵敏度=\frac{36}{7.5}=4.8$$

6-62. **解：**

$$\frac{36}{5}=7.2(\text{kPa})$$

6-63. **解：**

(1)数解法

$$\sigma_1=\sigma_3\tan^2\left(45^\circ+\frac{\varphi}{2}\right)+2c\tan\left(45^\circ+\frac{\varphi}{2}\right)$$

$$=150\times\tan^2\left(45^\circ+\frac{26^\circ}{2}\right)+2\times20\times\tan\left(45^\circ+\frac{26^\circ}{2}\right)=448.16(\text{kPa})<450(\text{kPa})$$

土样已达到极限平衡状态。

(2)图解法

将莫尔圆绘于图中,可见该圆已与抗剪强度线相切,可知土样已达到极限平衡状态。

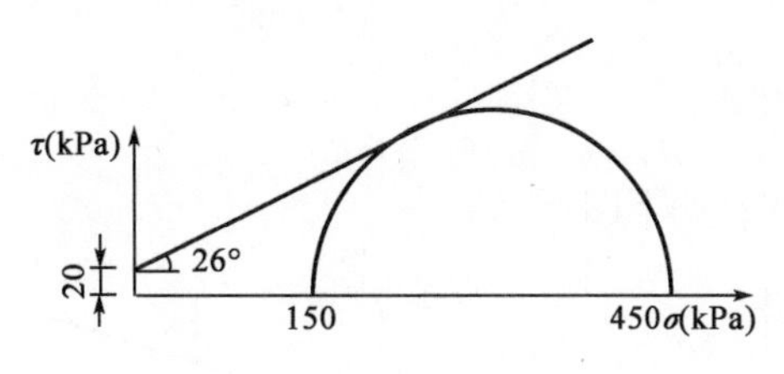

习题6-63 解图

6-64. **解:**

根据题意及数据,由式(6-19)和式(6-27)可以分别求得各土样的系数 A、B,列于表中,例如,对于土样3有:

$$B=\frac{u_1}{\sigma_3}=\frac{282}{300}=0.94$$

$$A=\frac{u_2}{B(\sigma_1-\sigma_3)_f}=\frac{210}{0.94\times250}=0.894$$

三轴固结不排水试验数据及其孔隙压力系数 A、B 计算结果 习题6-64 解表

土样编号	σ_3	$(\sigma_1-\sigma_3)_f$	u_1	u_2	A	B
1	100	92	95	65	0.744	0.95
2	200	148	192	135	0.956	0.96
3	300	250	282	210	0.894	0.94

注:表中应力单位为kPa。

6-65. **解:**

将试验数据转换成正应力 σ 和剪应力 τ 后,绘制 σ-τ 图,得黏聚力 $c=24.07\text{kPa}$,$\varphi=6.84^\circ$。

6-66. **解:**

作图得:

$c_{cu}=9.33\text{kPa}$,$\varphi_{cu}=16.60^\circ$

$c'=15.53\text{kPa}$,$\varphi'=25.47^\circ$

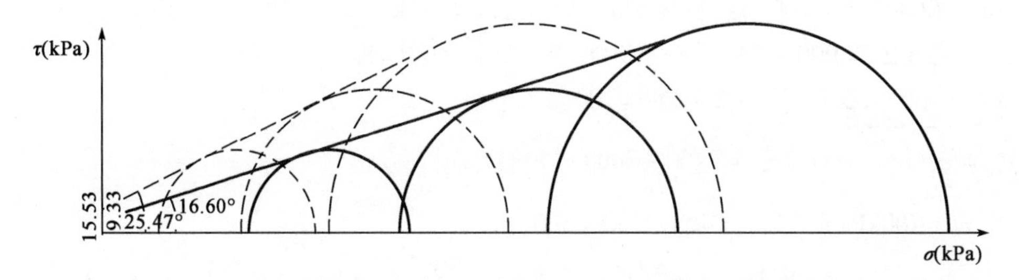

习题6-66 解图

6-67. **解:**

由 $\tau_f = \sigma \cdot \tan\varphi$,得 $\tan\varphi = \frac{\tau_f}{\sigma} = \frac{100}{250} = 0.4$,$\varphi = 21.8°$

所以大主应力与剪切面的夹角为 $45° - \frac{\varphi}{2} = 34.1°$,小主应力与剪切面的夹角为 $45° + \frac{\varphi}{2} = 55.9°$。

6-68. **解:**

将表中数据绘成 p-q 曲线,如下图所示。

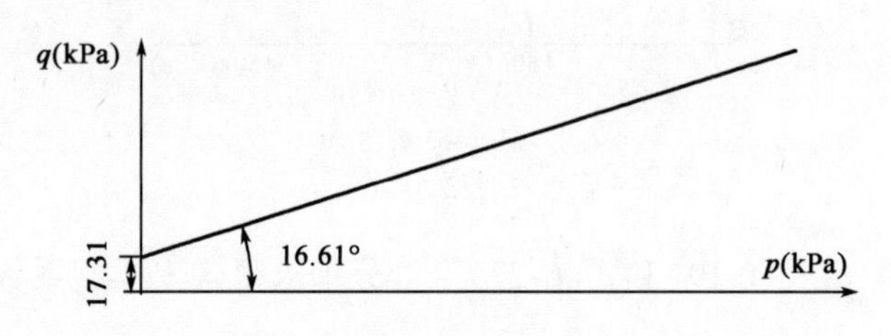

习题 6-68 解图

由图可得:

$a = 17.31\text{kPa}, \theta = 16.61°$

$\sin\varphi = \tan\theta, \varphi = \arcsin(\tan 16.61°) = 17.35°$

$c = \frac{a}{\cos\varphi} = \frac{17.31}{\cos 17.35°} = 18.13(\text{kPa})$

所以 $c = 18.13\text{kPa}, \varphi = 17.35°$

6-69. **解:**

(1)当 $\sigma_3 = 300\text{kPa}$ 时,$\Delta\sigma_3 = 300 - 100 = 200(\text{kPa})$

设施加偏应力后的总孔压为 Δu,则:

$\sigma_1' = \sigma_3' \tan^2\left(45° + \frac{\varphi}{2}\right) = (300 - \Delta u)\tan^2\left(45° + \frac{30°}{2}\right) = 900 - 3\Delta u$

$\Delta\sigma_f = \sigma_1' - \sigma_3' = (900 - 3\Delta u) - (300 - \Delta u) = 600 - 2\Delta u$

根据孔压公式:

$\Delta u = B[\Delta\sigma_3 + A(\Delta\sigma_1 - \Delta\sigma_3)]$

对饱和土,$B = 1$,则:

$\Delta u = \Delta\sigma_3 + A(\Delta\sigma_1 - \Delta\sigma_3)$

$\Delta u = 200 + 0.5 \times (600 - 2\Delta u + 200 - 200), \Delta u = 250\text{kPa}$

$\sigma_1 = \sigma_1' + \Delta u = 900 - 3\Delta u + \Delta u = 900 - 2 \times 250 = 400(\text{kPa})$

$\Delta\sigma_f = 600 - 2\Delta u = 600 - 2 \times 250 = 100(\text{kPa})$

$c_{uu} = \frac{1}{2}(\sigma_1 - \sigma_3) = \frac{1}{2} \times (400 - 300) = 50(\text{kPa})$

当 $\sigma_3 = 400\text{kPa}$ 时,$\Delta\sigma_3 = 400 - 100 = 300(\text{kPa})$

$\sigma_1' = \sigma_3' \tan^2\left(45° + \frac{\varphi'}{2}\right) = (400 - \Delta u)\tan^2\left(45° + \frac{30°}{2}\right) = 1\,200 - 3\Delta u$

$\Delta\sigma_f=\sigma_1'-\sigma_3'=(1\,200-3\Delta u)-(400-\Delta u)=800-2\Delta u$

$\Delta u=\Delta\sigma_3+A(\Delta\sigma_1-\Delta\sigma_3)$

$\Delta u=300+0.5\times(800-2\Delta u+300-300)$，$\Delta u=350\text{kPa}$

$\sigma_1=\sigma_1'+\Delta u=1\,200-3\Delta u+\Delta u=1\,200-2\times350=500(\text{kPa})$

$\Delta\sigma_f=800-2\Delta u=800-2\times350=100(\text{kPa})$

$c_{uu}=\dfrac{1}{2}(\sigma_1-\sigma_3)=\dfrac{1}{2}\times(500-400)=50(\text{kPa})$

两种情况下的总应力圆和有效应力圆的半径均为50kPa。

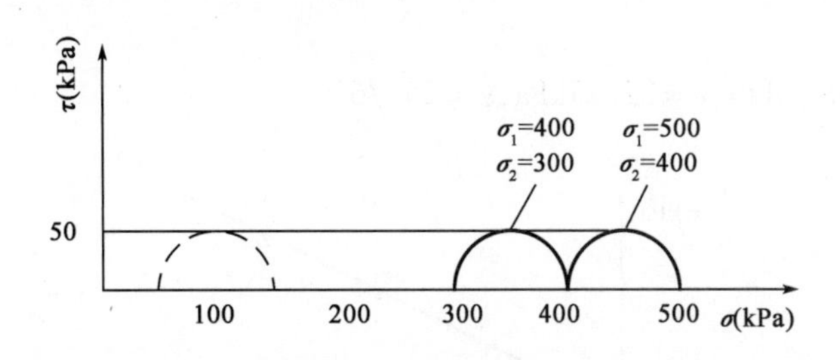

习题6-69 解图

(2)$\sigma_3=300\text{kPa}$，$\Delta\sigma_3=300-200=100(\text{kPa})$

设施加偏应力的总孔压为 Δu，则：

$\sigma_1'=\sigma_3'\tan^2\left(45°+\dfrac{\varphi}{2}\right)=(300-\Delta u)\times3=900-3\Delta u$

$\Delta\sigma_f=\sigma_1'-\sigma_3'=(900-3\Delta u)-(300-\Delta u)=600-2\Delta u$

根据孔压公式有：

$\Delta u=\Delta\sigma_3+A(\Delta\sigma_1-\Delta\sigma_3)=100+0.5\times(600-2\Delta u+100-100)$

$\Delta u=200\text{kPa}$

$\Delta\sigma_f=600-2\Delta u=600-2\times200=200(\text{kPa})$

$\sigma_1=\sigma_1'+\Delta u=900-3\Delta u+\Delta u=900-2\times200=500(\text{kPa})$

$c_{uu}=\dfrac{1}{2}(\sigma_1-\sigma_3)=\dfrac{1}{2}\times(500-300)=100(\text{kPa})$

6-70. **解：**

因为是排水固结试验，所以总应力等于有效应力。

$$p'=\frac{1}{2}[(\sigma_3'+\Delta\sigma_1)+(\sigma_3'-\Delta\sigma_3)]=\sigma_3'+\frac{1}{2}(\Delta\sigma_1-\Delta\sigma_3)$$

$$q'=\frac{1}{2}[(\sigma_3'+\Delta\sigma_1)-(\sigma_3'-\Delta\sigma_3)]=\frac{1}{2}(\Delta\sigma_1+\Delta\sigma_3)$$

当应力路径 AB 最短时，应力路径与 K_f'垂直，如图示线 AB'，则：$\dfrac{p-\sigma_3}{q}=\tan\theta$

即$\dfrac{\Delta\sigma_1-\Delta\sigma_3}{\Delta\sigma_1+\Delta\sigma_3}=\tan\theta$

$\dfrac{\Delta\sigma_1}{\Delta\sigma_3}=\dfrac{1+\tan\theta}{1-\tan\theta}=3.73$

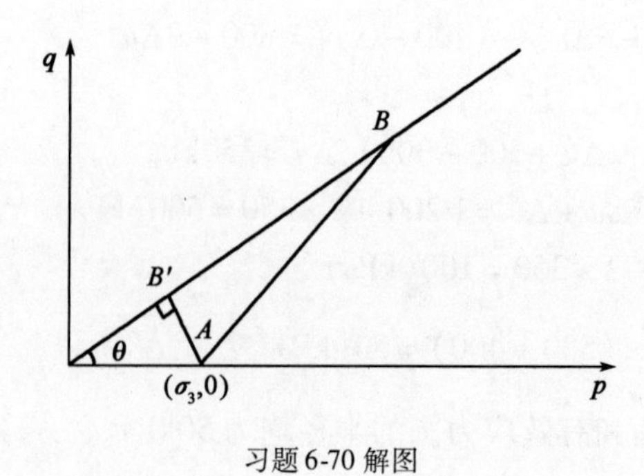

习题 6-70 解图

6-71. **解:**

根据表作 τ-σ 图，可得：$c=22.75\text{kPa},\varphi=25.76°$

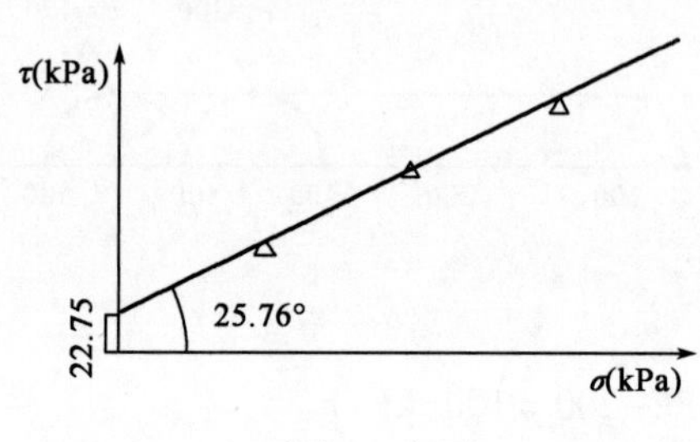

习题 6-71 解图

6-72. **解:**

抗剪强度：

$\tau_f=c+\sigma\cdot\tan\varphi=9.8+280\times\tan150°=84.8(\text{kPa})$

$\tau=80\text{kPa}<84.8\text{kPa}$

该点处于弹性平衡状态。

6-73. **解:**

破裂角 $\alpha=90°-35°=55°$

$\alpha=45°+\frac{\varphi}{2},\varphi=2\alpha-90°=2\times55°-90°=20°$

$$\sin\varphi=\frac{\frac{90}{2}}{c\cdot\cot\varphi+\frac{90}{2}}=\frac{45}{c\cdot\cot\varphi+45}$$

$$\sin20°=\frac{45}{c\cdot\cot20°+45}$$

解得：$c=31.5\text{kPa}$

6-74 **解:**

$\alpha=4°+\frac{\varphi}{2},\varphi=2\alpha-90°=2\times57°-90°=24°$

$\sigma_3=200\text{kPa},\sigma_1=200+280=480(\text{kPa})$

破裂面上的正应力 $\sigma=\frac{\sigma_1+\sigma_3}{2}+\frac{\sigma_1-\sigma_3}{2}\cos2\alpha$

$$=\frac{480+200}{2}+\frac{480-200}{2}\cos(2\times57^\circ)$$

$$=340+140\times(-0.4067)=283(\text{kPa})$$

剪应力 $\tau=\frac{\sigma_1-\sigma_3}{2}\sin2\alpha=\frac{280}{2}\sin(2\times57^\circ)=127.9(\text{kPa})$

6-75. **解:**

$\tau_f=\sigma\cdot\tan\varphi,\tan\varphi=\frac{\tau_f}{\sigma}=\frac{39}{86},\varphi=24.4^\circ$

$$\tau_f=\frac{\sigma_1-\sigma_3}{2}\cos\varphi \tag{1}$$

$$\sin\varphi=\frac{\sigma_1-\sigma_3}{\sigma_1+\sigma_3} \tag{2}$$

联立式(1)、式(2)得:$\sigma_1=146.6\text{kPa},\sigma_3=60.8\text{kPa}$

6-76. **解:**

根据表作莫尔圆图,如下图所示。

由图可得:

$c=13.14\text{kPa},\varphi=16.98^\circ$

$c'=4.77\text{kPa},\varphi'=32.56^\circ$

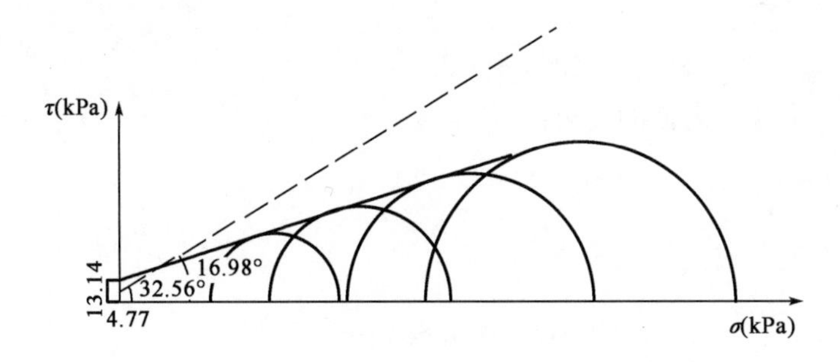

习题 6-76 解图

6-77. **解:**

根据实验数据和试件截面面积换算得正应力 σ 与剪应力 τ,如下表所示。

习题 6-77 解表

σ(kPa)	310.6	155.3	77.6
τ(kPa)	146	99.4	73.0

根据表作 τ-σ 图,可得:

$c=41.13\text{kPa},\varphi=18.77^\circ$

6-78. **解:**

饱和软黏土 $\varphi_u=0^\circ,c=\frac{q_u}{2}=\frac{160}{2}=80(\text{kPa})$

$$\sigma_1=\sigma_3\tan^2\left(45°+\frac{\varphi}{2}\right)+2c\tan\left(45°+\frac{\varphi}{2}\right)=\sigma_3+2c=180+2\times80=340(\text{kPa})$$

6-79. **解:**

干砂 $c=0,\tau_f=\sigma\cdot\tan\varphi,\tan\varphi=\frac{\tau_f}{\sigma}=\frac{200}{300},\varphi=33.7°$

破裂角 $\alpha=45°+\frac{\varphi}{2}=45°+\frac{33.7°}{2}=61.8°$

6-80. **解:**

破裂角 $\alpha=45°+\frac{\varphi}{2}=45°+\frac{30°}{2}=60°$

破裂面上的正应力 $\sigma=\frac{\sigma_1+\sigma_3}{2}+\frac{\sigma_1-\sigma_3}{2}\cos2\alpha$

$$=\frac{200+150}{2}+\frac{200-150}{2}\cos(2\times60°)$$

$$=175+25\times(-0.5)=162.5(\text{kPa})$$

剪应力 $\tau=\frac{\sigma_1-\sigma_3}{2}\sin2\alpha=\frac{50}{2}\sin(2\times60°)=21.65(\text{kPa})$

抗剪强度 $\tau_f=\sigma\cdot\tan\varphi=162.5\times\tan30°=93.8(\text{kPa})$

$\tau<\tau_f$,该点没有剪坏。

6-81. **解:**

$u_f=A_f(\sigma_1-\sigma_3)=0.2\times(\sigma_1-200)=0.2\sigma_1-40$

极限平衡面与大主应力面的夹角:

$\alpha=45°+\frac{\varphi}{2}=59.5°$

极限平衡面上的剪应力:

$\tau=\frac{\sigma_1-\sigma_3}{2}\sin2\alpha=\frac{\sigma_1-200}{2}\times0.875=0.438\sigma_1-87.5$

极限平衡面上的正应力:

$\sigma'=\frac{\sigma_1'+\sigma_3'}{2}+\frac{\sigma_1'-\sigma_3'}{2}\cos2\alpha$

$=\frac{\sigma_1+\sigma_3-2u_f}{2}+\frac{\sigma_1-\sigma_3}{2}\cos2\alpha$

$=0.06\sigma_1+188.48$

$\tau_f=\sigma'\tan\varphi'+c'=(0.06\sigma_1+188.48)\times\tan29°+25$

$=0.033\sigma_1+129.47$

令 $\tau=\tau_f$,有:$0.438\sigma_1-87.5=0.033\sigma_1+129.47$

$\sigma_1=535.73\text{kPa}$

在 $\sigma_1=535.73\text{kPa}$ 时达到极限平衡状态。

6-82. **解:**

(1)破坏时最大主应力为:

$$\sigma_1' = \sigma_3'\tan^2\left(45° + \frac{\varphi'}{2}\right) + 2c'\tan\left(45° + \frac{\varphi'}{2}\right)$$

$$= (300 - 150) \times \tan^2\left(45° + \frac{30°}{2}\right) + 2 \times 25 \times \tan\left(45° + \frac{30°}{2}\right) = 536.6(\text{kPa})$$

剪切面与最大主应力作用面间的夹角为：

$$\alpha = 45° + \frac{\varphi}{2} = 45° + \frac{30°}{2} = 60°$$

破坏面上的剪应力值为：

$$\tau = \frac{\sigma_1' - \sigma_3'}{2}\sin2\alpha = \frac{536.6 - 150}{2} \times \sin(2 \times 60°) = 167.4(\text{kPa})$$

(2)固结不排水时，对于饱和土 $B = 1$，A_f 为：

达到极限平衡状态时：

$$\sigma_3 = 300\text{kPa}, \sigma_1 = \sigma_3 + \Delta\sigma_1 = 300 + 400 = 700(\text{kPa})$$

$$\sigma_1 - u_f = (\sigma_3 - u_f)\tan^2\left(45° + \frac{\varphi'}{2}\right) + 2c'\tan\left(45° + \frac{\varphi'}{2}\right)$$

$$700 - u_f = (300 - u_f) \times \tan^2\left(45° + \frac{30°}{2}\right) + 2 \times 25 \times \tan\left(45° + \frac{30°}{2}\right)$$

$$u_f = 143.3\text{kPa}$$

$$A_f = \frac{\Delta u}{\Delta\sigma_1 - \Delta\sigma_3} = \frac{143.3}{400} = 0.358$$

6-83. **解：**

(1)在 $\sigma_1 = \sigma_3 = 100\text{kPa}$ 作用下，$\Delta u_3 = 40\text{kPa}$，则根据超静孔隙压力公式有：

$$B = \frac{\Delta u_3}{\Delta\sigma_3} = \frac{40}{100} = 0.4$$

在 $\Delta\sigma_1 = 50\text{kPa}$ 作用下，孔压力为 $\Delta u_3 + \Delta u_1 = 40 + 32 = 72(\text{kPa})$，则：

$$\Delta u = B[\Delta\sigma_3 + A(\Delta\sigma_1 - \Delta\sigma_3)]$$

所以 $A = \dfrac{\dfrac{\Delta u}{B} - \Delta\sigma_3}{\Delta\sigma_1 - \Delta\sigma_3} = \dfrac{\dfrac{72}{0.4} - 100}{150 - 100} = 1.6$

(2)有效应力 $\sigma_1' = \sigma_1 - u = 150 - 72 = 78(\text{kPa})$

$\sigma_3' = \sigma_3 - u = 100 - 72 = 28(\text{kPa})$

6-84. **解：**

(1)对饱和土，孔压系数 $B = 1$，则排水前的孔压 $\Delta u_3 = B \cdot \Delta\sigma_3 = 1 \times 200 = 200(\text{kPa})$

(2)极限状态 $\sigma_1 = \sigma_3\tan^2\left(45° + \dfrac{\varphi}{2}\right) = 200 \times \tan^2\left(45° + \dfrac{30°}{2}\right) = 600(\text{kPa})$

破坏时轴压力 $\Delta\sigma_1 = \sigma_1 - \sigma_3 = 600 - 200 = 400(\text{kPa})$

破坏时孔隙水压力 $\Delta u_1 = A_f(\Delta\sigma_1 - \Delta\sigma_3) = 0.2 \times 400 = 80(\text{kPa})$

(3)有效大、小主应力 $\sigma_1' = \sigma_1 - \Delta u_1 = 600 - 80 = 520(\text{kPa})$

$\sigma_3' = \sigma_3 - \Delta u_1 = 200 - 80 = 120(\text{kPa})$

则 $\sin\varphi' = \dfrac{\sigma_1' - \sigma_3'}{\sigma_1' + \sigma_3'} = \dfrac{560 - 160}{560 + 160} = = 0.625$

$\varphi' = 38.68°$

6-85. **解:**

最大和最小主应力为:

$$\sigma_1 = \frac{\sigma_z + \sigma_x}{2} + \sqrt{\left(\frac{\sigma_z - \sigma_x}{2}\right)^2 + \tau_{zx}^2}$$

$$= \frac{250 + 100}{2} + \sqrt{\left(\frac{250 - 100}{2}\right)^2 + 40^2} = 260(\text{kPa})$$

$$\sigma_3 = \frac{\sigma_z + \sigma_x}{2} - \sqrt{\left(\frac{\sigma_z - \sigma_x}{2}\right)^2 + \tau_{zx}^2}$$

$$= \frac{250 + 100}{2} - \sqrt{\left(\frac{250 - 100}{2}\right)^2 + 40^2} = 90(\text{kPa})$$

破坏时应达到的最大主应力:

$$(\sigma_1)_f = \sigma_3 \tan^2\left(45° + \frac{\varphi}{2}\right) = 90 \times \tan^2\left(45° + \frac{30°}{2}\right) = 270(\text{kPa}) > 260(\text{kPa}) = \sigma_1$$

所以不会剪破。

当 τ 值增加到 60kPa 时,同理可得:$\sigma_1 = 271\text{kPa}, \sigma_3 = 78.95\text{kPa}$

$(\sigma_1)_f = 236.85\text{kPa} < 271\text{kPa} = \sigma_1$

所以会剪破。

6-86. **解:**

不排水试验的抗剪强度指标及破坏面为:

$$c_u = \frac{q_u}{2} = \frac{85}{2} = 42.5(\text{kPa}), \varphi_u = 0°$$

$$\alpha = 45° + \frac{\varphi_u}{2} = 45°$$

6-87. **解:**

已知破坏时总应力为 $\sigma_1 = 100 + 50 = 150(\text{kPa}), \sigma_3 = 100\text{kPa}$

由于 $c_{cu} = 0$,因此有 $\sin\varphi_{cu} = \dfrac{\sigma_1 - \sigma_3}{\sigma_1 + \sigma_3} = 0.2$,得 $\varphi_{cu} = 11.5°$

设超孔隙水压力为 u,则:

破坏时有效应力 $\sigma_1' = \sigma_1 - u, \sigma_3' = \sigma_3 - u$

同理,由于 $c' = 0$,因此有:

$$\sin\varphi' = \frac{\sigma_1' - \sigma_3'}{\sigma_1' + \sigma_3'} = \frac{\sigma_1 - \sigma_3}{\sigma_1 + \sigma_3 - 2u}$$

$$\Rightarrow \sin 28° = 0.47 = \frac{50}{250 - 2u}$$

$$\Rightarrow u = 71.75\text{kPa}$$

6-88. **解:**

试样 1 有效应力:

$\sigma_1' = 200 - 50 = 150(\text{kPa}), \sigma_3' = 90 - 50 = 40(\text{kPa})$

试样 2 有效应力:

$\sigma_1' = 300 - 80 = 220(\text{kPa}), \sigma_3' = 160 - 80 = 80(\text{kPa})$

令:$k = \tan(45° - \frac{\varphi'}{2})$

两个试样满足极限平衡状态方程:

$40 = 150k^2 - 2c' \cdot k$

$80 = 220k^2 - 2c' \cdot k$

解方程可得:$c' = 35.3\text{kPa}, k = \tan(45° - \frac{\varphi'}{2}) = 0.756, \varphi' = 15.8°$

法向有效应力为 150kPa 时,沿这个表面的抗剪强度为:

$\tau = c' + \sigma' \tan\varphi' = 35.3 + 150 \times \tan 15.8° = 77.8(\text{kPa})$

6-89. **解:**

(1)破坏时的最小有效主应力为:$\sigma_3' = \sigma_3 - u = 50\ \text{kPa}$

根据极限平衡条件,破坏时的最大有效主应力:

$$\sigma_1' = \sigma_3' \tan^2\left(45° + \frac{\varphi}{2}\right) + 2c' \tan\left(45° + \frac{\varphi}{2}\right) \tag{1}$$

将 σ_3' 的值代入式(1)中,得 $\sigma_1' = 150\text{kPa}$。

所以破坏时的最大主应力:$\sigma_1 = \sigma_1' + u = 200\text{kPa}$

(2)根据极限平衡条件,破坏时的最大有效主应力为:

$$\sigma_1' = \sigma_3' \tan^2\left(45° + \frac{\varphi}{2}\right) + 2c' \tan\left(45° + \frac{\varphi}{2}\right) \tag{2}$$

破坏时的最小有效主应力为: $\sigma_3' = \sigma_3 - u = 100 - u$ (3)

又 $\sigma_1' = \sigma_1 - u = \sigma_3 + 150 - u = 250 - u$ (4)

将式(3)和式(4)代入式(2),得 $u = 25\text{kPa}$

6-90. **解:**

由题意:$\sigma_1 = 200\text{kPa}, \sigma_3 = 150\text{kPa}, u = 100\text{kPa}$

则:$\sigma_1' = 100\text{kPa}, \sigma_3' = 50\text{kPa}$

根据极限平衡理论:

$$\sigma_1' = \sigma_3' \tan^2(45° + \frac{\varphi'}{2}) + 2c' \tan(45° + \frac{\varphi'}{2})$$

$$= 50 \times \tan^2(45° + \frac{28°}{2}) = 238.5(\text{kPa})$$

计算得到的 σ_1 大于实测 $\sigma_1 = 100\text{kPa}$,则试样未发生破坏。

6-91. **解:**

(1)$\frac{\sigma_1' - \sigma_3'}{2} = \frac{\sigma_1 - \sigma_3}{2} = c_u \Rightarrow \sigma_1' - \sigma_3' = 2c_u = 2 \times 10 = 20$

$$\sigma_1' = \sigma_3' \tan^2\left(45° + \frac{\varphi'}{2}\right) + 2c' \tan\left(45° + \frac{\varphi'}{2}\right) \Rightarrow \sigma_1' = \sigma_3' \tan^2\left(45° + \frac{30°}{2}\right) = 3\sigma_3'$$

联立上面两式解得:$\sigma_1' = 30\text{kPa}, \sigma_3' = 10\text{kPa}$

（2）法向应力刚施加时，采用不固结不排水指标，所以：

$\tau_f = \sigma\tan\varphi_u + c_u = 10\text{kPa}$

经很长时间，超孔隙水压力消散，所求截面上的有效应力等于 90kPa，并采用有效应力指标，所以：

$\tau_f = \sigma'\tan\varphi' + c' = 90 \times \tan30° = 52(\text{kPa})$

6-92. **解：**

由题目条件可知：$\sigma_{1f} = 100 + 180 = 280(\text{kPa})$，$\sigma_{3f} = 100(\text{kPa})$

$$\sigma_{1f} = \sigma_{3f}\tan^2\left(45° + \frac{\varphi_{cu}}{2}\right) + 2c_{cu}\tan\left(45° + \frac{\varphi_{cu}}{2}\right)$$

$$280 = 100\tan^2\left(45° + \frac{24°}{2}\right) + 2c_{cu}\tan\left(45° + \frac{24°}{2}\right)$$

$$\Rightarrow c_{cu} = \frac{280 - 100\tan^2\left(45° + \frac{24°}{2}\right)}{2\tan\left(45° + \frac{24°}{2}\right)} = \frac{280 - 100 \times 2.37}{1.54 \times 2} = 13.96(\text{kPa})$$

破裂面与大主应力作用面的夹角为：$\alpha_f = 45° + \frac{\varphi_{cu}}{2} = 57°$（大主应力作用面为水平面）

破裂面上的法向应力 σ_f：

$$\sigma_f = \frac{1}{2}(\sigma_{1f} + \sigma_{3f}) + \frac{1}{2}(\sigma_{1f} - \sigma_{3f})\cos2\alpha_f$$

$$= \frac{1}{2} \times (280 + 100) + \frac{1}{2} \times (280 - 100) \times \cos(2 \times 57°)$$

$$= 153.4(\text{kPa})$$

破裂面上的剪应力 τ_f：

$$\tau_f = \frac{1}{2}(\sigma_{1f} - \sigma_{3f})\sin2\alpha$$

$$= \frac{1}{2} \times (280 - 100) \times \sin(2 \times 57°)$$

$$= 82.2(\text{kPa})$$

排水剪试验的孔隙水压力始终为 0，故试样破坏时：

$\sigma'_{3f} = \sigma_{3f} = 100\text{kPa}$，$\sigma'_{1f} = \sigma_{1f}$

又知 $c' = 6\text{kPa}$，$\varphi' = 36°$，由有效应力表示的极限平衡条件可得：

$$\sigma_{1f} = \sigma'_{1f} = \sigma'_{3f}\tan^2\left(45° + \frac{\varphi'}{2}\right) + 2c'\tan\left(45° + \frac{\varphi'}{2}\right)$$

$$= 100 \times \tan^2\left(45° + \frac{36°}{2}\right) + 2 \times 6 \times \tan\left(45° + \frac{36°}{2}\right)$$

$$= 408.7(\text{kPa})$$

6-93. **解：**

$(1)\ \sigma_1 = \sigma_3\tan^2\left(45° + \frac{\varphi}{2}\right) + 2c\tan\left(45° + \frac{\varphi}{2}\right) = 2c$

$\Rightarrow c=\dfrac{\sigma_1}{2}=\dfrac{q_u}{2}=50\text{kPa}$

与大主应力作用面的夹角为45°。

(2)$45°+\dfrac{\varphi}{2}=52°\Rightarrow\varphi=14°$代入 $\sigma_1=\sigma_3\tan^2\left(45°+\dfrac{\varphi}{2}\right)+2c\tan\left(45°+\dfrac{\varphi}{2}\right)$

得 $\sigma_1=2c\tan52°=2.56c$

由$\begin{cases}\sigma_1=q_u=100\\ \sigma_1=2.56c\end{cases}\Rightarrow c=39.1\text{kPa}$

6-94. **解：**

(1)$u_f=0$

$\sigma_{1f}=\sigma_t\tan\left(45°+\dfrac{\varphi'}{2}\right)=200\times\tan(45°+9°)=275.28(\text{kPa})$

$(\sigma_1-\sigma_3)_f=275.28-200=75.28(\text{kPa})$

(2)破坏莫尔圆半径 $R=\dfrac{(\sigma_1-\sigma_3)_f}{2}=\dfrac{100}{2}=50(\text{kPa})$

由$\dfrac{R}{R+\sigma_3'}=\sin18°$得到：

$\sigma_3'=\dfrac{R(1-\sin18°)}{\sin18°}=\dfrac{50\times(1-\sin18°)}{\sin18°}=111.8(\text{kPa})$

$u_f=\sigma_3-\sigma_3'=200-111.8=88.2(\text{kPa})$

第七章 土压力计算

一、选择题

7-1. D　7-2. C　7-3. A　7-4. B　7-5. A

7-6. B　7-7. B　7-8. C　7-9. A　7-10. B

7-11. D　7-12. C　7-13. C　7-14. B　7-15. C

7-16. B　7-17. A　7-18. B

二、判断题

7-19. √　7-20. ×　7-21. ×

三、计算题

7-22. 解：

(1) $p_0 = K_0\gamma h = (1-\sin\varphi)\gamma h = (1-\sin 25°)\times 18\times 4 = 41.6(\text{kPa})$

(2) $$p_a = \gamma h\tan^2\left(45° - \frac{\varphi}{2}\right) - 2c\tan\left(45° - \frac{\varphi}{2}\right)$$

$$= 18\times 4\times\tan^2\left(45° - \frac{25°}{2}\right) = 72\times\tan^2 32.5° = 29.2(\text{kPa})$$

(3) $$p_p = \gamma h\tan^2\left(45° + \frac{\varphi}{2}\right) + 2c\tan\left(45° + \frac{\varphi}{2}\right)$$

$$=18\times4\times\tan^2\left(45^\circ+\frac{25^\circ}{2}\right)=72\times\tan^2 57.5^\circ=177.4(\text{kPa})$$

7-23. **解:**

(1) $p_{0黏}=K_0\gamma_1 h_1=(1-\sin\varphi_1)\gamma_1 h_1=(1-\sin20^\circ)\times17\times4=44.74(\text{kPa})$

$p_{0砂}=K_0\gamma_2 h_2=(1-\sin\varphi_2)\gamma_2 h_2=(1-\sin26^\circ)\times17\times4=38.19(\text{kPa})$

(2) $p_{a黏}=\gamma_1 h_1\tan^2(45^\circ-\frac{\varphi_1}{2})-2c_1\tan(45^\circ-\frac{\varphi_1}{2})$

$$=17\times4\times\tan^2 35^\circ-2\times10\times\tan35^\circ=19.34(\text{kPa})$$

$p_{a砂}=\gamma_2 h_2\tan^2(45^\circ-\frac{\varphi_2}{2})-2c_2\tan(45^\circ-\frac{\varphi_2}{2})$

$$=17\times4\times\tan^2 32^\circ=26.55(\text{kPa})$$

(3) $p_{p黏}=\gamma_1 h_1\tan^2\left(45^\circ+\frac{\varphi_1}{2}\right)+2c_1\tan(45^\circ+\frac{\varphi_1}{2})$

$$=17\times4\times\tan^2 55^\circ+2\times10\times\tan55^\circ=167.26(\text{kPa})$$

$p_{p砂}=\gamma_2 h_2\tan^2\left(45^\circ+\frac{\varphi_2}{2}\right)+2c_2\tan\left(45^\circ+\frac{\varphi_2}{2}\right)$

$$=17\times4\times\tan^2 58^\circ=174.15(\text{kPa})$$

7-24. **解:**

(1) $p_0=K_0\gamma h=0.66\times17\times4=44.88(\text{kPa})$

$E_0=\frac{1}{2}\times44.88\times4=89.76(\text{kN/m})$

$h=\frac{4}{3}=1.33(\text{m})$

(2) $p_a=\gamma h\tan^2\left(45^\circ-\frac{\varphi}{2}\right)-2c\tan\left(45^\circ-\frac{\varphi}{2}\right)$

$$=17\times4\times\tan^2 35^\circ-2\times10\times\tan35^\circ=19.34(\text{kPa})$$

自立高 $h_0=\frac{2c}{\gamma\sqrt{K_a}}=\frac{2\times10}{17\times0.7}=1.68(\text{m})$

$E_a=19.34\times(4-1.68)\times\frac{1}{2}=22.43(\text{kN/m})$

$h=\frac{4-1.68}{3}=0.77(\text{m})$

(3) $K_p=\tan^2\left(45^\circ+\frac{\varphi}{2}\right)=\tan^2 55^\circ=2.04$

$z=0$, $\sigma_0=2c\sqrt{K_p}=2\times10\times\sqrt{2.04}=28.56(\text{kPa})$

$z=4$, $\sigma_4=\gamma hK_p+2c\sqrt{K_p}=17\times4\times2.04+2\times10\times\sqrt{2.04}=167.26(\text{kPa})$

合力 $E_p=28.56\times4+\frac{1}{2}\times4\times(167.26-28.56)=114.24+277.40=391.64(\text{kN/m})$

作用点位置:

$h=\left(114.24\times\frac{4}{2}+277.40\times\frac{4}{3}\right)/391.64=1.53(\text{m})$

7-25. **解：**

(1) $\sigma_3=\sigma_1 K_a-2c\sqrt{K_a}$

所以有：

$$60=150K_a-2c\sqrt{K_a} \quad (1)$$

$$82=200K_a-2c\sqrt{K_a} \quad (2)$$

两式联立解得：$50K_a=22, K_a=\frac{22}{50}=0.44$

$2c\sqrt{K_a}=150K_a-60=150\times0.44-60=6$

直立高度 $h_0=\frac{2c\sqrt{K_a}}{\gamma K_a}=\frac{6}{17\times0.44}=0.802(\text{m})$

$p_a=\gamma hK_a-2c\sqrt{K_a}=17\times4\times0.44-6=23.92(\text{kPa})$

$E_a=\frac{1}{2}\times23.92\times(4-0.802)=38.248(\text{kN/m})$

(2)同上

$$150=60K_p+2c\sqrt{K_p} \quad (1)$$

$$200=82K_p+2c\sqrt{K_p} \quad (2)$$

两式联立解得：$22K_p=50, K_p=\frac{50}{22}=2.27$

$2c\sqrt{K_p}=150-60\times2.27=13.8(\text{kPa})$

$p_p=17\times4\times2.27+13.8=168.16(\text{kPa})$

$E_p=\frac{1}{2}\times4\times(13.8+168.16)=363.9(\text{kN/m})$

7-26. **解：**

$\tau=p\tan\varphi+c$

所以有：

$$52=100\tan\varphi+c \quad (1)$$

$$73=150\tan\varphi+c \quad (2)$$

两式联立解得：$c=10\text{kPa}, \tan\varphi=0.42, \varphi=22.8°$

(1)主动破坏时

$$p_{a3}=\gamma h\tan^2\left(45°-\frac{\varphi}{2}\right)-2c\tan\left(45°-\frac{\varphi}{2}\right)$$

$$=17\times3\times\tan^2\left(45°-\frac{22.8°}{2}\right)-2\times10\times\tan\left(45°-\frac{22.8°}{2}\right)$$

$$=22.5-13.3=9.2(\text{kPa})$$

$K_a=\tan^2\left(45°-\frac{\varphi}{2}\right)=\tan^2 33.6°=0.44, \sqrt{K_a}=0.66$

$h_0=\frac{2c}{\gamma\sqrt{K_a}}=\frac{2\times10}{17\times0.66}=1.78(\text{m})$

$p_{a底}=17\times4\times0.44-2\times10\times0.66=16.72(\text{kPa})$

$E_a=\frac{1}{2}\times16.72\times(4-1.78)=18.56(\text{kN/m})$

(2)被动破坏时

$p_{p3} = \gamma h \tan^2\left(45° + \frac{\varphi}{2}\right) + 2c\tan(45° + \frac{\varphi}{2})$

$= 17 \times 3 \times \tan^2\left(45° + \frac{22.8°}{2}\right) + 2 \times 10 \times \tan\left(45° + \frac{22.8°}{2}\right)$

$= 115.5 + 30.1 = 145.6(\text{kPa})$

$K_p = \tan^2\left(45° + \frac{\varphi}{2}\right) = \tan^2 56.4° = 2.265$

$\sqrt{K_p} = 1.50$

$p_{p1} = 2 \times 10 \times 1.50 = 30(\text{kPa})$

$p_{p2} = 17 \times 4 \times 2.265 + 2 \times 10 \times 1.50 = 184.02(\text{kPa})$

$E_p = \frac{1}{2} \times 4 \times (30 + 184.02) = 428.04(\text{kN/m})$

7-27. **解:**

$\gamma = \frac{G_s(1 + w)\gamma_w}{1 + e} = \frac{2.68 \times (1 + 35\%) \times 10}{1 + 1.10} = 17.2\ (\text{kN/m}^3)$

(1) $K_a = \tan^2\left(45° - \frac{\varphi}{2}\right) = \tan^2 34° = 0.455$, $\sqrt{K_a} = 0.675$

$p_{a3.5} = 17.2 \times 3.5 \times 0.455 - 2 \times 8 \times 0.675 = 27.4 - 10.8 = 16.6(\text{kPa})$

$p_{a底} = 17.2 \times 4 \times 0.455 - 2 \times 8 \times 0.675 = 31.3 - 10.8 = 20.5(\text{kPa})$

$h_0 = \frac{2c}{\gamma\sqrt{K_a}} = \frac{2 \times 8}{17.2 \times 0.675} = 1.38(\text{m})$

$E_a = \frac{1}{2} \times 20.6 \times (4 - 1.38) = 27.0(\text{kN/m})$

(2) $K_p = \tan^2\left(45° + \frac{\varphi}{2}\right) = \tan^2 56° = 2.2$, $\sqrt{K_p} = 1.48$

$p_{p3.5} = 17.2 \times 3.5 \times 2.2 + 2 \times 8 \times 1.48 = 132.44 + 23.68 = 152.12(\text{kPa})$

$p_{p底} = 17.2 \times 4 \times 2.2 + 2 \times 8 \times 1.48 = 151.36 + 23.68 = 175.04(\text{kPa})$

$E_p = \frac{1}{2} \times 4 \times (23.68 + 175.04) = 397.44(\text{kN/m})$

7-28. **解:**

$\gamma = (1 + w)\gamma_d = (1 + 20\%) \times 14.5 = 17.4\ (\text{kN/m}^3)$

(1) $K_a = \tan^2(45° - \frac{\varphi}{2}) = \tan^2 34° = 0.455$, $\sqrt{K_a} = 0.675$

$p_{a底} = 17.4 \times 4 \times 0.455 - 2 \times 8 \times 0.675 = 31.7 - 10.8 = 20.9(\text{kPa})$

$h_0 = \frac{2c}{\gamma\sqrt{K_a}} = \frac{2 \times 8}{17.4 \times 0.675} = 1.36(\text{m})$

$E_a = \frac{1}{2} \times 20.9 \times (4 - 1.36) = 27.59(\text{kN/m})$

(2) $K_p = \tan^2\left(45° + \frac{\varphi}{2}\right) = \tan^2 56° = 2.2$, $\sqrt{K_p} = 1.48$

$p_{p底} = 17.4 \times 4 \times 2.2 + 2 \times 8 \times 1.48 = 153.12 + 23.68 = 176.80(\text{kPa})$

$E_p = \dfrac{1}{2} \times 4 \times (23.68 + 176.80) = 400.96(\text{kN/m})$

7-29. **解:**

$\gamma_{sat} = \dfrac{(G_s + e)\gamma_w}{1+e} = \dfrac{(2.60 + 1.0) \times 10}{1+1.0} = 18.0\ (\text{kN/m}^3)$

当地下水位上升到地面时,$p_a = \gamma' h \tan^2\left(45° - \dfrac{\varphi}{2}\right) = 8 \times 4 \times \tan^2 30° = 10.7(\text{kPa})$

$E_a = \dfrac{1}{2} \times 4 \times 10.7 = 21.4(\text{kN/m})$

$E_w = \dfrac{1}{2} \times 4 \times 40 = 80(\text{kN/m})$

$E = E_a + E_w = 101.4(\text{kN/m})$

当地下水位在墙底处时:

$\gamma = \dfrac{G_s(1+w)\gamma_w}{1+e} = \dfrac{2.60 \times (1+25\%) \times 10}{1+1.0} = 16.3\ (\text{kN/m}^3)$

$E_a = \dfrac{1}{2}\gamma h^2 \tan^2\left(45° - \dfrac{\varphi}{2}\right) = \dfrac{1}{2} \times 16.3 \times 4^2 \times \tan^2 30° = 43.5(\text{kN/m})$

水土总压力合力的变化为:$\Delta E = 101.4 - 43.5 = 57.9(\text{kN/m})$

主动土压力合力的变化为:$\Delta E = 43.5 - 21.4 = 22.1(\text{kN/m})$

7-30. **解:**

$\gamma_{sat} = \dfrac{(G_s + e)\gamma_w}{1+e} = \dfrac{(2.60 + 1.0) \times 10}{1+1.0} = 18.0\ (\text{kN/m}^3)$

$\gamma = \dfrac{G_s(1+w)\gamma_w}{1+e} = \dfrac{2.60 \times (1+25\%) \times 10}{1+1.0} = 16.3\ (\text{kN/m}^3)$

地下水位上升前 $p_a = 16.3 \times 4 \times \tan^2 30° = 21.7(\text{kPa})$

地下水位上升后 $p_a = (16.3 \times 2 + 8 \times 2) \times \tan^2 30° = 16.2(\text{kPa})$

(1)$\Delta p = 21.7 - 16.17 = 5.5(\text{kPa})$

上升前的总应力 = 21.7kPa

上升后的总应力 = 16.2 + 20 = 36.2(kPa)

(2)$\Delta p_a = 36.17 - 21.65 = 14.52(\text{kPa})$

7-31. **解:**

(1)$\gamma_{sat} = \dfrac{(G_s + e)\gamma_w}{1+e} = \dfrac{(2.60 + 1.0) \times 10}{1+1.0} = 18.0\ (\text{kN/m}^3)$

$\gamma = \dfrac{G_s(1+w)\gamma_w}{1+e} = \dfrac{2.60 \times (1+25\%) \times 10}{1+1.0} = 16.3\ (\text{kN/m}^3)$

$K_a = \tan^2\left(45° - \dfrac{\varphi}{2}\right) = \tan^2 30° = 0.333,\ \sqrt{K_a} = 0.58$

2m 处,$p_a = 16.3 \times 2 \times 0.333 = 10.9(\text{kPa})$

4m 处,$p_a = (16.3 + 8) \times 2 \times 0.333 = 16.2(\text{kPa})$

$E_a = \frac{1}{2} \times 10.9 \times 2 + 10.9 \times 2 + \frac{1}{2} \times (16.2 - 10.9) \times 2 = 10.9 + 21.8 + 5.3 = 38.0(\text{kN/m})$

$h = \left[\frac{1}{2} \times 10.9 \times 2 \times \left(\frac{1}{3} \times 2 + 2\right) + 10.9 \times 2 \times \left(\frac{1}{2} \times 2\right) + \right.$

$\left. \frac{1}{2} \times (16.2 - 10.9) \times 2 \times \left(\frac{1}{3} \times 2\right)\right] / 38.0 = 1.43(\text{m})$

(2)水压力合力 $E_w = \frac{1}{2} \times 10 \times 2 \times 2 = 20(\text{kN/m})$，水压力作用点位置 0.67m

故水土总压力合力为：

$E = E_a + E_w = 38.0 + 20.0 = 58.0(\text{kN/m})$

水土总压力作用点位置 $h = \frac{38.0 \times 1.43 + 20 \times 0.67}{58.0} = 1.17(\text{m})$

7-32．**解：**

初始应力：$\sigma_1 = 18 \times 3 = 54(\text{kPa})$，$\sigma_3 = 54 \times 0.6 = 32.4(\text{kPa})$

主动状态：$\sigma_1 = 18 \times 3 = 54(\text{kPa})$，$\sigma_3 = 54 \times \tan^2\left(45° - \frac{\varphi}{2}\right) = 24.57(\text{kPa})$

应力变化：$\Delta\sigma_1 = 0$，$\Delta\sigma_3 = 24.57 - 32.4 = -7.83(\text{kPa})$

$\Delta u = B\Delta\sigma_3 + AB(\Delta\sigma_1 - \Delta\sigma_3) = \Delta\sigma_3 - A\Delta\sigma_3 = \Delta\sigma_3(1 - A)$

$= -7.83 \times (1 - 0.35) = -5.09(\text{kPa})$

$\alpha'_1 = \alpha_1 - \Delta u = 54 + 5.09 = 59.09(\text{kPa})$

7-33．**解：**

$p_a = \gamma z \tan^2\left(45° - \frac{20°}{2}\right) - 2c\tan\left(45° - \frac{20°}{2}\right) = 0$

土压力盒的最小埋置深度：

$$z_{\min} = \frac{2c}{\gamma\tan\left(45° - \frac{20°}{2}\right)} = \frac{2 \times 15}{18 \times \tan 35°} = 2.38(\text{m})$$

$p_a = (q + \gamma z)\tan^2\left(45° - \frac{20°}{2}\right) - 2c\tan\left(45° - \frac{20°}{2}\right) = 0$

均布荷载 $q = 10\text{kPa}$ 下的压力盒最小埋置深度：

$$z = \frac{2c\cot\left(45° - \frac{20°}{2}\right) - q}{\gamma} = \frac{2 \times 15 \times \cot\left(45° - \frac{20°}{2}\right) - 10}{18} = 1.82(\text{m})$$

7-34．**解：**

(1)墙顶 $p_p = 2c\tan\left(45° + \frac{6°}{2}\right) = 2 \times 18 \times \tan 48° = 39.98(\text{kPa})$

墙底 $p_p = 17 \times 6 \times \tan^2 48° + 39.98 = 165.79(\text{kPa})$

$E_p = \frac{39.98 + 165.79}{2} \times 6 = 617.32(\text{kN/m})$

$617.32h = 39.98 \times 6 \times \frac{6}{2} + (165.79 - 39.98) \times 6 \times \frac{1}{2} \times \frac{6}{3}$

故 $h=\dfrac{1474.5}{617.32}=2.39(\text{m})$

(2) $17\times z\times\tan^2 42°=2\times15\times\tan 42°, z=1.96(\text{m})$

$p_a=17\times6\times\tan^2 42°-2\times15\times\tan 42°=82.69-27=55.69(\text{kPa})$

$E_a=55.69\times(6-1.96)\times\dfrac{1}{2}=112.49(\text{kN/m})$

$h=\dfrac{1}{3}\times(6-1.96)=1.35(\text{m})$

7-35. **解:**

$\gamma_{sat}=G_s\gamma_w(1-n)+n\gamma_w=2.65\times10\times0.6+0.4\times10=19.9(\text{kN/m}^3)$

墙顶处:$p_{a上}=15\times\tan^2 30°=5(\text{kPa})$

墙底处:$p_{a下}=(15+9.9\times6)\times\tan^2 30°=24.8(\text{kPa})$

土压力合力:$E_a=5\times6+\dfrac{1}{2}\times(24.8-5)\times6=89.4(\text{kN/m})$

故土压力合力作用点位置:$h=\dfrac{5\times6\times3+\dfrac{1}{2}\times19.8\times6\times\dfrac{6}{3}}{89.4}=2.34(\text{m})$

水压力合力:$6\times10\times6\times0.5=180(\text{kN/m})$

水压力合力作用点位置:$\dfrac{6}{3}=2(\text{m})$

水土总压力合力:$180+89.4=269.4(\text{kN/m})$

所以水土总压力合力作用点:$h'=\dfrac{89.4\times2.34+180\times2}{269.4}=2.11(\text{m})$

7-36. **解:**

水上:$e=\dfrac{n}{1-n}=\dfrac{0.4}{0.6}=0.67$

$\gamma=\dfrac{G_s\gamma_w(1+w)}{1+e}=\dfrac{2.65\times10\times(1+10\%)}{1+0.67}=17.5(\text{kN/m}^3)$

水下:$\gamma_{sat}=G_s\gamma_w(1-n)+n\gamma_w=2.65\times10\times0.6+0.4\times10=19.9(\text{kN/m}^3)$

墙底处主动土压力:$p_a=(15+17.5\times3+9.9\times3)\times\tan^2 30°=32.4(\text{kPa})$

墙底处水压力:$p_w=10\times3=30(\text{kPa})$

墙底处水土总压力:$p=p_a+p_w=62.4\text{kPa}$

7-37. **解:**

$\tan\varphi=\dfrac{44.5}{100}=0.445, \varphi=24°$

墙底处主动土压力:$p_a=8\times6\tan^2\left(45°-\dfrac{24°}{2}\right)=20.24(\text{kPa})$

主动土压力合力:$E_a=\dfrac{1}{2}\times20.24\times6=60.72(\text{kN/m})$

主动土压力合力作用点位置:$h=\dfrac{6}{3}=2(\text{m})$

墙底处水压力：$p_w = 10 \times 6 = 60(\text{kPa})$

水压力合力：$E_w = \frac{1}{2} \times 60 \times 6 = 180(\text{kN/m})$，作用点位置：2m

水土总压力合力：$E = E_a + E_w = 60.72 + 180 = 240.72(\text{kN/m})$

水土总压力合力作用点位置：2m

7-38. **解：**

墙后土体发生主动破坏时，土体中产生的滑动面与水平面成$45° + \frac{\varphi}{2}$夹角，故有：

$$\theta = 45° + \frac{\varphi}{2} = 60°, \varphi = 30°$$

滑动土体重：$W = \frac{1}{2} \times \frac{6}{\tan 60°} \times 6 \times 17 = 176.67(\text{kN/m})$

由力多边形可得：$E_a = W\tan\left(45° - \frac{\varphi}{2}\right) = 176.67 \times \tan\left(45° - \frac{30°}{2}\right) = 102.0(\text{kN/m})$

7-39. **解：**

第一层土顶面：$p_{a1顶} = 0$

第一层土底面：$p_{a1底} = 17 \times 2 \times \tan^2\left(45° - \frac{32°}{2}\right) = 10.45(\text{kPa})$

第二层土顶面：$p_{a2顶} = 17 \times 2 \times \tan^2\left(45° - \frac{16°}{2}\right) - 2 \times 10 \times \tan\left(45° - \frac{16°}{2}\right) = 4.24(\text{kPa})$

第二层土底面：

$$p_{a2底} = (17 \times 2 + 19 \times 4) \times \tan^2\left(45° - \frac{16°}{2}\right) - 2 \times 10 \times \tan\left(45° - \frac{16°}{2}\right) = 47.39(\text{kPa})$$

主动土压力合力：

$$E_a = \frac{1}{2} \times 10.45 \times 2 + 4.24 \times 4 + \frac{1}{2} \times (47.39 - 4.24) \times 4$$
$$= 10.45 + 16.96 + 86.30 = 113.71(\text{kN/m})$$

主动土压力合力作用点位置：

$$h = \left[10.45 \times (\frac{2}{3} + 4) + 16.96 \times \frac{4}{2} + 86.30 \times \frac{4}{3}\right] / 113.71 = 2.04(\text{m})$$

7-40. **解：**

(1)第一层土底面的主动土压力

$$p_{a1} = 16 \times 2 \times \tan^2(45° - 15°) - 2 \times 12 \times \tan(45° - 15°)$$
$$= 10.67 - 13.86 = -3.19(\text{kPa})$$

(2)第二层土顶面的主动土压力

$$p_{a2} = 16 \times 2 \times \tan^2(45° - 12.5°) - 2 \times 10 \times \tan(45° - 12.5°)$$
$$= 12.99 - 12.74 = 0.25(\text{kPa})$$

(3)第二层土底面的主动土压力

$$p_{a3} = (16 \times 2 + 10 \times 3) \times \tan^2(45° - 12.5°) - 2 \times 10 \times \tan(45° - 12.5°)$$
$$= 25.16 - 12.74 = 12.42(\text{kPa})$$

主动土压力合力：$E_a = \frac{1}{2} \times (12.42 + 0.25) \times 3 = 19.01(\text{kN/m})$

水压力合力：$E_w = \frac{1}{2} \times 10 \times 3^2 = 45(\text{kN/m})$，$h_3 = 1.0\text{m}$

水土总压力合力：$E = E_a + E_w = 19.01 + 45 = 64.01(\text{kN/m})$

水土总压力合力作用点位置：

$$h = \frac{0.25 \times 3 \times 1.5 + \frac{1}{2} \times (12.42 - 0.25) \times 3 \times 1.0 + 45 \times 1.0}{64.01} = 1.01(\text{m})$$

7-41. **解：**

$$K_a = \tan^2\left(45° - \frac{\varphi}{2}\right) = 1$$

$$h = \frac{2c}{\gamma \sqrt{K_a}} = \frac{2 \times 18}{17.5} = 2.06\text{m}$$

7-42. **解：**

已知 $\varphi_1 = 30°$，$\varphi_2 = 35°$，则 $K_{a1} = 0.333$，$K_{a2} = 0.271$，墙上各点的主动土压力为：

a 点：$p_{a1} = qK_{a1} = 20 \times 0.333 = 6.67(\text{kPa})$

b 点上（在第一层土中）：$p'_{a2} = (\gamma_1 h_1 + q)K_{a1} = (18 \times 6 + 20) \times 0.333 = 42.6(\text{kPa})$

b 点下（在第二层土中）：$p''_{a2} = (\gamma_1 h_1 + q)K_{a2} = (18 \times 6 + 20) \times 0.271 = 34.7(\text{kPa})$

c 点：$p_{a3} = (\gamma_1 h_1 + \gamma_2 h_2 + q)K_{a2} = (18 \times 6 + 20 \times 4 + 20) \times 0.271 = 56.4(\text{kPa})$

由主动土压力强度求得主动土压力合力 E_a 及其作用点位置：

$$E_a = \left[6.67 \times 6 + \frac{1}{2} \times (42.6 - 6.67) \times 6\right] + \left[34.7 \times 4 + \frac{1}{2} \times (56.4 - 34.7) \times 4\right]$$

$$= (40.02 + 107.79) + (138.8 + 43.4) = 330.01(\text{kN/m})$$

E_a 距墙脚 c_1 为：

$$c_1 = \frac{1}{330.01} \times \left[40.02 \times \left(\frac{6}{2} + 4\right) + 107.79 \times \left(\frac{6}{3} + 4\right) + 138.8 \times \frac{4}{2} + 43.4 \times \frac{4}{3}\right] = 3.83(\text{m})$$

7-43. **解：**

$$K_a = \tan^2(45° - \frac{\varphi}{2}) = \tan^2\left(45° - \frac{30°}{2}\right) = 0.333$$

墙上各点的主动土压力为：

a 点：$p_{a1} = \gamma_1 z k_a = 0$

b 点：$p_{a2} = \gamma_1 h_1 K_a = 18 \times 6 \times 0.333 = 36.0(\text{kPa})$

由于水下土的抗剪强度指标与水上土相同，故在 b 点的主动土压力无突变现象。

c 点：$p_{a3} = (\gamma_1 h_1 + \gamma' h_2)K_a = (18 \times 6 + 9 \times 4) \times 0.333 = 48.0(\text{kPa})$

由主动土压力可求得其合力 E_a 为：

$$E_a = \frac{1}{2} \times 36 \times 6 + 36 \times 4 + \frac{1}{2} \times (48 - 36) \times 4 = 108 + 144 + 24 = 276(\text{kN/m})$$

合力 E_a 作用点距墙脚距离 c_1 为：

$$c_1=\frac{1}{276}\times\left[108\times\left(\frac{6}{3}+4\right)+144\times 2+24\times\frac{4}{3}\right]=3.51(\mathrm{m})$$

c 点水压力 $p_w=\gamma_w h_2=9.81\times 4=39.2(\mathrm{kPa})$

作用在墙上的水压力合力 E_w 为：

$$E_w=\frac{1}{2}\times 39.2\times 4=78.4(\mathrm{kN/m})$$

E_w 作用在距墙脚$\frac{h_2}{3}=\frac{4}{3}=1.33(\mathrm{m})$处。

7-44. **解：**

按库仑主动土压力公式计算。

当$\beta=0°,\varepsilon=10°,\delta=15°,\varphi=30°$时，主动土压力系数 $K_a=0.378$。作用在每延米长挡土墙上的主动土压力为：

$$E_a=\frac{1}{2}\gamma H^2K_a=\frac{1}{2}\times 19\times 5^2\times 0.378=89.78(\mathrm{kN/m})$$

$$E_{ax}=E_a\cos\theta=89.78\times\cos(15°+10°)=81.36(\mathrm{kN/m})$$

$$E_{ay}=E_a\sin\theta=89.78\times\sin(15°+10°)=37.94(\mathrm{kN/m})$$

E_a 的作用点位置距墙脚 $c_1=\frac{H}{3}=\frac{5}{3}=1.67(\mathrm{m})$

7-45. **解：**

(1)求破坏棱体长度 l_0

当挡土墙墙背俯斜($\varepsilon=15°$)时，有：

$$l_0=H(\tan\varepsilon+\mathrm{ctan}\alpha)$$

其中，$\mathrm{ctan}\alpha=-\tan(\varphi+\delta+\varepsilon)+\sqrt{[\mathrm{ctan}\varphi+\tan(\varphi+\delta+\varepsilon)][\tan(\varphi+\delta+\varepsilon)-\tan\varepsilon]}$

$$=-\tan 73.3°+\sqrt{(\mathrm{ctan}\,35°+\tan 73.3°)(\tan 73.3°-\tan 15°)}=0.487$$

则 $l_0=8\times(\tan 15°+0.487)=6.04(\mathrm{m})$

(2)求挡土墙的计算长度 B

按规定汽车—15 级时，取挡土墙的分段长度。已知挡土墙的分段长(即伸缩缝间距)为10m，小于 13m，故 B 取挡土墙的分段长度，即 $B=10\mathrm{m}$。

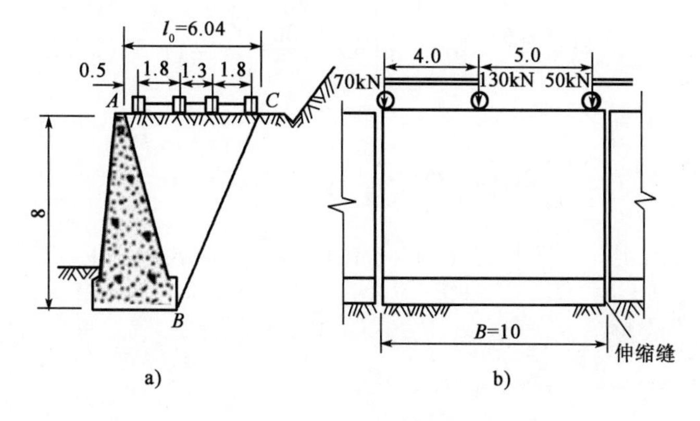

习题 7-45 解图　Bl_0 面积内汽车荷载的布置(尺寸单位：m)

(3)求汽车荷载的等代均布土层厚度 h_e

从图 a)可见,$l_0=6.04\text{m}$ 时,在 l_0 长度范围内可布置两列汽车—15 级加重车,而在墙长度方向,因取 $B=10\text{m}$,故可布置 1 辆加重车和 1 个标准车的前轴,见图 b)。在 Bl_0 面积内可布置的汽车车轮的重力 $\sum G$ 为:

$$\sum G=2\times(70+130+50)=500(\text{kN})$$

h_e 值为:

$$h_e=\frac{\sum G}{Bl_0\gamma}=\frac{500}{10\times6.04\times18}=0.46(\text{m})$$

(4)求主动土压力 E_a

$$E_a=\frac{1}{2}\gamma H(H+2h_e)K_a$$

已知 $\varphi=35°,\varepsilon=15°,\delta=\frac{2}{3}\varphi,\beta=0°$,主动土压力系数 $K_a=0.372$,则:

$$E_a=\frac{1}{2}\times18\times8\times(8+2\times0.46)\times0.372=238.9(\text{kN/m})$$

已知 $\theta=\delta+\varepsilon=\frac{2}{3}\times35°+15°=38.3°$,则:

$$E_{ax}=E_a\cos\theta=238.9\times\cos38.3°=187.5(\text{kN/m})$$

$$E_{ay}=E_a\sin\theta=238.9\times\sin38.3°=148.1(\text{kN/m})$$

E_{ax}的作用点距墙脚 B 的竖直距离为:

$$C_x=\frac{H}{3}\cdot\frac{H+3h_e}{H+2h_e}=\frac{8\times(8+3\times0.46)}{3\times(8+2\times0.46)}=2.80(\text{m})$$

E_{ay}的作用点距墙脚 B 的水平距离为:

$$d=H\tan\varepsilon=8\times\tan15°=2.14(\text{m})$$

$$d_1=h_e\tan\varepsilon=0.46\times\tan15°=0.12(\text{m})$$

$$C_y=\frac{d}{3}\cdot\frac{d+3d_1}{d+2d_1}=\frac{2.14\times(2.14+3\times0.12)}{3\times(2.14+2\times0.12)}=0.75(\text{m})$$

7-46. **解:**

距离地面 0m 处:

$$p_{a1}=-2c_1\tan\left(45°-\frac{\varphi_1}{2}\right)=-2\times10\times\tan\left(45°-\frac{30°}{2}\right)=-11.55(\text{kPa})$$

距离地面 3m 处上部:

$$p'_{a2}=\gamma_1h_1\tan^2\left(45°-\frac{\varphi_1}{2}\right)-2c_1\tan(45°-\frac{\varphi_1}{2})$$

$$=18\times3\times\tan^2\left(45°-\frac{30°}{2}\right)-2\times10\times\tan(45°-\frac{30°}{2})=6.45(\text{kPa})$$

距离地面 3m 处下部:

$$p''_{a2}=\gamma_1h_1\tan^2\left(45°-\frac{\varphi_2}{2}\right)-2c_2\tan(45°-\frac{\varphi_2}{2})$$

$$=18\times3\times\tan^2\left(45°-\frac{35°}{2}\right)-2\times0\times\tan\left(45°-\frac{35°}{2}\right)=14.63(\text{kPa})$$

距离地面 5m 处：

$$p_{a3}=[\gamma_1 h_1+(\gamma_{sat}-\gamma_w)h_2]\tan^2\left(45°-\frac{\varphi_2}{2}\right)-2c_2\tan\left(45°-\frac{\varphi_2}{2}\right)$$

$$=[18\times3+(20-10)\times2]\times\tan^2\left(45°-\frac{35°}{2}\right)-2\times0\times\tan(45°-\frac{35°}{2})=19.98(\text{kPa})$$

主动土压力分布图略。

土压力为 0 点处至地面的距离：

$$h_0=\frac{p_{a1}h_1}{p_{a1}+p'_{a2}}=\frac{11.53\times3.0}{11.53+6.45}=1.925(\text{m})$$

$$E_{a1}=\frac{1}{2}p'_{a2}(h_1-h_0)=\frac{1}{2}\times6.45\times(3.0-1.925)=3.467(\text{kN/m})$$

$$E_{a2}=p''_{a2}h_2+\frac{1}{2}(p_{a3}-p''_{a2})h_2=14.63\times2.0+\frac{1}{2}\times(19.98-14.63)\times2.0$$

$$=29.26+5.35=34.61(\text{kN/m})$$

$$E_a=E_{a1}+E_{a2}=3.467+34.61=38.077(\text{kN/m})$$

合力作用点离地面(墙顶)的距离：

$$C=\frac{1}{38.077}\left\{3.467\times\left[1.925+\frac{2}{3}\times(3.0-1.925)\right]+29.26\times4.0+\right.$$

$$\left.5.35\times\left(5-\frac{1}{3}\times2\right)\right\}=3.92(\text{m})$$

7-47. **解**：

$$K_{p1}=\tan^2\left(45°+\frac{\varphi_1}{2}\right)=\tan^2\left(45°+\frac{20°}{2}\right)=2.040$$

$$K_{p2}=\tan^2\left(45°+\frac{\varphi_2}{2}\right)=\tan^2\left(45°+\frac{15°}{2}\right)=1.698$$

地面处：$p_{p1}=2c_1\sqrt{K_p}=2\times13\times\sqrt{2.040}=37.14(\text{kPa})$

$p_{01}=0$

距离地面 4m 处(在第一层土中)：

$$p'_{p2}=\gamma_1 h_1 K_{p1}+2c_1\sqrt{K_{p1}}=18\times4\times2.040+2\times13\times\sqrt{2.040}$$

$$=146.88+37.14=184.02(\text{kPa})$$

距离地面 4m 处(在第二层土中)：

$$p''_{p2}=\gamma_1 h_1 K_{p2}+2c_2\sqrt{K_{p2}}=18\times4\times1.698+2\times15\times\sqrt{1.698}$$

$$=122.256+38.988=161.24(\text{kPa})$$

$$p_{02}=\gamma_1 h_1 K_0=18\times4\times0.5=36(\text{kPa})$$

距离地面 6m 处：

$$p_{p3}=(\gamma_1 h_1+\gamma_2 h_2)K_{p2}+2c_2\sqrt{K_{p2}}=220.67(\text{kPa})$$

$$p_{03}=(\gamma_1 h_1+\gamma_2 h_2)K_0=(18\times4+17.5\times2)\times0.5=53.50(\text{kPa})$$

静止土压力合力：

$$E_0=\frac{1}{2}p_{02}h_1+p_{02}h_2+\frac{1}{2}(p_{03}-p_{02})h_2=\frac{1}{2}\times36\times4+36\times2+\frac{1}{2}\times(53.5-36)\times2$$

$=72+72+17.5=161.5(\text{kN/m})$

合力作用点距离地面：

$$C_0=\frac{1}{161.5}\times\left[72\times\frac{2}{3}\times4+72\times\left(\frac{1}{2}\times2+4\right)+17.5\times\left(\frac{2}{3}\times2+4\right)\right]=4(\text{m})$$

被动土压力合力：

$$E_\text{p}=p_{\text{p1}}h_1+\frac{1}{2}(p'_{\text{p2}}-p_{\text{p1}})h_1+p''_{\text{p2}}h_2+\frac{1}{2}(p_{\text{p3}}-p''_{\text{p2}})h_2$$

$$=37.14\times4+\frac{1}{2}\times(184.02-37.14)\times4+161.24\times2+\frac{1}{2}\times(220.67-161.24)\times2$$

$$=148.56+293.76+322.48+59.43=824.23(\text{kN/m})$$

合力作用点距离地面：

$$C_\text{p}=\frac{1}{824.23}\times\left[148.56\times\frac{4}{2}+293.76\times\frac{2}{3}\times4+322.48\times\left(\frac{2}{2}+4\right)+59.43\times\left(\frac{2}{3}\times2+4\right)\right]$$

$$=442.32\times2.44+381.91\times4.53=3.65(\text{m})$$

静止土压力及被动土压力分布图略。

7-48. **解：**

主动土压力系数：

$$K_\text{a}=\frac{\cos^2(\varphi-\varepsilon)}{\cos^2\varepsilon\cos(\delta+\varepsilon)\left[1+\sqrt{\dfrac{\sin(\delta+\varphi)\sin(\delta-\beta)}{\cos(\delta+\varepsilon)\cos(\varepsilon-\beta)}}\right]^2}$$

$$=\frac{\cos^2(35°-10°)}{\cos^2 10°\cos(17.5°+10°)\left[1+\sqrt{\dfrac{\sin(17.5°+35°)\sin(17.5°-0°)}{\cos(17.5°+10°)\cos(10°-0°)}}\right]^2}=0.41$$

主动土压力 $E_\text{a}=\frac{1}{2}\gamma H^2K_\text{a}=\frac{1}{2}\times19.7\times6^2\times0.41=145.39(\text{kN/m})$

$$\text{ctan}\alpha=-\tan(\varphi+\delta+\varepsilon)+\sqrt{[\text{ctan}\varphi+\tan(\varphi+\delta+\varepsilon)]\tan(\varphi+\delta+\varepsilon)-\tan\varepsilon}$$

$$=-\tan(35°+17.5°+10°)+$$

$$\sqrt{[\text{ctan}\,35°+\tan(35°+17.5°+10°)]\tan(35°+17.5°+10°)-\tan 10°}$$

$$=-\tan 62.5°+\sqrt{(\text{ctan}\,35°+\tan 62.5°)\tan 62.5°-\tan 10°}=0.58$$

$\alpha=59.9°\approx60°$

滑动面与水平面的夹角约为60°。

7-49. **解：**

(1)求破坏棱柱的长度 l_0

桥台侧壁俯斜，$\varepsilon=0°$，所以有：

$l_0=H\cdot\cot\alpha$

$$\cot\alpha=-\tan(\varphi+\delta)+\sqrt{[\cot\varphi+\tan(\varphi+\delta)]\cdot\tan(\varphi+\delta)}$$

$$=-\tan(30°+15°)+\sqrt{[\cot 30°+\tan(30°+15°)]\cdot\tan(30°+15°)}=0.65$$

$l_0=5\times0.65=3.25(\text{m})$

(2)求与破坏棱柱垂直方向的计算长度 B

按规定汽车—15 级,台背宽度为 9m,小于 13m,故取 $B=9\text{m}$。

(3)求汽车荷载的等代均布土层厚度 h_e

$l_0=3.25\text{m}$ 时,在 l_0 长度范围内可布置两列汽车—15 级加重车,而在与 l_0 垂直方向,$B=9\text{m}$时,可布置一辆加重车和一个标准车的前轴。所以在 Bl_0 面积内可布置的汽车车轮的重力$\sum G$为:

$$\sum G=2\times(70+130+50)=500(\text{kN})$$

h_e 值为:$h_e=\dfrac{\sum G}{Bl_0\gamma}=\dfrac{500}{9\times3.25\times18}=0.95(\text{m})$

(4)求主动土压力 E_a

$$E_a=\frac{1}{2}\gamma H(H+2h_e)K_a$$

已知 $\varphi=30°,\delta=\dfrac{\varphi}{2}=15°,\beta=0°$,查表得主动土压力系数 $K_a=0.301$,则:

$$E_a=\frac{1}{2}\times18\times5\times(5+2\times0.95)\times0.301=93.46(\text{kN/m})$$

$$E_{ax}=E_a\cos\theta=93.46\times\cos15°=90.28(\text{kN/m})$$

$$E_{ay}=E_a\sin\theta=93.46\times\sin15°=24.19(\text{kN/m})$$

E_{ax}和 E_{ay}的作用点位置:

从桥台底部至 E_{ax}作用点的垂直距离:

$$C_x=\frac{H}{3}\cdot\frac{H+3h_e}{H+2h_e}=\frac{5\times(5+3\times0.95)}{3\times(5+2\times0.95)}=1.90(\text{m})$$

从桥背底部墙趾至 E_{ay}作用点的水平距离:

$$C_y=0$$

7-50. 解:

主动土压力系数:

$$K_a=\frac{\cos^2(\varphi-\varepsilon)}{\cos^2\varepsilon\cos(\delta+\varepsilon)\left[1+\sqrt{\dfrac{\sin(\delta+\varphi)\sin(\varphi-\beta)}{\cos(\delta+\varepsilon)\cos(\varepsilon-\beta)}}\right]^2}$$

$$=\frac{\cos^2(30°-10°)}{\cos^2 10°\cos(15°+10°)\left[1+\sqrt{\dfrac{\sin(15°+30°)\sin(30°-20°)}{\cos(15°+10°)\cos(10°-20°)}}\right]^2}=0.504$$

$$E_a=\frac{1}{2}\gamma H^2K_a=\frac{1}{2}\times20\times5^2\times0.504=126.07(\text{kN/m})$$

$$E_{ax}=E_a\cos\theta=E_a\cos(\delta+\varepsilon)=126.07\times\cos(15°+10°)=114.26(\text{kN/m})$$

$$E_{ay}=E_a\sin\theta=E_a\sin(\delta+\varepsilon)=126.07\times\sin(15°+10°)=53.28(\text{kN/m})$$

合力作用点在墙高的 1/3 处。

7-51. 解:

(1)临界深度

由于第一层填土为黏土,故先求可能出现拉应力区的临界深度 z_0。

令:

$$p_{z_0}=(\gamma_1 z_0+q)K_{a1}-2c\sqrt{K_{a1}}=(\gamma_1 z_0+q)\tan^2\left(\frac{\pi}{4}-\frac{\varphi_1}{2}\right)-2c\tan\left(\frac{\pi}{4}-\frac{\varphi_1}{2}\right)=0$$

得：$z_0=2.09\text{m}>2\text{m}$，所以深2m范围内挡墙主动土压力都为零。

(2) B点主动土压力

$$p_B=(\gamma_1 h_1+q)K_{a2}-2c\sqrt{K_{a2}}=(\gamma_1 h_1+q)\tan^2\left(\frac{\pi}{4}-\frac{\varphi_2}{2}\right)+0$$

$$=(18\times 2+10)\times\tan^2 35°=22.55(\text{kPa})$$

(3)地下水位处主动土压力

$$p_{水面}=(\gamma_1 h_1+q+\gamma_2\cdot 1)K_{a2}=(46+18)\tan^2\left(\frac{\pi}{4}-\frac{\varphi_2}{2}\right)=64\times\tan^2 35°=31.38(\text{kPa})$$

(4) C点主动土压力

$$p_C=(\gamma_1 h_1+q+\gamma_2\cdot 1+\gamma'_2\cdot 2)K_{a2}=(46+18+9\times 2)\tan^2\left(\frac{\pi}{4}-\frac{\varphi_2}{2}\right)$$

$$=82\times\tan^2 35°=40.20(\text{kPa})$$

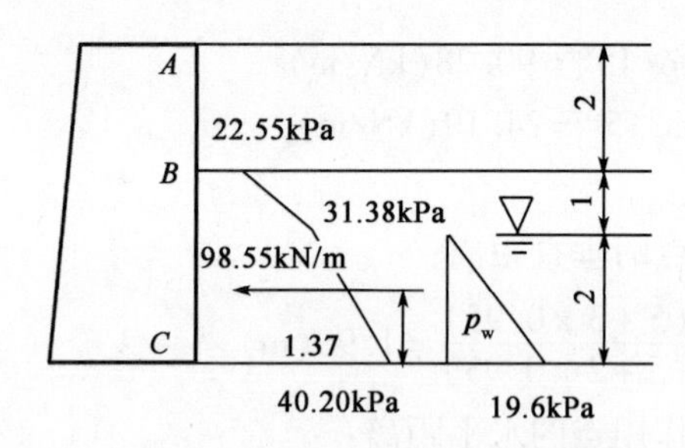

习题7-51解图(尺寸单位:m)

(5) C点水压力

$$p_{wC}=\gamma_w\cdot 2=9.8\times 2=19.6(\text{kPa})$$

(6)画出水土压力分布图主动土压力的合力大小与位置

$$E_a=(22.55+31.38)\times\frac{1}{2}+(40.20+31.38)\times\frac{2}{2}=26.97+71.58=98.55\ (\text{kN/m})$$

$$z=\frac{22.55\times\left(2+\frac{1}{2}\right)+\frac{31.38-22.55}{2}\times\left(2+\frac{1}{3}\right)+31.38\times 2\times 1+(40.20-31.8)\times\frac{2}{3}}{98.55}$$

$$=\frac{22.55\times 2.5+\frac{31.38-22.55}{2}\times\frac{7}{3}+31.38\times 2+(40.20-31.88)\times\frac{2}{3}}{98.55}$$

$$=\frac{134.99}{98.55}=1.37(\text{m})$$

水土压力合力与位置：

$$E=E_a+p_{wC}=118.15(\text{kN/m})$$

距离墙底距离0.67m。

7-52. **解**：

由于墙背竖直光滑，采用朗金土压力理论计算。

$$\gamma_{sat} = \frac{\gamma_s + e\gamma_w}{1+e} = 18(\text{kN/m}^3)$$

$$\gamma' = \gamma_{sat} - \gamma_w = 18 - 10 = 8(\text{kN/m}^3)$$

$$K_a = \tan^2\left(45° - \frac{\varphi}{2}\right) = \tan^2\left(45° - \frac{30°}{2}\right) = \frac{1}{3}$$

墙脚处主动土压力为：

$$p_a = \gamma' H K_a - 2c\sqrt{K_a} = 8 \times 4 \times \frac{1}{3} - 2 \times 0 \times \sqrt{\frac{1}{3}} = 10.7(\text{kN/m})$$

7-53. **解：**

砂土的主动土压力系数分别为：

$$K_{a1} = \tan^2\left(45° - \frac{\varphi}{2}\right) = 0.283, K_{a2} = \tan^2\left(45° - \frac{\varphi}{2}\right) = 0.333$$

黏性土的主动土压力系数分别为：

$$K_{a3} = \tan^2\left(45° - \frac{\varphi}{2}\right) = 0.49, K_{a4} = \tan^2\left(45° - \frac{\varphi}{2}\right) = 0.568$$

砂土中的土压力：

$p_{aA} = 0$

$p_{aB上} = \gamma_1 h_1 K_{a1} = 9.6(\text{kPa})$

$p_{aB下} = \gamma_1 h_1 K_{a2} = 11.322(\text{kPa})$

$p_{aC} = (\gamma_1 h_1 + \gamma_2 h_2)K_{a2} = 28.304(\text{kPa})$

黏性土中的土压力：

(1) $p_D = pK_{a3} - 2c_3\sqrt{K_{a3}} = 0 \Rightarrow p = 22.86\text{kPa}$

(2) $p_{aE上} = (p + \gamma_3 h_1)K_{a3} - 2c_3\sqrt{K_{a3}} = p_{aB上} = 19.2(\text{kPa}) \Rightarrow \gamma_3 = 19.6\text{kN/m}^3$

(3) $p_{aE下} = (p + \gamma_3 h_1)K_{a4} - 2c_4\sqrt{K_{a4}} = 2 \times 11.322\text{kPa} \Rightarrow c_4 = 8.4\text{kPa}$

$$p_{aF} = (p + \gamma_3 h_1 + \gamma_4 h_2)K_{a4} - 2c_4\sqrt{K_{a4}} = (22.86 + 2 \times 19.6 + 3\gamma_4) \times 0.568 - 2 \times 8.4 \times 0.754 = 2p_{aC} = 2 \times 28.304\text{kPa} \Rightarrow \gamma_4 = 19.99\text{kN/m}^3$$

7-54. **解：**

(1)挡土墙上的水压力、土压力值

①主动土压力系数

$$K_{a1} = \tan^2\left(45° - \frac{\varphi_1}{2}\right) = \tan^2\left(45° - \frac{18°}{2}\right) = 0.53, \sqrt{K_{a1}} = 0.73$$

$$K_{a2} = \tan^2\left(45° - \frac{\varphi}{2}\right) = \tan^2\left(45° - \frac{20°}{2}\right) = 0.49, \sqrt{K_{a2}} = 0.70$$

②计算临界深度 z_0

$$z_0\gamma_1 K_{a1} - 2c_1\sqrt{K_{a1}} \Rightarrow 18.4 \times 0.53z_0 - 2 \times 10 \times 0.73 = 0 \Rightarrow z_0 = 1.5\text{m}$$

③$A-$土压力

$$p_a^{A-} = h_1\gamma_1 K_a - 2c_1\sqrt{K_a} = 2 \times 18.4 \times 0.53 - 2 \times 10 \times 0.73 = 4.9(\text{kPa})$$

④$A+$土压力

$$p_a^{A+} = h_1\gamma_1 K_{a2} = 2 \times 18.4 \times 0.49 = 18.0(\text{kPa})$$

⑤B 点土压力

$p_a^B = (h_1\gamma_1 + h_2\gamma'_2)K_{a2} = [2\times18.4 + 4\times(18.5-10)]\times0.49 = 34.7(\text{kPa})$

作用点位置距离墙底1.82m。

⑥B 点水压力

$p_w^B = \gamma_w h_w = 10\times4 = 40(\text{kPa})$

⑦土压力合力

$4.9\times(2-1.5)/2 + (18.03+34.7)\times4/2 = 1.23+105.46 = 106.69(\text{kN/m})$

水压力合力：$4\times10\times4/2 = 80(\text{kN/m})$

作用点位置距离墙底1.33m。

(2)水位下降 m 后(设此时水位与 C 点齐平)

①A 点以上土压力不变

②C 点土压力

$p_a^C = (h_1\gamma_1 + h_2\gamma_2)K_{a2} = (2\times18.4 + 2\times18.5)\times0.49 = 36.2(\text{kPa})$

③B 点土压力

$p_a^B = (h_1\gamma_1 + h_2\gamma'_2)K_{a2} = [2\times18.4 + 2\times18.5 + 2\times(18.5-10)]\times0.49 = 45.5(\text{kPa})$

④B 点水压力

$p_w^B = \gamma_w h_w = 10\times2 = 20(\text{kPa})$

⑤合力变化

土压力合力增加：

$E_{后} - E_{前} = 135.9 - 105.5 = 30.4(\text{kN/m})$

水压力合力增加：

$W_{后} - W_{前} = 20 - 80 = -60(\text{kN/m})$

或

水、土压力合力增加：

$(E_{后} + W_{后}) - (E_{前} + W_{前}) = -39.6(\text{kN/m})$

第八章

土坡稳定分析

一、选择题

8-1. D　8-2. B　8-3. D　8-4. B　8-5. A

8-6. A　8-7. B　8-8. A

二、判断题

8-9. ×　8-10. √　8-11. √　8-12. √　8-13. ×

三、计算题

8-14. **解：**

当 $\varphi = 10°$、$\beta = 45°$时，由泰勒的稳定因数 N_s与坡角 β 的关系，查得 $N_s = 9.2$。此时滑动面上所需要的黏聚力 c_1为：

$$c_1 = \frac{\gamma H}{N_s} = \frac{19.4 \times 8}{9.2} = 16.9(\text{kPa})$$

土坡稳定安全系数 K 为：

$$K = \frac{c}{c_1} = \frac{25}{16.9} = 1.48$$

8-15. **解：**

(1)按比例绘出土坡的剖面图(如习题 8-15 图所示)。按泰勒的经验方法确定最危险滑动面圆心位置。当 $\varphi=12°$、$\beta=55°$时,知土坡的滑动面是坡脚圆,其最危险滑动面圆心的位置,可由泰勒图表查得,$\alpha=40°$,$\theta=34°$,由此作图求得圆心 O。

(2)将滑动土体 $BCDB$ 划分成竖直土条。滑动圆弧 BD 的水平投影长度为 $H\cdot \mathrm{ctan}\alpha=6\times \mathrm{ctan}40°=7.15\mathrm{m}$,把滑动土体划分成 7 个土条,从坡脚 B 开始编号,把 1 ~6 条的宽度 b 均取为 1m,而余下的第 7 条的宽度则为 1.15m。

(3)计算各土条滑动面中点与圆心的连线同竖直线的夹角 α_i 值。可按下式计算:

$$\sin\alpha_i=\frac{a_i}{R}$$

$$R=\frac{d}{2\sin\theta}=\frac{H}{2\sin\alpha\cdot\sin\theta}=\frac{6}{2\times\sin 40°\times\sin 34°}=8.35(\mathrm{m})$$

式中:a_i——土条 i 的滑动面中点与圆心 O 的水平距离;

R——圆弧滑动面 BD 的半径;

d——BD 弦的长度;

θ、α——求圆心位置时的参数。

将求得的各土条值列于表中。

(4)从图中量取各土条的中心高度 h_i,计算各土条的重力 $W_i=\gamma b_i h_i$ 及 $W_i\sin\alpha_i$、$W_i\cos\alpha_i$ 值,将结果列于表中。

(5)计算滑动面圆弧长度 $\widehat{L}$:

$$\widehat{L}=\frac{\pi}{180°}2\theta R=\frac{2\times\pi\times 34°\times 8.35}{180°}=9.91(\mathrm{m})$$

(6)计算土坡的稳定安全系数 K:

$$K=\frac{\tan\varphi\sum_{i=1}^{7}W_i\cos\alpha_i+c\widehat{L}}{\sum_{i=1}^{7}W_i\sin\alpha_i}=\frac{258.63\times\tan 12°+16.7\times 9.91}{186.6}=1.18$$

土坡稳定计算结果　　习题 8-15 解表

土条编号 i	土条宽度 b_i(m)	土条中心高 h_i(m)	土条重力 W_i(kN)	α_i (°)	$W_i\sin\alpha_i$ (kN)	$W_i\cos\alpha_i$ (kN)	$\widehat{L}$ (m)
1	1	0.60	11.16	9.5	1.84	11.0	
2	1	1.80	33.48	16.5	9.51	32.1	
3	1	2.85	53.01	23.8	21.39	48.5	
4	1	3.75	69.75	31.8	36.56	59.41	
5	1	4.10	76.26	40.1	49.12	58.33	
6	1	3.05	56.73	49.8	43.33	36.62	
7	1.15	1.50	27.90	63.0	24.86	12.67	
合计					186.60	258.63	9.91

8-16. **解：**

土坡的最危险滑动面圆心 O 的位置以及土条划分情况均与习题 8-15 相同。计算各土条的有关各项列于表中。

第一次试算假定稳定安全系数 $K=1.20$，计算结果列于下表，求得稳定安全系数为：

$$K=\frac{\sum_{i=1}^{n}\frac{1}{m_{\alpha i}}(W_i\tan\varphi_i+c_i l_i\cos\alpha_i)}{\sum_{i=1}^{n}W_i\sin\alpha_i}=\frac{221.55}{186.6}=1.187$$

第二次试算假定 $K=1.19$，计算结果列于表中，可得：

$$K=\frac{221.33}{186.6}=1.186$$

计算结果与假定接近，故得土坡的稳定安全系数 $K=1.19$。

土坡稳定计算表　　习题 8-16 解表

土条编号 i	α_i (°)	l_i (m)	W_i (kN)	$W_i\sin\alpha_i$ (kN)	$W_i\tan\varphi_i$ (kN)	$c_i l_i\cos\alpha_i$	$m_{\alpha i}$		$\frac{1}{m_{\alpha i}}(W_i\tan\varphi_i+c_i l_i\cos\alpha_i)$	
							$K=1.20$	$K=1.19$	$K=1.20$	$K=1.19$
1	9.5	1.01	11.16	1.84	2.37	16.64	1.016	1.016	18.71	18.71
2	16.5	1.05	33.48	9.51	7.12	16.81	1.009	1.010	23.72	23.69
3	23.8	1.09	53.01	21.39	11.27	16.66	0.986	0.987	28.33	28.30
4	31.6	1.18	69.75	36.55	14.83	16.73	0.945	0.945	33.45	33.45
5	40.1	1.31	76.26	49.12	16.21	16.73	0.879	0.880	37.47	37.43
6	49.8	1.56	56.73	43.33	12.06	16.82	0.781	0.782	36.98	36.93
7	63.0	2.68	29.70	24.86	5.93	20.32	0.612	0.613	42.89	42.82
合计				186.60	—				221.55	221.33

8-17. **解：**

可能的滑动面 $AFEDC$ 如图所示，将滑动土体分成 4 条，各土条的基本数据列于表中。

(1)第一次迭代计算

第一次迭代计算时，假定 $\Delta X_i=0$。为求得试算安全系数 K 的参考数值，可先假设 $\frac{1}{m_{\alpha i}\cos\alpha_i}=1$，则杨布土坡稳定安全系数表达式中的 A_i、B_i 分别为：

$$A_i=W_i\tan\varphi_i+c_i b_i$$

$$B_i=W_i\tan\alpha_i$$

基 本 数 据　　　　习题 8-17 解表 1

土条编号 i	土条宽 b_i (m)	底坡角 α(°)	$\tan\alpha_i$	$\cos\alpha_i$	$\sin\alpha_i$	土条高 h_i(m)	$\gamma_i h_i$ (kPa)	土条重力 $W=\gamma_i h_i b_i$(kN/m)	$\tan\varphi_i$	c_i (kPa)	$c_i b_i$ (kN/m)
1	4	50.7	1.222	0.633	0.774	3.5	68.6	274.4	0.364	18	72
2	6	22.6	0.416	0.923	0.384	5.5	107.8	646.8	0.364	18	109
3	6.5	9.6	0.169	0.986	0.167	4.1	80.4	522.6	0.364	18	117
4	4.5	−7.6	−0.133	0.991	−0.132	1.65	32.3	145.4	0.364	18	81

将各土条按上式计算的 A_i、B_i 值列于下表，并求得安全系数为：

$$K_0=\frac{\sum A_i}{\sum B_i}=\frac{956.4}{673.4}=1.420$$

然后参考 K_0 值假设一个试算安全系数 $K=1.700$ 计算 $m_{\alpha i}$ 值，这时 A_i 值变为：

$$A_i=(W_i\tan\varphi_i+c_ib_i)\frac{1}{m_{\alpha i}\cos\alpha_i}$$

将各土条按上式计算的 A_i 值列于下表，由此可求得安全系数为：

$$K_1=\frac{\sum A_i}{\sum B_i}=\frac{1\,155.15}{673.4}=1.715$$

因为 K_1 值与假设值 $K=1.70$ 相近（不超过 5%），故可不必再进行试算。

第一次迭代计算结果　　　　习题 8-17 解表 2

土条编号 i	$B_i=W_i\tan\alpha_i$	$A_i=W_i\tan\varphi_i+c_ib_i$	$K_0=\frac{\sum A_i}{\sum B_i}$	$m_{\alpha i}$	$\frac{1}{m_{\alpha i}\cos\alpha_i}$	$A_i=\frac{(W_i\tan\varphi_i+c_ib_i)\cdot 1}{m_{\alpha i}\cos\alpha_i}$	K_1
1	335.3	171.9	$\frac{956.4}{673.4}=1.420$	0.799	1.977	339.81	1.715
2	269.1	343.4		1.005	1.078	370.22	
3	88.3	307.2		1.022	0.992	304.77	
4	−19.3	133.9		0.963	1.048	140.35	
	$\sum 673.4$	$\sum 956.4$		假设 $K=1.700$		$\sum 1\,155.15$	

（2）第二次迭代计算

第二次迭代计算时应考虑竖向剪切力增量 ΔX_i 的作用，故要先计算水平法向力增量 ΔE_i 及水平法向力 E_i 值：

$$\Delta E_i=B_i-\frac{A_i}{K}$$

$$E_i=E_1+\sum_{i=1}^{i-1}\Delta E_i\quad（由图知\ E_1=0）$$

计算 ΔE_i 值时，安全系数采用第一次迭代结果 K_1 代入，将求得的各土条 ΔE_i 及 E_i 值列于下

表(见表中第 2、3 列)。然后按下式计算各土条间的竖向剪切力 X_i值(见表中第 7 列):

$$X_i = \frac{\Delta E_i}{b_i} t_i - E_i \tan\alpha_i$$

式中$\frac{\Delta E_i}{b_i}$应取相邻两土条的平均值,即:

$$\frac{\Delta E_i}{b_i} = \frac{\Delta E_i + \Delta E_{i+1}}{b_i + b_{i+1}} \text{(见表中第 4 列)}$$

求得 ΔX_i值列于下表(见表中第 8 列)。

假设一个试算安全系数 $K = 2.10$,计算 $m_{\alpha i}$及$\frac{1}{m_{\alpha i}\cos\alpha_i}$值(见表中第 10、11 列),然后按式计算 A_i及 B_i值(见表中第 12、9 列),并求得安全系数为:

$$K_2 = \frac{\sum A_i}{\sum B_i} = \frac{1\,129.41}{537.91} = 2.100$$

由于 K_2与假设 K 值相同,故可结束试算。

第二次迭代计算结果　　习题 8-17 解表 3

<table>
<tr><td rowspan="2">土条编号 i</td><td>$\frac{A_i}{K_i}$</td><td>ΔE_i</td><td>ΔE_i</td><td>$\frac{\Delta E_i}{b_i}$</td><td>t_i</td><td>$\tan\alpha_i$</td><td>X_i</td><td>ΔX_i</td></tr>
<tr><td>1</td><td>2</td><td>3</td><td>4</td><td>5</td><td>6</td><td>7</td><td>8</td></tr>
<tr><td rowspan="2">1</td><td rowspan="2">198.14</td><td rowspan="2">137.16</td><td>0</td><td>—</td><td>—</td><td>—</td><td>0</td><td rowspan="2">-127.21</td></tr>
<tr><td rowspan="2">137.16</td><td rowspan="2">19.04</td><td rowspan="2">-0.07</td><td rowspan="2">0.917</td><td rowspan="2">-127.21</td></tr>
<tr><td rowspan="2">2</td><td rowspan="2">215.87</td><td rowspan="2">53.23</td><td>40.83</td></tr>
<tr><td rowspan="2">190.39</td><td rowspan="2">-2.89</td><td rowspan="2">0.67</td><td rowspan="2">0.443</td><td rowspan="2">-86.28</td><td rowspan="2">47.57</td></tr>
<tr><td rowspan="2">3</td><td rowspan="2">177.71</td><td rowspan="2">-89.41</td></tr>
<tr><td rowspan="2">100.98</td><td rowspan="2">-17.32</td><td rowspan="2">0.62</td><td rowspan="2">0.277</td><td rowspan="2">-38.71</td><td rowspan="3">38.71</td></tr>
<tr><td rowspan="2">4</td><td rowspan="2">81.84</td><td rowspan="2">-101.14</td></tr>
<tr><td>0</td><td>—</td><td>—</td><td>—</td><td>0</td></tr>
<tr><td></td><td></td><td></td><td></td><td></td><td></td><td></td><td></td><td>∑0</td></tr>
</table>

<table>
<tr><td rowspan="2">土条编号 i</td><td>$B_i = (W_i + \Delta X_i)\tan\alpha_i$</td><td>$m_{\alpha i}$</td><td>$\frac{1}{m_{\alpha i}\cos\alpha_i}$</td><td>$A_i = \frac{[(W_i + \Delta X_i)\tan\varphi_i + c_i b_i] \cdot 1}{m_{\alpha i}\cos\alpha_i}$</td><td>$K_2$</td></tr>
<tr><td>9</td><td>10</td><td>11</td><td>12</td><td>13</td></tr>
<tr><td>1</td><td>179.99</td><td>0.767</td><td>2.059</td><td>258.63</td><td rowspan="4">$\frac{1\,129.41}{537.91}$
=2.100</td></tr>
<tr><td>2</td><td>286.05</td><td>0.990</td><td>1.095</td><td>392.33</td></tr>
<tr><td>3</td><td>96.36</td><td>1.015</td><td>0.999</td><td>324.22</td></tr>
<tr><td>4</td><td>-24.49</td><td>0.968</td><td>1.042</td><td>154.23</td></tr>
<tr><td></td><td>∑537.91</td><td colspan="2">假设 K = 2.10</td><td>∑1 129.41</td><td></td></tr>
</table>

(3)第三次迭代计算

与第二次迭代计算相同,用第二次迭代计算结果 K_2 值,依次计算 ΔE_i、E_i、X_i 及 ΔX_i 值,列于下表。然后假设一个试算安全系数 $K=1.90$,计算 $m_{\alpha i}$ 及 $1/(m_{\alpha i}\cos\alpha_i)$ 值,计算 A_i 及 B_i 值,并求得 $K_3=\sum A_i/\sum B_i=1\ 147.13/603.09=1.902$,与假设的 K 值相近。

(4)后续计算

由于上述三次迭代计算结果 $K_1=1.715$、$K_2=2.100$、$K_3=1.902$ 差异较大,故尚需继续进行迭代计算,现将 10 次迭代计算结果列出:

$K_1=1.715$, $K_2=2.100$

$K_3=1.902$, $K_4=2.023$

$K_5=1.949$, $K_6=1.991$

$K_7=1.966$, $K_8=1.980$

$K_9=1.972$, $K_{10}=1.976$

因为 K_{10} 与 K_9 已很接近了(误差 <0.005),故可结束迭代计算。最后求得土坡的稳定安全系数 $K=1.976$。

第三次迭代计算结果 习题 8-17 解表 4

土条编号 i	$\frac{A_i}{K_i}$	ΔE_i	ΔE_i	$\frac{\Delta E_i}{b_i}$	X_i	ΔX_i	B_i	$\frac{1}{m_{\alpha i}\cos\alpha_i}$	A_i	K_3
			0	—	0					
	123.16	56.38				−53.21	270.29	2.022	308.38	
			56.83	15.61	−53.21					
1	186.82	99.23				−13.71	263.37	1.087	367.89	$\frac{1\ 147.13}{603.09}=1.902$
			156.06	3.30	−66.92					
2	154.39	−58.03				30.97	93.55	0.996	317.23	
			98.03	−14.18	−35.95					
3	73.44	−97.93				35.95	−24.12	1.045	153.63	
			0	—	0					
4							$\Sigma=603.09$	假设 $K=1.9$	$\Sigma=1\ 147.13$	

8-18. 解:

(1)容许坡角 β

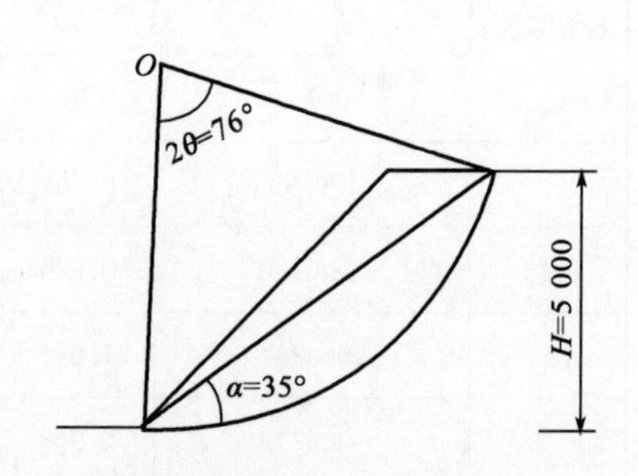

习题 8-18 解图(尺寸单位:mm)

由 $K=\frac{c}{c_1}\geqslant1.25$ 得:

$$c_1=\frac{c}{K}\leqslant\frac{c}{1.25}=\frac{12.5}{1.25}=10(\text{kPa})$$

由 $c_1=\frac{\gamma H}{N_s}$ 得:

$$N_s=\frac{\gamma H}{c_1}\geqslant\frac{18\times5}{10}=9$$

由 $\varphi=10°$, $N_s=9$, 查泰勒图表可得 $\beta=46°$。

(2)最危险滑动面中心位置

由 $\varphi=10°$, $\beta=46°$, 查泰勒图表得 $\theta=38°$, $\alpha=35°$, 由此可得中心位置 O, 如图所示。

8-19. **解:**

(1)费伦纽斯法

由 $\beta=60°$ 按费伦纽斯法查表可得 $\beta_1=29°$, $\beta_2=40°$。

由此可得最危险滑动面中心位置 O_1, 如图所示。

(2)泰勒图解法

由 $\beta=60°$, $\varphi=0°$, 查泰勒图表可得 $\theta=35°$, $\alpha=35°$, 由此可得最危险滑动面中心位置 O_2, 如图所示。

由图可见, 费伦纽斯法和泰勒图解法两种方法确定的最危险滑动面中心位置非常接近, 基本一致。

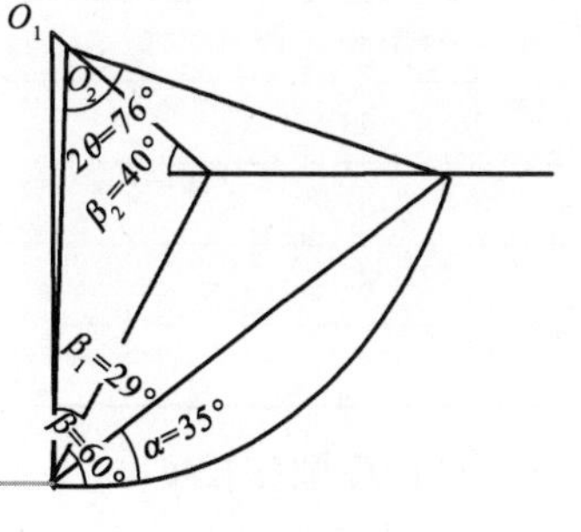

习题 8-19 解图

8-20. **解:**

(1)土坡的稳定安全系数

由坡高及坡角下硬土层的厚度, 可得:

$$n_{d1}=\frac{H+2.5}{H}=\frac{5+2.5}{5}=1.5$$

$$n_{d2}=\frac{H+0.75}{H}=\frac{5+0.75}{5}=1.15$$

$$n_{d3}=\frac{H+0.25}{H}=\frac{5+0.25}{5}=1.05$$

由 n_{d1}、n_{d2}、n_{d3} 与 $\beta=30°$, 查泰勒图表可得:

$N_{s1}=6$, $N_{s2}=6.7$, $N_{s3}=7.2$

由 $N_s=\frac{\gamma H}{c}$ 得:

$$c_1=\frac{\gamma H}{N_{s1}}=\frac{19\times5}{6}=15.83(\text{kPa})$$

$$c_2=\frac{\gamma H}{N_{s2}}=\frac{19\times5}{6.7}=14.18(\text{kPa})$$

$$c_3=\frac{\gamma H}{N_{s3}}=\frac{19\times5}{7.2}=13.19(\text{kPa})$$

$$K_1=\frac{c}{c_1}=\frac{18}{15.83}=1.14, K_2=\frac{c}{c_2}=\frac{18}{14.18}=1.27, K_3=\frac{c}{c_3}=\frac{18}{13.19}=1.36$$

(2)圆弧滑动面位置

由 n_d 及 β 查泰勒图表可得滑动面与土面的交点距坡脚的距离 n_x:

$n_{x1}=0.25$, $n_{x2}=0$, $n_{x3}=0$

由此可得滑动面的形式:坡角下硬土层厚度为 2.5m 时滑动面为坡面圆, 其余为坡角圆。

8-21. **解:**

(1)计算各土条重力 $W_i=\gamma b_i h_i$ 及 $W_i\sin\alpha_i$、$W_i\cos\alpha_i$ 值

计算结果列于表中。

习题 8-21 解表

土条编号 i	$W_i = \gamma b_i h_i$(kN)	$W_i \sin\alpha_i$(kN)	$W_i \cos\alpha_i$(kN)
1	25.9	-12.04	22.93
2	96.2	-22.29	93.58
3	148.0	0	148.00
4	188.7	43.73	183.56
5	199.8	92.88	176.90
6	148.0	103.18	106.10
7	66.6	61.97	24.41

(2)计算圆弧长度

在土层 1 中的长度为 $\widehat{L}_1 = 6.0\text{m}$,在土层 2 中的长度为 $\widehat{L}_2 = 10.8\text{m}$。

(3)计算土坡的稳定安全系数 K

$$K = \frac{\tan\varphi_1' \sum_{i=6}^{7} (W_i \cos\alpha_i - u_i l_i) + \tan\varphi_2' \sum_{i=1}^{5} (W_i \cos\alpha_i - u_i l_i) + c_1' \widehat{L}_1 + c_2' \widehat{L}_2}{\sum_{i=1}^{7} W_i \sin\alpha_i}$$

$$= \frac{\tan 20^\circ \times (106.10 + 24.41 - 11.2 \times 2.8 - 5.7 \times 3.2)}{-12.04 - 22.29 + 0 + 43.73 + 92.88 + 103.18 + 61.97} +$$

$$\frac{\tan 25^\circ \times (22.93 + 93.58 + 148 + 183.56 + 176.90 - 2.1 \times 2.3 - 7.1 \times 2.1 - 11.1 \times 2.0 - 13.8 \times 2.1 - 14.8 \times 2.3)}{-12.04 - 22.29 + 0 + 43.73 + 92.88 + 103.18 + 61.97} +$$

$$\frac{15 \times 6.0 + 8 \times 10.8}{-12.04 - 22.29 + 0 + 43.73 + 92.88 + 103.18 + 61.97}$$

$$= \frac{29.45 + 242.48 + 90 + 86.4}{267.43} = \frac{448.33}{267.43} = 1.68$$

8-22. **解:**

第一次试算假定稳定安全系数 $K = 1.50$,由 $\frac{\tan\varphi_i'}{K}$ 和 α_i 得 $m_{\alpha i}$,并计算 $\frac{(W_i - u_i l_i \cos\alpha_i)\tan\varphi_i' + c_i' l_i \cos\alpha_i}{m_{\alpha i}}$,计算结果列于下表中。

习题 8-22 解表 1

土条编号 i	$m_{\alpha i}$	$\frac{(W_i - u_i l_i \cos\alpha_i)\tan\varphi_i' + c_i' l_i \cos\alpha_i}{m_{\alpha i}}$
1	0.76	34.71
2	0.92	59.17
3	1.00	74.65
4	1.05	86.84
5	0.95	73.61
6	0.88	86.13
7	0.68	57.94

$$K=\frac{\sum_{i=1}^{7}\frac{1}{m_{\alpha i}}[(W_i-u_il_i\cos\alpha_i)\tan\varphi_i'+c_i'l_i\cos\alpha_i]}{\sum_{i=1}^{7}W_i\sin\alpha_i}=\frac{473.05}{267.43}=1.77$$

第二次试算假定 $K=1.64$,计算结果列于下表中。

习题 8-22 解表 2

土条编号 i	$m_{\alpha i}$	$\frac{(W_i-u_il_i\cos\alpha_i)\tan\varphi_i'+c_i'l_i\cos\alpha_i}{m_{\alpha i}}$
1	0.76	34.71
2	0.93	58.53
3	1.00	74.65
4	1.04	86.01
5	0.88	68.19
6	0.84	82.22
7	0.68	57.94

$$K=\frac{\sum_{i=1}^{7}\frac{1}{m_{\alpha i}}[(W_i-u_il_i\cos\alpha_i)\tan\varphi_i'+c_i'l_i\cos\alpha_i]}{\sum_{i=1}^{7}W_i\sin\alpha_i}=\frac{462.25}{267.43}=1.73$$

第三次试算假定 $K=1.69$,同理计算得:

$$K=\frac{\sum_{i=1}^{7}\frac{1}{m_{\alpha i}}[(W_i-u_il_i\cos\alpha_i)\tan\varphi_i'+c_i'l_i\cos\alpha_i]}{\sum_{i=1}^{7}W_i\sin\alpha_i}=1.685$$,与假定接近,故得土坡的稳定安全系数 $K=1.69$。

8-23. **解:**

滑动土体作用在滑动面上的竖向应力为:

$$\sigma=20\times\frac{1.5}{\cos20^\circ}+10\times\frac{1.5}{\cos20^\circ}=47.89(\text{kPa})$$

滑动土体作用在滑动面上的法向分量为:

$\sigma_n=\sigma\cdot\cos\beta=47.89\times\cos20^\circ=45.0(\text{kPa})$

沿滑动面上的抗剪力为:$\tau_f=c+\sigma_n\tan\varphi=10+45.0\times\tan28^\circ=33.93(\text{kPa})$

沿滑动面上的剪切力为:$\tau=\sigma_n\cdot\sin\beta=45.0\times\sin20^\circ=15.39(\text{kPa})$

安全系数为:$K=\frac{\tau_f}{\tau}=\frac{33.93}{15.39}=2.20$

8-24. **解:**

取柱体宽度为 1,柱体两侧水头差 Δh,流经长度 l,则:

水头梯度 $i=\frac{\Delta h}{l}=\sin\beta=\sin23^\circ=0.39$

单位体积渗透力 $j=i\gamma_w=\gamma_w\sin\beta=0.39\times10=3.9(\text{kN/m}^3)$

柱体上渗透力为:$j\times$体积$=\Delta V\cdot\gamma_w\sin\beta$

滑动土体在垂直于滑动面的法向分量为：$\Delta V \cdot \gamma' \cos\beta$

滑动土体在平行于滑动面的切向分量为：$\Delta V \cdot \gamma' \sin\beta$

抗滑力为：$\Delta V \cdot \gamma' \cos\beta \tan\varphi$

滑动力为：$\Delta V \cdot (\gamma' \sin\beta + \gamma_w \sin\beta)$

安全系数：

无渗流时

$$K = \frac{\Delta V \cdot \gamma' \cos\beta \tan\varphi}{\Delta V \cdot \gamma' \sin\beta} = \frac{\tan\varphi}{\tan\beta} = \frac{\tan 30°}{\tan 23°} > 1$$

有渗流时

$$K = \frac{\Delta V \cdot \gamma' \cos\beta \tan\varphi}{\Delta V \cdot (\gamma' \sin\beta + \gamma_w \sin\beta)} = \frac{\gamma' \cos\beta \tan\varphi}{(\gamma_{sat} - \gamma_w)\sin\beta + \gamma_w \sin\beta} = \frac{\gamma' \tan\varphi}{\gamma_{sat} \tan\beta}$$

$$= \frac{9 \times \tan 30°}{19 \times \tan 23°} = 0.645 < 1$$

8-25. **解：**

产生的附加滑动力为：$P_w = \frac{1}{2} \times 10 \times 1.68^2 = 14.112 (\text{kN/m})$

产生的附加滑动力矩为：$\Delta M = \left(3 + \frac{2}{3} \times 1.68\right) \times 14.112 = 58.14 (\text{kN} \cdot \text{m/m})$

8-26. **解：**

附加滑动力矩 $\Delta M = \frac{1}{2} \times 10 \times 1.68 \times 1.68 \times \left(3 + \frac{2}{3} \times 1.68\right) = 58.14 (\text{kN} \cdot \text{m/m})$

裂缝无水时的安全系数 $K = \frac{4\,278.56}{3\,536} = 1.21$

裂缝被水充满时的安全系数 $K = \frac{4\,278.56}{3\,536 + 58.14} = 1.19$

8-27. **解：**

由 $\varphi = 12.5°$，查表得稳定因数 $N_s = 10.65$

由 $N_s = \frac{\gamma H}{c}$，得 $c = \frac{\gamma H}{N_s} = \frac{17 \times 6}{10.65} = 9.58 (\text{kPa})$

边坡黏聚力的安全系数为：$K = \frac{15}{9.58} = 1.57$

8-28. **解：**

由 $\varphi = 12.5°$，查表得稳定因数 $N_s = 10.65$

由 $N_s = \frac{\gamma H}{c}$，得 $H = \frac{N_s c}{\gamma} = \frac{10.65 \times 12}{17} = 7.52 (\text{m})$

最大开挖深度为：$H' = \frac{H}{K} = \frac{7.52}{1.3} = 5.78 (\text{m})$

8-29. **解：**

$$\gamma_{sat} = \frac{G_s + e}{1 + e}\gamma_w = \frac{2.7 + 0.9}{1 + 0.9} \times 10 = 18.95 (\text{kN/m}^3)$$

$\gamma' = 18.95 - 10 = 8.95 (\text{kN/m}^3)$

由 $N_s=\dfrac{\gamma' H}{c_1}$，得 $c_1=\dfrac{\gamma' H}{N_s}=\dfrac{8.95\times5.5}{10.65}=4.62(\text{kPa})$

岸坡的安全系数为：$K=\dfrac{c}{c_1}=\dfrac{15}{4.62}=3.25$

8-30. **解：**

$\gamma_{sat}=\dfrac{G_s+e}{1+e}\gamma_w=\dfrac{2.7+0.9}{1+0.9}\times10=18.95(\text{kN/m}^3)$

由 $N_s=\dfrac{\gamma H}{c_1}$，得 $c_1=\dfrac{\gamma H}{N_s}=\dfrac{18.95\times6.5}{10.65}=11.57(\text{kPa})$

河堤的安全系数为：$K=\dfrac{c}{c_1}=\dfrac{15}{11.57}=1.296$

8-31. **解：**

由 $N_s=\dfrac{\gamma H}{c}\cdot K=\dfrac{18.2\times6}{15}\times1.5=10.92$，得 $\beta=37.5°$

8-32. **解：**

由 $N_s=\dfrac{\gamma H}{c}$，得 $H_1=\dfrac{N_s c}{\gamma}=\dfrac{9.2\times18}{18}=9.2(\text{m})$

$K=\dfrac{H}{H_1}=\dfrac{9.2}{7+2}=1.02$

8-33. **解：**

由 $N_s=\dfrac{\gamma H}{c}=\dfrac{17.5\times6}{15}=7.0$，得 $\beta=50°$

8-34. **解：**

由 $N_s=\dfrac{\gamma H}{c}\cdot K=\dfrac{17.5\times6}{15}\times1.3=9.1$，得 $\beta=30°$

8-35. **解：**

$\beta=35°$ 时，$N_{s1}=8.55$；$\beta=50°$ 时，$N_{s2}=7.0$

设计安全度 $K_1=\dfrac{cN_{s1}}{\gamma H}=\dfrac{15\times8.55}{18\times5.5}=1.29$

现安全度 $K_2=\dfrac{cN_{s2}}{\gamma H}=\dfrac{15\times7.0}{18\times5.5}=1.06$

安全度下降：$\dfrac{1.29-1.06}{1.29}=17.8\%$

8-36. **解：**

原设计 $K_1=\dfrac{cN}{\gamma H}=\dfrac{15\times8.5}{18\times5.5}=1.29$

现安全度 $K_2=\dfrac{cN}{\gamma H}=\dfrac{15\times8.5}{18\times5.0}=1.42$

安全度提高：$\dfrac{1.42-1.29}{1.29}=10\%$

8-37. **解：**

滑动面长度 $l=\sqrt{(4-3)^2+2^2}=2.24(\text{m})$

$\sin\beta = \frac{4-3}{2.24} = 0.446$

土条重 $W = \frac{1}{2} \times 2 \times (3+4) \times 17 = 119(\text{kN})$

滑动力矩 $M = R \cdot W \cdot \sin\beta = 15 \times 119 \times 0.446 = 796.11(\text{kN} \cdot \text{m})$

8-38. **解：**

滑动面长度 $l = \sqrt{(4-3)^2 + 2^2} = 2.24(\text{m})$

黏聚力产生抗滑力矩 $M = Rcl = 15 \times 10 \times 2.24 = 336(\text{kN} \cdot \text{m})$

8-39. **解：**

土条重 $W = \frac{1}{2} \times 2 \times (3+4) \times 17 = 119(\text{kN})$

$\cos\beta = \frac{2}{2.24} = 0.893$

抗滑力矩 $M = R \cdot W\cos\beta\tan\varphi = 15 \times 119 \times 0.893 \times \tan 18° = 517.9(\text{kN} \cdot \text{m})$

8-40. **解：**

土条重 $W = \frac{1}{2} \times 2 \times (3+4) \times 17 = 119(\text{kN})$

滑动面长度 $l = \sqrt{(4-3)^2 + 2^2} = 2.24(\text{m})$

$\sin\beta = \frac{1}{2.24} = 0.446$

$\cos\beta = \frac{2}{2.24} = 0.893$

$$K = \frac{W\cos\beta\tan\varphi + cl}{W\sin\beta} = \frac{119 \times 0.893 \times \tan 18° + 10 \times 2.24}{119 \times 0.446} = 1.07$$

8-41. **解：**

土条重 $W = 2 \times 2 \times 17 + \frac{1}{2} \times (1+2) \times 2 \times (19-10) = 68 + 27 = 95(\text{kN})$

滑动面长度 $l = \sqrt{(4-3)^2 + 2^2} = 2.24(\text{m})$

$\sin\beta = \frac{1}{2.24} = 0.446$

$\cos\beta = \frac{2}{2.24} = 0.893$

$\tan\varphi = 0.325$

$$K = \frac{W\cos\beta\tan\varphi + cl}{W\sin\beta} = \frac{95 \times 0.893 \times \tan 18° + 10 \times 2.24}{95 \times 0.446} = 1.18$$

8-42. **解：**

土条重 $W = \frac{1}{2} \times (3+4) \times 2 \times 18 = 126(\text{kN})$

滑动面长度 $l = \sqrt{(4-3)^2 + 2^2} = 2.24(\text{m})$

$\sin\beta = \frac{1}{2.24} = 0.446$

$\cos\beta = \frac{2}{2.24} = 0.893$

$\tan\varphi' = 0.445$

$$K = \frac{(W\cos\beta - ul)\tan\varphi' + c'l}{W\sin\beta} = \frac{(126 \times 0.893 - 5 \times 2.24) \times \tan 24° + 5 \times 2.24}{126 \times 0.446} = 1.00$$

8-43. **解:**

水头梯度 $i = \frac{\Delta h}{l} = \sin\beta = \sin 30° = 0.5$

渗流力(动水力) $D = \gamma_w \cdot i \cdot A = 10 \times 0.5 \times 14.56 = 72.8(\text{kN/m})$

$$K = \frac{1\,840.9}{1\,553.1 + 72.8 \times 7.35} = 0.88$$

8-44. **解:**

水头梯度 $i = \frac{2.5}{\sqrt{2.5^2 + 6.59^2}} = 0.355$

$D = \gamma_w \cdot i \cdot A = 10 \times 0.355 \times 14.56 = 51.69(\text{kN/m})$

8-45. **解:**

滑动土体重 $W = 87 \times 17.6 = 1\,531.2(\text{kN})$

滑动力矩 $WX = 1\,531.2 \times 2.75 = 4\,210.8(\text{kN} \cdot \text{m})$

滑动圆弧长 $l = R\theta\frac{\pi}{180} = 11.75 \times 108.5 \times \frac{\pi}{180} = 22.25(\text{m})$

抗滑力矩 $clR = 21.5 \times 22.25 \times 11.75 = 5\,620.9(\text{kN} \cdot \text{m})$

安全系数 $K = \frac{5\,620.9}{4\,210.8} = 1.33$

8-46. **解:**

滑动土体重 $W = 87 \times 17.6 = 1\,531.2(\text{kN})$

上层土滑动面弧长 $l_1 = R \cdot \theta \cdot \frac{\pi}{180} = 11.75 \times 37 \times \frac{\pi}{180} = 7.59(\text{m})$

下层土滑动面弧长 $l_2 = 11.75 \times 71.5 \times \frac{\pi}{180} = 14.66(\text{m})$

抗滑力矩 $11.75 \times (25 \times 7.59 + 15 \times 14.66) = 4\,813.39(\text{kN} \cdot \text{m})$

滑动力矩 $1\,531.2 \times 2.75 = 4\,210.8(\text{kN} \cdot \text{m})$

安全系数 $K = \frac{4\,813.39}{4\,210.8} = 1.14$

8-47. **解:**

滑动圆弧长 $l = R\theta\frac{\pi}{180} = 12 \times 95 \times \frac{\pi}{180} = 19.9(\text{m})$

抗滑力矩 $clR = 15 \times 19.9 \times 12 = 3\,582(\text{kN} \cdot \text{m})$

滑动力矩 $2.5 \times 1\,487.5 = 3\,718.75(\text{kN} \cdot \text{m})$

安全系数 $K = \frac{3\,582}{3\,718.75} = 0.96$

卸荷土体重 $G = 2 \times 3 \times 17.5 = 105(\text{kN})$

卸荷力矩 $105\times2.5=262.5(\mathrm{kN\cdot m})$

安全系数 $K=\dfrac{3\,582}{3\,718.75-262.5}=1.04$

8-48. **解:**

卸荷前 $K=\dfrac{3\,582}{3\,718.75}=0.96$

第一方案 $K_1=\dfrac{3\,582}{3\,718.75-2\times3\times17.5\times(2.5+0.5)}=1.05$

第二方案 $K_2=\dfrac{3\,582}{3\,718.75-2\times3\times17.5\times(2.5+2.0)}=1.10$

8-49. **解:**

压载前 $K=\dfrac{2\,381.4}{2\,468.75}=0.96$

压载后

$$K=\frac{2\,381.4+1.5\times3.0\times18\times\left(\dfrac{1}{2}\times3.0+1.5\right)+\dfrac{1}{2}\times1.5\times1.5\times18\times\dfrac{2}{3}\times1.5}{2\,468.75}=1.07$$

第九章
地基承载力

一、选择题

9-1. C　9-2. C　9-3. C　9-4. B　9-5. B
9-6. C　9-7. C　9-8. C　9-9. C　9-10. A

二、判断题

9-11. √　9-12. ×　9-13. ×　9-14. ×　9-15. √　9-16. √

三、计算题

9-17. 解:

$$p_{1/4} = \frac{b}{4} \cdot N_{\gamma} \cdot \gamma + p_{cr}$$

$$\frac{b}{4} \cdot N_{\gamma} \cdot \gamma = p_{1/4} - p_{cr} = 128.6 - 123 = 5.6(\text{kPa})$$

$$\frac{b}{2} \cdot N_{\gamma} \cdot \gamma = 11.2(\text{kPa})$$

所以 $p_{1/2} = \frac{b}{2} \cdot N_{\gamma} \cdot \gamma + p_{cr} = 11.2 + 123 = 134.2(\text{kPa})$

9-18. 解:

$$\frac{b}{4} \cdot N_\gamma \cdot \gamma = p_{1/4} - p_{cr} = 112.5 - 101.3 = 11.2(\text{kPa})$$

$$\frac{b}{L} \cdot N_\gamma \cdot \gamma = p - p_{cr} = 110.26 - 101.3 = 8.96(\text{kPa})$$

$$\frac{L}{4} = \frac{11.2}{8.96}, L = 5$$

因此基底下持力层塑性区开展的最大深度为：$z_{max} = \frac{b}{5}$

9-19. **解：**

$$p_{1/4} = \frac{b}{4} \cdot N_\gamma \cdot \gamma + p_{cr}$$

$$\frac{b}{4} \cdot N_\gamma \cdot \gamma = p_{1/4} - p_{cr} = 91.3 - 87.6 = 3.7(\text{kPa})$$

$$1 \cdot N_\gamma \cdot \gamma = \frac{3.7}{b/4} = \frac{3.7}{3.2/4} = 4.625(\text{kPa})$$

所以 $p_1 = 1 \cdot N_\gamma \cdot \gamma + p_{cr} = 4.625 + 87.6 = 92.23(\text{kPa})$

9-20. **解：**

$$\Delta\sigma_1 = \frac{p}{\pi} \cdot (2\alpha + \sin 2\alpha)$$

$$\Delta\sigma_3 = \frac{p}{\pi} \cdot (2\alpha - \sin 2\alpha)$$

由 $\tan 2\alpha = \frac{3}{4} = 0.75$，可得：

$$2\alpha = 36.87° = 36.87° \times \frac{\pi}{180°} = 0.644$$

$$\sin 2\alpha = 0.6$$

$$\Delta\sigma_1 = \frac{100}{\pi} \times (0.644 + 0.6) = 39.6(\text{kPa})$$

$$\Delta\sigma_3 = \frac{100}{\pi} \times (0.644 - 0.6) = 1.4(\text{kPa})$$

9-21. **解：**

$$\tan\alpha = \frac{1.5}{4} = 0.375, \alpha = 20.556°$$

$$2\alpha = 41.11° = 41.11 \times \frac{\pi}{180} = 0.72, \sin 2\alpha = 0.66$$

$$\Delta\sigma_1 = \frac{p}{\pi} \cdot (2\alpha + \sin 2\alpha) = \frac{100}{\pi} \times (0.72 + 0.66) = 43.93(\text{kPa})$$

$$\Delta\sigma_3 = \frac{p}{\pi} \cdot (2\alpha - \sin 2\alpha) = \frac{100}{\pi} \times (0.72 - 0.66) = 1.91(\text{kPa})$$

$\sigma_{10} = \gamma z = 18 \times 4 = 72(\text{kPa})$，$\sigma_{30} = K_0 \cdot \sigma_{10} = 0.65 \times 72 = 46.8(\text{kPa})$

$\sigma_1 = \sigma_{10} + \Delta\sigma_1 = 72 + 43.93 = 115.93(\text{kPa})$

$\sigma_3 = \sigma_{30} + \Delta\sigma_3 = 46.8 + 1.91 = 48.71(\text{kPa})$

$$\sigma_{1j}=\sigma_3\cdot\tan^2\left(45°+\frac{\varphi}{2}\right)+2c\cdot\tan\left(45°+\frac{\varphi}{2}\right)$$
$$=48.71\times\tan^2 52.5°+2\times10\times\tan 52.5°$$
$$=82.73+26.06=108.79(\text{kPa})<\sigma_1=115.93(\text{kPa})$$

所以该处土体已发生剪切破坏。

9-22. **解：**

$$\tan\alpha=\frac{1.5}{4}=0.375,\alpha=20.556°$$

$$2\alpha=41.11°=41.11\times\frac{\pi}{180}=0.72,\sin 2\alpha=0.66$$

$$\Delta\sigma_1=\frac{p-\gamma d}{\pi}\cdot(2\alpha+\sin 2\alpha)$$
$$=\frac{100-17\times1.5}{\pi}\times(0.72+0.66)=32.73(\text{kPa})$$

$$\Delta\sigma_3=\frac{p-\gamma d}{\pi}\cdot(2\alpha-\sin 2\alpha)$$
$$=\frac{100-17\times1.5}{\pi}\times(0.72-0.66)=1.42(\text{kPa})$$

(1) $\sigma_1=\sigma_{10}+\Delta\sigma_1=17\times(4+1.5)+32.73=126.23(\text{kPa})$

$\sigma_3=\sigma_{30}+\Delta\sigma_3=17\times(4+1.5)\times0.65+1.42=62.20(\text{kPa})$

$$\sigma_{1j}=\sigma_3\cdot\tan^2\left(45°+\frac{\varphi}{2}\right)+2c\cdot\tan\left(45°+\frac{\varphi}{2}\right)$$
$$=62.20\times\tan^2 52.5°+2\times10\times\tan 52.5°$$
$$=105.64+26.06=131.70(\text{kPa})>\sigma_1=126.23(\text{kPa})$$

所以未剪切破坏。

(2) $\sigma_1=17\times1.5+(17-10)\times4+32.73=86.23(\text{kPa})$

$\sigma_3=[17\times1.5+(17-10)\times4]\times0.65+1.42=36.20(\text{kPa})$

$$\sigma_{1j}=36.20\times\tan^2 52.5°+2\times10\times\tan 52.5°$$
$$=61.48+26.06=87.54(\text{kPa})>\sigma_1=64.71(\text{kPa})$$

所以未剪切破坏。

9-23. **解：**

$$\frac{\pi}{4\left(\cot\varphi+\varphi-\frac{\pi}{2}\right)}=\frac{\pi}{4\times\left(\cot 25°+\frac{25\pi}{180}-\frac{\pi}{2}\right)}=0.78$$

$$\frac{\cot\varphi+\varphi+\frac{\pi}{2}}{\cot\varphi+\varphi-\frac{\pi}{2}}=\frac{\cot 25°+\frac{25\pi}{180}+\frac{\pi}{2}}{\cot 25°+\frac{25\pi}{180}-\frac{\pi}{2}}=4.11$$

$$p_{1/4}=\frac{\pi}{4\left(\cot\varphi+\varphi-\frac{\pi}{2}\right)}\cdot\gamma b+\frac{\cot\varphi+\varphi+\frac{\pi}{2}}{\cot\varphi+\varphi-\frac{\pi}{2}}\cdot\gamma_0 d+\frac{\pi\cdot\cot\varphi}{\cot\varphi+\varphi-\frac{\pi}{2}}\cdot c$$

$=0.78\times18\times3+4.11\times17\times1.5=146.93(\text{kPa})$

9-24. **解：**

滑动力矩 $M_{滑}=\frac{1}{2}p_{j}b^{2}$

抗滑力矩 $M_{抗1}=\frac{1}{2}\gamma db^{2}$

$M_{抗2}=c\cdot2\theta R\cdot R=c\times2\times66.8^{\circ}\times\frac{\pi}{180}\times R^{2}=2.33cR^{2}$

$R=\frac{b}{\sin\theta}=\frac{b}{\sin66.8^{\circ}}=1.088b$

所以：$\frac{1}{2}p_{j}b^{2}=\frac{1}{2}\gamma db^{2}+2.33\cdot c\cdot(1.088b)^{2}$

$p_{u}=\gamma d+5.516c=17\times1+5.516\times20=127.3(\text{kPa})$

9-25. **解：**

采用斯肯普顿地基极限承载力公式：$p_{u}=5.14c+\gamma_{0}d=5.14\times25+0=128.5(\text{kPa})$

填土最大高度 $H_{max}=\frac{1}{K}\cdot\frac{p_{u}}{\gamma}=\frac{1}{1.25}\times\frac{128.5}{17}=6.05(\text{m})$

9-26. **解：**

$p=\gamma H=8\times17=136(\text{kPa})>p_{u}=5.14c=5.14\times25=128.5(\text{kPa})$

所以地基会滑动。

9-27. **解：**

$p=8\times17=136(\text{kPa})$

$p=\frac{1}{K}\cdot(5.14c+\gamma d)$

反压马道的最小高度 $d=\frac{Kp-5.14c}{\gamma}=\frac{1.2\times136-5.14\times25}{17}=2.04(\text{m})$

9-28. **解：**

采用太沙基地基极限承载力公式：

$$
\begin{aligned}
(1)p_{u}&=\frac{1}{2}\gamma bN_{\gamma}+qN_{q}+cN_{c}\\
&=\frac{1}{2}\times18\times3\times1.8+0+15\times12.9\\
&=48.6+193.5=242.1(\text{kPa})
\end{aligned}
$$

$p=\frac{p_{u}}{3}=\frac{242.1}{3}=80.7(\text{kPa})$

$$
\begin{aligned}
(2)p_{u}&=\frac{1}{2}\gamma bN_{\gamma}+qN_{q}+cN_{c}\\
&=\frac{1}{2}\times(18-10)\times3\times1.8+0+15\times12.9\\
&=21.6+193.5=215.1(\text{kPa})
\end{aligned}
$$

$p=\frac{p_{u}}{3}=\frac{215.1}{3}=71.7(\text{kPa})$

9-29. **解：**

采用太沙基地基极限承载力公式：

$$p_u = \frac{1}{2}\gamma b N_\gamma + qN_q + cN_c$$

$$= 0.5 \times 18 \times 3 \times 1.2 + 17 \times 1.5 \times 2.69 + 20 \times 9.58$$

$$= 32.4 + 68.6 + 191.6 = 292.6(\text{kPa})$$

$$K = \frac{p_u}{p} = \frac{292.6}{100} = 2.93$$

9-30. **解：**

基础埋深 $d = 0$ 时：

$$p_u = \frac{1}{2}\gamma b N_\gamma + qN_q + cN_c$$

$$= 0.5 \times 18 \times 3 \times 1.8 + 0 + 15 \times 12.9$$

$$= 48.6 + 193.5 = 242.1(\text{kPa})$$

$$K = \frac{p_u}{p} = \frac{242.1}{100} = 2.42$$

基础埋深 $d = 1.5\text{m}$ 时：

$$p_u = \frac{1}{2}\gamma b N_\gamma + qN_q + cN_c$$

$$= 242.1 + 18 \times 1.5 \times 4.45 = 362.3(\text{kPa})$$

$$K = \frac{p_u}{p} = \frac{362.3}{100} = 3.62$$

$$\Delta K = 3.62 - 2.42 = 1.2$$

9-31. **解：**

地基中塑性边界线的表达式如下：

$$z = \frac{p - \gamma D}{\gamma \pi}\left(\frac{\sin 2\alpha}{\sin\varphi} - 2\alpha\right) - \frac{c \cdot \cot\varphi}{\gamma} - \frac{\gamma_0}{\gamma}D$$

$$= \frac{190 - 18 \times 2}{18 \times \pi} \times \left(\frac{\sin 2\alpha}{\sin 15°} - 2\alpha\right) - \frac{15 \times \cot 15°}{18} - \frac{18}{18} \times 2$$

$$= 10.52\sin 2\alpha - 5.45\alpha - 5.11$$

将不同的 α 值代入上式，求得其相应的值，列于下表，按表中的计算结果，绘出土中塑性区范围，示于下表中。

习题 9-31 解表

α(°)	15	20	25	30	35	40	45	50	55
$10.52\sin 2\alpha - 5.45\alpha - 5.11$	5.26 −1.43 −5.11	6.76 −1.90 −5.11	8.06 −2.38 −5.11	9.11 −2.86 −5.11	9.88 −3.33 −5.11	10.36 −3.81 −5.11	10.52 −4.28 −5.11	10.35 −4.75 −5.11	9.88 −5.22 −5.11
z(m)	−1.28	−0.25	0.57	1.14	1.44	1.44	1.13	0.49	−0.45

9-32. **解:**

已知土的内摩擦角 $\varphi=15°$,查表得承载力系数为:$N_{\gamma}=0.33, N_{q}=2.30, N_{c}=4.85$

临塑荷载 $p_{cr}=N_{q}\gamma d+N_{c}c=2.3\times18\times2+4.85\times15=155.6(kPa)$

临界荷载 $p_{1/4}=N_{\gamma}\gamma b+N_{q}\gamma d+N_{c}c$

$$=0.33\times18\times3+2.3\times18\times2+4.85\times15=173.4(kPa)$$

9-33. **解:**

将梯形断面路堤折算成等面积和等高度的矩形断面(如图中虚线所示),求得换算路堤宽度 $b=27m$,地基土的浮重度 $\gamma_2'=\gamma_2-\gamma_w=15.7-9.81=5.9(kN/m^3)$。

用太沙基公式计算极限荷载:

$$p_u=\frac{1}{2}\gamma bN_{\gamma}+qN_{q}+cN_{c}$$

情况(a):

$\varphi_u=0°$,查表得承载力系数为:$N_{\gamma}=0, N_{q}=1.0, N_{c}=5.71$

已知:$\gamma_2'=5.9kN/m^3, c_u=22kPa, d=0, q=\gamma_1 d=0, b=27m$

代入上式得:

$$p_u=\frac{1}{2}\times5.9\times27\times0+0\times1+22\times5.71=125.4(kPa)$$

路堤填土压力 $p=\gamma_1 H=18.8\times8=150.4(kPa)$

地基承载力安全系数 $K=\frac{p_u}{p}=\frac{125.4}{150.4}=0.83<3$,故路堤下的地基承载力不能满足要求。

情况(b):

$\varphi_d=22°$,查表得承载力系数为:$N_{\gamma}=6.8, N_{q}=9.17, N_{c}=20.2$

$$p_u=\frac{1}{2}\times5.9\times27\times6.8+0+4\times20.2=541.6+80.8=622.4(kPa)$$

地基承载力安全系数 $K=\frac{622.4}{150.4}=4.1>3$,故地基承载力满足要求。

从上述计算可知,当路堤填土填筑速度较慢,允许地基土中的超孔隙水压力能充分消散时,则能使地基承载力得到满足。

9-34. **解:**

当 $\varphi=20°$时,查表得:$N_{q}=6.4, N_{c}=14.8$

$N_{\gamma}=1.8(N_{q}-1)\tan\varphi=1.8\times(6.4-1)\times\tan20°=3.54$

(1)基础的有效面积计算

基础的有效宽度及长度 $b'=b-2e_b=5-2\times0.4=4.2(m)$

$l'=l-2e_l=15m$

基础的有效面积 $A=b'\cdot l'=4.2\times15=63(m^2)$

(2)荷载倾斜系数计算

$$i_{\gamma}=\left(1-\frac{0.7H}{N+A_c\cot\varphi}\right)^5=\left(1-\frac{0.7\times200}{10\,000+63\times4\times\cot20°}\right)^5=0.94$$

$$i_{q}=\left(1-\frac{0.5H}{N+A_c\cot\varphi}\right)^5=\left(1-\frac{0.5\times200}{10\,000+63\times4\times\cot20°}\right)^5=0.95$$

$$i_c = i_q - \frac{1 - i_q}{N_q - 1} = 0.95 - \frac{1 - 0.95}{6.4 - 1} = 0.94$$

(3)基础形状系数计算

$$s_\gamma = 1 - 0.4 i_\gamma \frac{b'}{l'} = 1 - 0.4 \times 0.94 \times \frac{4.2}{15} = 0.895$$

$$s_q = 1 + i_q \frac{b'}{l'} \sin\varphi = 1 + 0.95 \times \frac{4.2}{15} \times \sin 20° = 1.091$$

$$s_c = 1 + 0.2 i_c \frac{b'}{l'} = 1 + 0.2 \times 0.94 \times \frac{4.2}{15} = 1.053$$

(4)深度系数计算

$$d_r = 1$$

$$d_q = 1 + 2\tan\varphi(1 - \sin\varphi)^2 \left(\frac{d}{b'}\right) = 1 + 2\tan 20° \times (1 - \sin 20°)^2 \times \frac{3}{4.2} = 1.23$$

$$d_c = 1 + 0.4\left(\frac{d}{b'}\right) = 1 + 0.4 \times \frac{3}{4.2} = 1.29$$

(5)超载 q 计算

水下土的浮重度 $\gamma' = \gamma_{sat} - \gamma_w = 19 - 9.81 = 9.19(kN/m^3)$

作用在基底两侧的超载 $q = \gamma(d - z) + \gamma' z = 19 \times (3 - 1) + 9.19 \times 1 = 47.2(kPa)$

(6)极限荷载 p_u 计算

$$p_u = \frac{1}{2}\gamma b N_\gamma i_\gamma s_\gamma d_\gamma + q N_q i_q s_q d_q + c N_c i_c s_c d_c$$

$$= \frac{1}{2} \times 9.19 \times 4.2 \times 3.54 \times 0.94 \times 0.895 \times 1 + 47.2 \times 6.4 \times 0.95 \times 1.091 \times 1.23 +$$

$$4 \times 14.8 \times 0.94 \times 1.053 \times 1.29 = 57.48 + 385.10 + 75.59 = 518.2(kPa)$$

9-35. **解:**

按《公路桥涵地基与基础设计规范》(JTGD63—2007)确定地基容许承载力:

$$[f_a] = [f_{a0}] + k_1\gamma_1(b - 2) + k_2\gamma_2(h - 3)$$

已知基底下持力层为中密粉砂(水下),土的重度 γ_1 应考虑浮力作用,故 $\gamma_1 = \gamma_{sat} - \gamma_w = 20 - 10 = 10(kN/m^3)$。由规范表查得粉砂的容许承载力 $[f_{a0}] = 100kPa$。查得宽度及深度修正系数 $k_1 = 1.0$、$k_2 = 2.0$,基底以上土的重度 $\gamma_2 = 20\ kN/m^3$,则粉砂经过修正提高的容许承载力 $[f_a]$ 为:

$$[f_a] = 100 + 1 \times 10 \times (5 - 2) + 2 \times 20 \times (4 - 3) = 100 + 30 + 40 = 170(kPa)$$

基底压力 $p = \frac{N}{bl} = \frac{8\,000}{5 \times 10} = 160(kPa) < [f_a]$

故地基强度满足。

9-36. **解:**

(1)按《公路桥涵地基与基础设计规范》(JTG D63—2007)确定地基容许承载力:

土层是老黏性土,按 $E_s = 31.2MPa$ 查得容许承载力 $[f_{a0}] = 557kPa$。

由于基础宽度 $b = 2m$,埋置深度 $d = 3m$,故地基容许承载力 $[f_a] = [f_{a0}]$,不必作宽度和深度修正。

（2）根据荷载试验结果，比例界限 $p_{cr}=600\text{kPa}$，与按规范查得的数值比较接近，应注意到荷载试验是在无埋深条件下进行的，若考虑到埋深的影响，则地基承载力可以提高。

（3）按太沙基极限荷载公式计算。

若按整体剪切破坏考虑，由 $\varphi=25°$，得：$N_\gamma=11.0, N_q=12.7, N_c=25.1$

极限荷载为：

$$p_u=\frac{1}{2}\gamma bN_\gamma+\gamma dN_q+cN_c$$

$$=\frac{1}{2}\times 20.2\times 2\times 11+20.2\times 3\times 12.7+85\times 25.1$$

$$=222.2+769.6+2\,133.5=3\,125.3(\text{kPa})$$

承载力安全系数 $K=3$，得地基承载力为 1 041.8kPa。

若按局部剪切破坏考虑：

$$\varphi'=\arctan\left(\frac{2}{3}\tan\varphi\right)=\arctan\left(\frac{2}{3}\times\tan 25°\right)=17.3°$$

$$c'=\frac{2}{3}c=\frac{2}{3}\times 85=57(\text{kPa})$$

查得：$N_\gamma=2.81, N_q=5.82, N_c=15.1$

由式求得局部剪切时的极限荷载为：

$$p_u=\frac{1}{2}\times 20.2\times 2\times 2.81+20.2\times 3\times 5.82+57\times 15.1$$

$$=56.8+352.7+860.7=1\,270.2(\text{kPa})$$

承载力安全系数 $K=3$，得地基承载力为 423.4kPa。

（4）按临界荷载 $p_{1/4}$ 公式计算。

由 $\varphi=25°$ 查得承载力系数为：$N_\gamma=0.78, N_q=4.12, N_c=6.68$

由公式求得：

$$p_{1/4}=\gamma bN_\gamma+\gamma dN_q+cN_c$$

$$=20.2\times 2\times 0.78+20.2\times 3\times 4.12+85\times 6.68$$

$$=31.6+249.7+567.8=849.0(\text{kPa})$$

9-37. 解：

由 $\varphi=25°$ 查得承载力系数为：$N_r=0.78, N_q=4.12, N_c=6.675$

（1）临塑荷载

$$p_{cr}=N_q\gamma d+cN_c=4.12\times 18\times 2.0+6.675\times 15=248.45(\text{kPa})$$

（2）临界荷载

$$p_{1/4}=N_r\gamma_2 b+N_q\gamma_1 d+cN_c=0.78\times 19.8\times 3.0+4.12\times 18.0\times 2.0+6.675\times 15=294.78(\text{kPa})$$

（3）普朗特尔公式求极限荷载

由 $\varphi=25°$ 查得承载力系数为：$N_q=10.7, N_c=20.7$

$$p_u=qN_q+cN_c=\gamma dN_q+cN_c=18\times 2.0\times 10.7+15\times 20.7=695.7(\text{kPa})$$

（4）地基承载力验算

地基承载力安全系数 $K=\frac{p_u}{p}=\frac{695.7}{250}=2.78<3$,不满足要求。

9-38. **解:**

(1)太沙基公式验算地基承载力

由 $\varphi=10°$查得承载力系数为:$N_r=1.20$,$N_q=2.69$,$N_c=9.58$

$p_u=\frac{1}{2}\gamma_2 bN_r+\gamma_1 dN_q+cN_c=\frac{1}{2}\times16.0\times22\times1.2+18.8\times0\times2.69+8.7\times9.58=294.5(kPa)$

路堤填土压力 $p=\gamma_1 H=18.8\times8=150.4(kPa)$

地基承载力安全系数 $K=\frac{p_u}{p}=\frac{294.55}{150.4}=1.96<3$,不满足要求。

(2)所需填土厚度及范围

$p_u=\frac{1}{2}\gamma_2 bN_r+\gamma_1 dN_q+cN_c=\frac{1}{2}\times16.0\times22\times1.2+18.8\times h\times2.69+8.7\times9.58=294.55+50.57h$

由 $K=\frac{p_u}{p}=\frac{294.55+50.57h}{150.4}=3$,得:填土厚度 $h=3.10m$

填土范围应覆盖朗金被动土压力区Ⅲ,根据朗金主动土压力区Ⅰ和以对数螺旋线围成的过渡区Ⅱ,以及各区之间的几何分界,得填土范围为:

$$L=2\cdot\frac{B/2}{\cos\varphi}e^{\left(135°-\frac{\varphi}{2}\right)\cdot\frac{\pi}{180}\tan\varphi}\cos\left(45°-\frac{\varphi}{2}\right)$$

$$=\frac{22}{\cos10°}\cdot e^{\left(135°-\frac{10°}{2}\right)\cdot\frac{\pi}{180}\tan10°}\cdot\cos\left(45°-\frac{10°}{2}\right)=25.5(m)$$

所以填土范围至少应有 25.5m。

9-39. **解:**

由 $\varphi=10°$查得承载力系数为:$N_q=2.47$,$N_c=8.35$

$N_r=1.8(N_q-1)\tan\varphi=1.8\times(2.47-1)\times\tan10°=0.47$

(1)基础的有效面积计算

基础的有效宽度及长度 $b'=b-2e_b=b-\frac{2M}{N}=4-\frac{2\times1\,500}{5\,000}=3.4(m)$

$l'=l-2e_l=12m$

基础的有效面积 $A=b'l'=3.4\times12=40.8(m^2)$

(2)荷载倾斜系数计算

作用在基础底面的水平荷载:

$H=0$

$$i_r=\left(1-\frac{0.7H}{N+A_c\cot\varphi}\right)^5=1.0$$

$$i_q=\left(1-\frac{0.5H}{N+A_c\cot\varphi}\right)^5=1.0$$

$$i_c=i_q=\frac{1-i_q}{N_q-1}=1.0$$

(3)基础形状系数计算

$$s_r = 1 - 0.4i_r\frac{b'}{l'} = 1 - 0.4 \times 1.0 \times \frac{3.2}{12} = 0.89$$

$$s_q = 1 + i_q\frac{b'}{l'}\sin\varphi = 1 + 1.0 \times \frac{3.2}{12} \times \sin10° = 1.05$$

$$s_c = 1 + 0.2i_c\frac{b'}{l'} = 1 + 0.2 \times 1.0 \times \frac{3.2}{12} = 1.05$$

(4)深度系数计算

$$d_r = 1$$

$$d_q = 1 + 2\tan\varphi(1 - \sin\varphi)^2\left(\frac{d}{b'}\right) = 1 + 2 \times \tan10° \times (1 - \sin10°)^2 \times \frac{2}{3.2} = 1.15$$

$$d_c = 1 + 0.4\left(\frac{d}{b'}\right) = 1 + 0.4 \times \frac{2}{3.4} = 1.23$$

(5)超载 q 计算

作用在基底两侧的超载 $q = \gamma d = 19.8 \times 2 = 39.60$(kPa)

(6)极限荷载 p_u 计算

$$p_u = \frac{1}{2}\gamma bN_r i_r s_r d_r + qN_q i_q s_q d_q + cN_c i_c s_c d_c$$

$$= \frac{1}{2} \times 19.8 \times 3.2 \times 0.47 \times 1.0 \times 0.89 \times 1 + 39.6 \times 2.47 \times 1.0 \times 1.05 \times 1.15 + 25 \times 8.35 \times 1.0 \times 1.05 \times 1.23$$

$$= 13.25 + 118.11 + 269.60 = 400.96\text{(kPa)}$$

(7)验算地基承载力

基底土压力 $p = \dfrac{N}{A} = \dfrac{5\,000}{40.8} = 122.55$(kPa)

地基承载力安全系数 $K = \dfrac{p_u}{p} = \dfrac{400.96}{122.55} = 3.27 > 3$,满足要求。

9-40. **解:**

由 $\varphi = 15°$查得承载力系数:$N_r = 1.80$,$N_q = 4.45$,$N_c = 12.9$

$$p_u = 0.4\gamma bN_r + qN_q + 1.2cN_c = 0.4 \times 19.1 \times 2 \times 1.80 + 19.1 \times 3 \times 4.45 + 1.2 \times 45.0 \times 12.9$$

$$= 27.50 + 254.99 + 698.15 = 980.64\text{(kPa)}$$

9-41. **解:**

塑性变形区的最大深度为:

$$z_{max} = \frac{p - \gamma_0 d}{\gamma\pi}\left[\cot\varphi - \left(\frac{\pi}{2} - \varphi\right)\right] - \frac{c\cot\varphi}{\gamma} - \frac{\gamma_0}{\gamma}d$$

当 $p = 400$kPa 时:

$$z_{max} = \frac{(400 - 19.5 \times 2)\left(\cot40° - \dfrac{\pi}{2} + 40 \cdot \dfrac{\pi}{180}\right)}{\pi \times 19.5} - 2 = -0.12\text{(m)}$$

负值说明没有塑性区。

当 $p = 500$kPa 时,$z_{max} = 0.40$m;

当 $p=600\text{kPa}$ 时，$z_{\max}=0.92\text{m}$。

9-42. **解：**

$$(1)p_{\mathrm{cr}}=\frac{\pi(\gamma d+c\cot\varphi)}{\cot\varphi-\dfrac{\pi}{2}+\varphi}+\gamma d$$

$$=\frac{\pi(19\times1.5+36\times\cot16^\circ)}{\cot16^\circ-\dfrac{\pi}{2}+\dfrac{16\pi}{180}}+19\times1.5=248.98(\text{kPa})$$

$$(2)p_{1/4}=\frac{\pi\left(\gamma d+c\cot\varphi+\dfrac{\gamma d}{4}\right)}{\cot\varphi-\dfrac{\pi}{2}+\varphi}+\gamma d$$

$$=\frac{\pi\left(19\times1.5+36\times\cot16^\circ+19\times\dfrac{2}{4}\right)}{\cot16^\circ-\dfrac{\pi}{2}+\dfrac{16\pi}{180}}+19\times1.5=254.48(\text{kPa})$$

$$z_{\max}=\frac{p-\gamma_0 d}{\gamma\pi}\left[\left(\cot\varphi-\frac{\pi}{2}-\varphi\right)\right]-\frac{c\cot\varphi}{\gamma}-\frac{\gamma_0}{\gamma}d$$

$$=\frac{(300-19\times1.5)\left(\cot16^\circ-\dfrac{\pi}{2}+16\times\dfrac{\pi}{180}\right)}{\pi\times19}-\frac{36}{19}\times\cot16^\circ-1.5=1.88(\text{m})$$

9-43. **解：**

由 $\varphi=25^\circ$ 查得承载力系数为：$N_{\mathrm{c}}=25.1$，$N_{\mathrm{q}}=12.7$，$N_\gamma=11$

根据太沙基极限承载力公式有：$p_{\mathrm{u}}=\dfrac{1}{2}\gamma bN_\gamma+\gamma bN_{\mathrm{q}}+cN_{\mathrm{c}}=\dfrac{1}{2}\times(20-10)\times1\times11+18.5\times1.0\times12.7+10\times25.1=540.95(\text{kPa})$

允许承载力 $p_{\mathrm{a}}=\dfrac{p_{\mathrm{u}}}{K}=\dfrac{540.95}{2}=270.475(\text{kPa})>250(\text{kPa})$

所以地基可能出现稳定。

参考文献

[1] 袁聚云,钱建固,张宏鸣,等. 土质学与土力学[M]. 4 版. 北京:人民交通出版社,2009.

[2] 钱建固,袁聚云,赵春风,等. 土质学与土力学[M]. 5 版. 北京:人民交通出版社股份有限公司,2015.

[3] 袁聚云,汤永净. 土力学复习与习题[M]. 上海:同济大学出版社,2010.

[4] 高大钊,袁聚云. 土质学与土力学[M]. 3 版. 北京:人民交通出版社,2001.

[5] 洪毓康. 土质学与土力学[M]. 2 版. 北京:人民交通出版社,1986.

[6] 俞调梅. 土质学与土力学[M]. 北京:中国建筑工业出版社,1961.

[7] 高大钊. 土力学与基础工程[M]. 北京:中国建筑工业出版社,1998.

[8] 蔡伟铭,胡中雄. 土力学与基础工程[M]. 北京:中国建筑工业出版社,1991.

[9] 华南理工大学,等. 地基及基础[M]. 3 版. 北京:中国建筑工业出版社,1998.

[10] 张振营. 土力学题库及典型题解[M]. 北京:中国水利水电出版社,2002.

[11] 虞石民,郑树楠,郑人龙. 土力学与基础工程习题集[M]. 北京:中国水利水电出版社,1993.

[12] 李同田,张学言. 土力学与地基习题集[M]. 北京:人民交通出版社,1986.

[13] 高大钊. 土力学与岩土工程师——岩土工程疑难问题答疑笔记整理之一[M]. 北京:人民交通出版社,2008.